I0035006

Michael Nitsche
Produktmarketing für Ingenieure

Michael Nitsche

Produktmarketing für Ingenieure

Wirkungsvolle Vertriebsunterstützung im
internationalen Maschinenbau

DE GRUYTER

ISBN 978-3-11-067037-0
e-ISBN (PDF) 978-3-11-067128-5
e-ISBN (EPUB) 978-3-11-067134-6

Bibliografische Information der Deutschen Nationalbibliothek
Die Deutsche Nationalbibliothek verzeichnet diese Publikation in der Deutschen Nationalbibliografie; detaillierte bibliografische Daten sind im Internet über http://dnb.dnb.de abrufbar.

© 2019 Walter de Gruyter GmbH, Berlin/Boston
Druck und Bindung: CPI books GmbH, Leck

www.degruyter.com

Ich widme diese Arbeit meinen früheren Fachvorgesetzten Martin Lange, Hans Hübscher und Dieter Hog, die mich über alle gemeinsamen Jahre in meinem Streben nach gutem Produktmarketing angetrieben, unterstützt und gewürdigt haben.

Ebenso widme ich dieses Buch meinen Mitarbeitern der ersten Stunde, die mit mir die neue Funktion Produktmarketing etabliert haben und deren Arbeit ich hiermit noch einmal ausdrücklich würdige, darunter Ulrich Beitel, Kurt Fuchsenthaler, Christian Gugler, Ernst Mark, Klaus Ott, Jörg Schmitt, Thomas Weiss sowie Anny Issler, Isabelle Gräfe (verh. Kaliske), Sandra Trub (verh. Hartenfeller) und Ute Hack, ohne deren Unterstützung das Gute nicht gelungen wäre.

Vorwort

Der Wohlstand in Deutschland ist das Ergebnis einer fast zweihundertjährigen Erfolgsgeschichte seiner Wirtschaft, insbesondere seiner Industrie, deren tragende Säule der Maschinen- und Anlagenbau ist. Dessen Leistungen können nicht hoch genug geschätzt werden. Sie sind das Verdienst mehrerer Generationen von Forschern, Ingenieuren und Konstrukteuren, die durch Genialität, Erfindergeist und Innovationskraft dazu beigetragen haben, dass Deutschland auf den internationalen Märkten seit Jahrzehnten eine Spitzenposition einnimmt.

Diese Situation, so kraftvoll und weittragend sie uns erscheint, darf aber nicht darüber hinwegtäuschen, dass der internationale Maschinen- und Anlagenbau hart mit- und gegeneinander ringt und die Wettbewerbssituation quer über alle Absatzmärkte hinweg so zugespitzt ist wie noch nie. Und es ist nicht absehbar, dass diese Situation sich ändert, eher verschärft sie sich weiter.

Es hat sich in diesem Zusammenhang gezeigt, dass die deutsche Industrie nicht nur von der Ingenieurskunst lebt, sondern dass begleitend und verstärkend auf allen anderen Ebenen der unternehmerischen Aktivität – Einkauf, Produktion, Vertrieb, Service, Marketing – Hochleistungsarbeit erbracht werden muss und erbracht wird, um die Vorrangstellung des deutschen Maschinenbaus zu behaupten.

Dieser Praxis-Leitfaden nimmt aus diesem weiten Feld einen zentralen Aspekt auf, den Vermarktungsprozess. Es geht um die Frage, wie aus der Produktinnovation in Form eines Neuprodukts eine schlagfertige und Nachfrage auslösende Marktkommunikation entsteht – Marktkommunikation gegenüber einem professionellen Fachpublikum, bestehend aus Kaufleuten, Technikern, Vertriebs- und Marketing-Mitarbeitern. Es ist dieser Personenkreis, der am Ende eines Investitionsprojekts die Entscheidung für oder gegen den Kauf einer neuen Maschine trifft, und es ist dieser Personenkreis, der für seine Entscheidungsfindung eine rationale Grundlage braucht. Diese Bringschuld erfüllt Produktmarketing, nämlich die Erstellung eines faktenbasierten, klar strukturierten, sprachlich und inhaltlich verständlichen Informationspools für den dosierten, getimten und zielgerichteten Einsatz entlang dem Arbeitszyklus im Vertriebsprojekt.

Es ist die Zielsetzung dieser Publikation, Einblicke zu geben, wie Produktmarketing strukturiert, systematisch abgeleistet und schließlich in eine höhere Form der Marktwirksamkeit überführt werden kann, die wir VAP-Strategie nennen (*Value Added Production*). VAP zielt darauf ab, technische und kaufmännische Nutzenargumente zu bündeln und diese mit der gewählten Geschäftsstrategie des Kunden zu synchronisieren. Hieraus entsteht maximale Nachhaltigkeit auf beiden Seiten, beim Kunden und beim Hersteller – eine potentielle Win-win-Situation.

Michael Nitsche

Inhalt

Ich versichere, dass der vorliegende Buchtext vollständig von mir geschrieben und erdacht ist, dass ich die Erfahrungen selbst gemacht habe, die zur Niederlegung der nachfolgenden Erkenntnisse und Empfehlungen geführt haben, und dass ich mich weder zur Ideenfindung noch zur Strukturierung oder Textformulierung anderer Buchwerke bedient habe.

Ziel dieses Buches ist ein aus der persönlichen Arbeit heraus entwickelter Praxisleitfaden zur Optimierung der Arbeitsinstrumente für Vertrieb und Marketing im internationalen Maschinenbau.

1 Das Wesen von Produktmarketing im Maschinenbau

Zusammenfassung: Der erste Abschnitt beschreibt Merkmale, Wirkrichtungen, Strukturen und allgemeine Ziele der Funktion *Produktmarketing*. Insbesondere wird dargestellt, in welchem organisatorischen Format uns Produktmarketing heute begegnet, eine Funktion, die sich – anders als die klassischen Linienfunktionen wie F+E, Produktion und Vertrieb – an verschiedenen Positionen des Organigramms wiederfinden kann, teils integriert in anderen Einheiten, teils „extrovertiert" mit eigener Abteilung, eigener Agenda und eigenem Führungsverständnis. Die Merkmalsbeschreibung reflektiert außerdem die Verortung von *Produktplanung* und beinhaltet die Abgrenzung von Produktmarketing zu benachbarten Funktionen.

1.1 Die Interdisziplinarität

Verglichen mit den klassischen Linienfunktionen des Industriebetriebs – Konstruktion/F+E, Einkauf, Produktion/Montage, Vertrieb, Service –, die eine wertschöpfende Qualität haben, ist Produktmarketing eine auf Vernetzung, Abstimmung, Koordination und Kommunikation ausgerichtete Funktion, eine Querfunktion und eine Supportfunktion. Sie recherchiert, trägt zusammen, erstellt Vertriebsstrategien und Konzepte, stimmt sie in Zielsetzung und auf Detailebene ab, setzt sie ins Werk und kontrolliert ihre Instrumente und Maßnahmen am Ende auf Wirksamkeit. Produktmarketing lässt sich als Stabs- und auch als Linienfunktion installieren.

Produktmarketing ist von seiner Natur her Wissensmanagement: das Suchen und Recherchieren von Details, das Zusammentragen von Teilwissen, das Bilden großflächiger Wissenskomplexe und Datenpools, die Hinterlegung einer Logik, das Bilden von Suchbäumen, die stete Aktualisierung des Materials, das Niederlegen von einsatzfertigen Tools in IT-basierten Verzeichnissen, die Befähigung der Mitarbeiter zum Navigieren und Auffinden. Neben Faktenfestigkeit und Inhaltsorientierung erfordert dies vom Mitarbeiter in Produktmarketing einen ausgeprägten Sinn für Systematik, Ordnung und Klarheit von Inhalt und Sprache.

Neben der Koordinationsfunktion ist Produktmarketing das Kreativzentrum für die produkt- und vertriebsbezogene Strategie- und Konzeptarbeit und darunter für die verbal-bildlich-grafische Kommunikation sowohl ins Unternehmen hinein als auch hinaus in die Märkte.

https://doi.org/10.1515/9783110671285-001

Dabei ist die Kommunikationsarbeit grundsätzlich mehrteilig und auf viele Schultern verteilt. Zunächst unterscheiden wir zwischen Gruppenansprache und Einzelansprache. Corporate Marketing erstellt imagebildende Kommunikationsprodukte um das zu vermarktende Industrieprodukt herum und bindet es in die Corporate Identity der Firma ein, in eine bestimmte Bild-, Farb- und Textsprache, die abgestimmt ist mit den Werten, die das Unternehmen für seinen Markenkern gewählt hat. Hier entsteht beim Interessenten Gefühl und Vertrauen für die Firma und ihre Produkte. Der zweite Kommunikator ist Produktmarketing, das eine Bild- und Textsprache einsetzt, die auf Fachpublikum und Investitionsentscheider ausgerichtet ist, also eine Sprache, die eher rational-argumentativ und technisch-betriebswirtschaftlich ausgerichtet ist. Das Ziel ist die inhaltliche Überzeugung der Zielkundschaft. Beide, Corporate Marketing und Produktmarketing, kommunizieren gruppenorientiert, und zwar in Richtung auf die Mitarbeiter im Vertrieb, im Service, in der (internationalen) Marktorganisation sowie auf die Kundschaft, die Presse, Verbände, Institute, Meinungsbildner und Multiplikatoren. Drittens kommunizieren nach außen der Vertrieb, der Service, die Geschäftsleitung und die Führungskräfte.

Im Reigen dieser mehrteiligen Kommunikation ist auf der Produktebene Produktmarketing verantwortlich, und es zeigen sich hier die große Verantwortung und der hohe Anspruch an den einzelnen Mitarbeiter in der Bewältigung dieser weitgespannten Funktion. Nicht nur versteht er ingenieurmäßig die Funktionsweisen technischer Lösungen (und zwar so, dass er sie konzeptionell und funktional beschreiben kann), nicht nur kennt er die Implikationen eines Zielmarktes und seiner Kunden, nicht nur beherrscht er den relevanten Wettbewerb aus dem Effeff, und nicht nur übersetzt er technische Vorteilslösungen in einen betriebswirtschaftlichen Nutzen, sondern er bildet aus der Übereinanderlegung dieser Wissensebenen eine Essenz, einen Stoff, der geeignet ist, das Produkt in hellem Licht erscheinen zu lassen, und dies in einer klaren, nuancierten Sprache, die ausdrucksstark, positiv und gewinnend formuliert ist. Und er besitzt zudem die rhetorisch großen Fähigkeiten, die Beschreibungen und Argumente in Seminaren und Kundenveranstaltungen mit Fachwissen und Persönlichkeit live vorzutragen.

Produktmarketing trägt den Wortteil „Marketing" in sich, was suggeriert, dass in dieser Funktion die klassischen Marketingaufgaben bewältigt werden. Das ist nur bedingt der Fall. Eher oder mindestens zu gleichen Teilen ist Produktmarketing ein Verwandter des Vertriebs. In anderen Kulturräumen und Sprachen gelegentlich mit *Sales Intelligence* oder auch *Technical Sales* bezeichnet, ist Produktmarketing eine Back-up-, Assistenz- und Supportfunktion, ja ein „Kraftapparat", der den Vertrieb in seiner vielfältigen und immer anspruchsvoller werdenden Ausübung unterstützt, berät und „munitioniert". Davon handelt dieses Buch.

Produktmarketing hat mit Blickrichtung auf den Vertrieb insbesondere die Aufgabe, die Wertigkeit und Preiswürdigkeit eines Industrieprodukts herauszuarbeiten und deren Wahrnehmung beim Kunden über eine möglichst lange Strecke des Projektverlaufs hochzuhalten. Da der Kaufabschluss in der Regel einen Preisabschlag erzwingt, ist es umso wichtiger, dass im Vorfeld alle Mühen aufgewandt werden, den Kunden mit triftigen Nutzenargumenten vom Neuprodukt in einer Art und Weise zu überzeugen, dass dieser den im Raum stehenden Listenpreis mindestens so lange nicht in Frage stellt, bis die Endverhandlung ansteht. Die Arbeit von Produktmarketing leistet also einen erheblichen Beitrag für zweierlei: (a) das Produkt bis zum finalen Entscheidungspunkt im Kundenprojekt zu halten, (b) das Produkt im Verlauf des Kundenprojekts gegen Preiserosion zu schützen, damit am Projektende die berühmte rote Linie nicht überschritten wird.

1.2 Die zwei Richtungen

Die produktorientierte Marktkommunikation, wie oben skizziert, ist der Kern von Produktmarketing, aber gegebenenfalls nur die eine von zwei Teilfunktionen. Betrachten wir die Marktkommunikation als eine Innen-Außen-Funktion – wobei „innen" das Stammwerk meint und „außen" die internationale Marktorganisation und die Kunden –, so steht dem zwingend eine Außen-Innen-Funktion gegenüber, genannt *Marktplanung* oder *Produktplanung*. Das hierfür notwendige Wissensmanagement, wie zuvor beschrieben, ist für die Vermarktungsarbeit weitgehend dasselbe wie für die Produkt- und Marktplanungsarbeit. Ob und inwieweit Produktmarketing diese Teilfunktion mit übernimmt, wird uneinheitlich kommentiert und hängt unter anderem von der Innovationsstärke des Unternehmens, seiner Größe und Organisationsform und seiner Personalausstattung ab. Es gibt hier eine Logik, die dafür spricht, beide Teilfunktionen miteinander zu verbinden. Nehmen wir die Idee einer Kombination der beiden Teilfunktionen ein Stück weit auf.

Und gehen wir in unserem Beispiel von einer hohen Innovationsdichte des Herstellers aus und stellen wir uns die Frage, worin Innovation grundsätzlich bestehen kann. Diese Frage ist wichtig, denn Innovation ist der alles entscheidende Rohstoff für Produktmarketing, dessen Aufgabe darin besteht, jede innovatorische Errungenschaft für den unternehmerischen Markterfolg zu nutzen. Im Maschinenbau, Anlagen- und Gerätebau arbeiten Tausende von Konstrukteuren und Entwicklern an der Produktinnovation, insofern ist es „gut" um diesen Rohstoff bestellt.

Worin besteht Produktinnovation und in welcher Form tritt sie in Erscheinung? Wir sortieren sie von „leicht" nach „schwer". Eine erste Gruppe von Innovationen sind die vielen *leichten Verbesserungen* in Form neuer kleiner Funktionen und die Ausmerzung bisheriger Fehler oder solcher Lösungen, die Unzufriedenheit hervorgerufen haben, ähnlich einem Update, das einmal jährlich realisiert wird. Eine zweite Gruppe von Innovationen ist die Wertanalyse; sie behält das bisherige Maschinenprodukt mit seinen etablierten Funktionen im Wesentlichen bei, strebt aber nach einer Kostensenkung in der Produktion, indem komplexe Detaillösungen vereinfacht, teure Einbauteile durch preiswerte ersetzt oder Montageschritte gekürzt werden. Eine dritte Gruppe von Innovationen sind Neu- und Großentwicklungen im

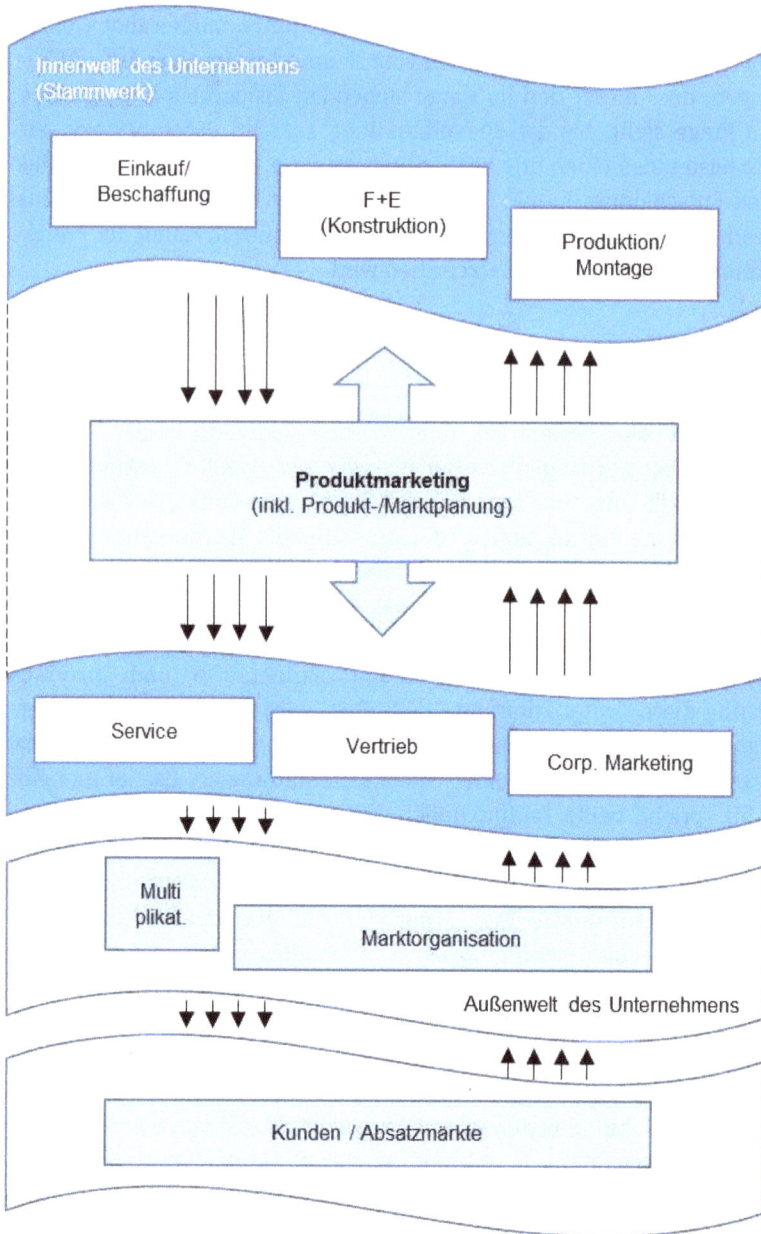

Abb. 1: Stilisierte Darstellung der Position von Produktmarketing im Organigramm zwischen Innen- und Außenbereich des Unternehmens. Die Funktion der Produktplanung ist ein optionaler Bestandteil von Produktmarketing, ansonsten ein eng benachbarter.

Sinne einer neuen Produktgeneration, etwas, das üblicherweise in größeren Abständen stattfindet, vielleicht alle fünf bis zehn Jahre, eventuell auch nur alle zehn bis zwanzig Jahre. Eine vierte Gruppe von Innovationen beschäftigt sich mit völlig neuen Plattformen, stellt also einen Quantensprung in einem bestimmten Marktsegment dar. Und die letzte Gruppe von Produktinnovationen, die fünfte, beschäftigt sich mit *absoluten Neuentwicklungen* für neue Anwendungen und Bedarfe, für die es bislang überhaupt noch kein Marktsegment gibt.

Wie wir also sehen, fächert sich das Spektrum der Innovationen stark auf, und es versteht sich von selbst, dass alle konstruktiven Leistungen, bei der kleinsten angefangen, von Produktmarketing aufgegriffen und nach allen Regeln der Kunst kommunikationstechnisch verwertet und veredelt werden, um den maximalen Beitrag zum Unternehmenserfolg zu leisten.

Damit es zu Innovationen kommt, braucht es einen Anstoß. Diesen gibt die Marktplanung (Produktplanung). Sie ist die moderne Wünschelrute oder der Seismograf eines Unternehmens, um verdeckt liegende Phänomene in den Märkten aufzuspüren und freizulegen, logisch zu erklären, auf Relevanz zu prüfen, mit einer These zu unterlegen, als Innovationsprodukt aufzubereiten und dieses in den Prüfzyklus des rollierenden Produktentwicklungsplans hineinzugeben.

Was bedeuten diese kryptischen Andeutungen konkret? Sie bedeuten, dass die Produktplanung eine Marktforschung der besonderen Art ist, nicht wie üblich quantitativ-analytisch-beschreibend, sondern qualitativ und synthetisierend, indem durch die Langzeitbeobachtung des Geflechts von Endprodukten, Werkstoffen, System- und Verfahrenstechniken, Applikationen, Wertschöpfungsketten, Kunden- und Endkundenbedürfnissen und vieles mehr ein vernetztes Wissen und hieraus wiederum „Erkenntnisse der höheren Art" erwachsen, die irgendwann zu einem Einfall führen, zur Idee einer maschinentechnischen Lösung zur Befriedigung (oder sogar Schaffung) neuer Bedürfnisse oder zur Vereinfachung bisheriger Lösungen.

Neben der Beobachtung realer Produktionsbedingungen in der Praxis verlangt dies vom Mitarbeiter der Produktplanung die gelebte Nähe zu Fachverbänden und Instituten, die Lektüre wissenschaftlicher Arbeiten, den Besuch von Konferenzen und Innovationsmessen, die Analyse des Wettbewerbs, das Debriefing von Experten, von Mitarbeitern der Marktorganisation und von Referenzkunden und vieles mehr. Damit verbunden ist die systematische Erfassung von Ergebnissen und Einschätzungen, der Abgleich mit den aktuellen Stammprodukten des Unternehmens sowie mit bereits in der Planung befindlichen Neuprojekten und die Herausarbeitung eines „Deltas", eines Neuprodukts mit Unterschiedsprofil. Hierzu erstellt der Mitarbeiter ein Lastenheft, welches das Neuprodukt, die Innovation, beschreibt – nicht in seiner Physik, sondern in seinen Anwenderfunktionen und soweit wie möglich mit einem Kosten- und Preisrahmen und mit einem Absatzszenario über einen bestimmten Zeitraum hinweg. Damit ist die Produktplanung das kongeniale Gegenstück zur Vermarktungsarbeit von Produktmarketing und insofern entweder ein integraler Bestandteil oder eine eng benachbarte eigenständige Funktion.

1.3 Produktmarketing und seine Abgrenzung

Produktmarketing ist eine moderne und inzwischen etablierte Funktion im Maschinenbau, aber sie ist doch ein neueres Kind und weckt nicht überall klare Assoziationen. Produktmarketing unterscheidet sich und grenzt sich ab von folgenden Definitionen: Industrie-/Investitionsgütermarketing, Technologiemarketing, Vertriebsmarketing, Produktmanagement, Sales Intelligence/Technical Sales und Corporate Marketing. In einigen Fällen gibt es eine Namensähnlichkeit und in allen gibt es funktionale Überschneidungen. Wir gehen sie im Einzelnen durch und kommentieren sie.

Industrie(güter)marketing ist ein Gattungsbegriff aus der BWL (Betriebswirtschaftslehre) und befasst sich mit dem Marketing in Industriebetrieben, für Industrieprodukte und für Industriekunden (auch *B2B* genannt, *Business-to-Business*) im Unterschied zum Consumer-Marketing (Konsumgütermarketing). Industriegütermarketing – bisweilen auch *Investitionsgütermarketing* genannt – subsummiert im Verständnis dieses Buches die kombinierten Leistungen von Corporate Marketing und Produktmarketing und hat einen hohen akademisch-theoretischen Anspruch. Dagegen versteht sich Produktmarketing als eine operative Funktion und Tätigkeit mit Systemanspruch, eine Funktion, die im Zusammenspiel mit Corporate Marketing und dem Vertrieb weite Teile des Industriegütermarketings abdeckt. Darüber hinaus gilt Produktmarketing in Verlängerung seiner Definition auch für Dienstleistungen und technische Verbrauchsprodukte, die keine Investitionsgüter sind.

Eine weitere Unterscheidung ist zwischen Produktmarketing und *Technologiemarketing* zu treffen. Sie ist klein. In beiden Fällen geht es um die Wegbereitung technologischer Leistungen des Unternehmens in die Endmärkte hinein. Das Technologiemarketing beschränkt sich dabei auf die Vorstufe zum Produkt und bleibt auf die technologische Lösung fokussiert, was elegant, wissenschaftlich und wenig werblich-gewerblich anklingen mag. Letzten Endes schließt aber Produktmarketing sinnvollerweise die Technologiekomponente vollumfänglich mit ein und geht dann den zusätzlichen Schritt in das Produkt, insofern ist es die umfassendere Funktion.

Ähnlich verhält es sich mit der Unterscheidung zwischen Produktmarketing und *Vertriebsmarketing*. Hier ist der Unterschied der, dass das Vertriebsmarketing auf das „allgemeine Vertriebsgeschäft" ausgerichtet ist, also auf den Vertrieb der Stammprodukte. Produktmarketing, obwohl tendenziell stärker fokussiert auf das Neuprodukt, begleitet aber das Produkt auf seiner gesamten Strecke durch den Lebenszyklus, also auch dann, wenn das Neuprodukt irgendwann zum Stammprodukt geworden ist, und versieht dieses immer wieder mit verschärften Konturen, damit es in der Außenkommunikation frisch und kaufenswert erscheint. So ist auch hier Produktmarketing die umfassendere Funktion.

Produktmarketing und *Produktmanagement* klingen ähnlich und sind beides breit aufgestellte Querfunktionen, jedoch ist das Produktmanagement in seinem ultimativen Ausbau am Ende eine Profit-Center-Funktion, also kosten- und ergebnisverantwortlich, während das Produktmarketing in allen Ausbaustufen eine Cost-Center-Funktion ohne eigene Zuflüsse darstellt. Damit ist das „Unter" und „Über" der beiden Funktionen definiert: Das Produktmanagement ist die Mutterfunktion und kann in sich das Produktmarketing aufnehmen, was umgekehrt nicht gilt. Sind beide Funktionen vorhanden und in starker Verfassung, übernimmt das Produktmanagement schwerpunktmäßig die nach innen gerichteten Aufgaben der Steuerung der Neu- und Weiterentwicklung, der Produktion/Montage, des Einkaufs und des Realisierungsrahmens hinsichtlich der Ressourcen Zeit und Geld, der Kostenkontrolle und des Freigabeprozesses, während das Produktmarketing die Vermarktungsarbeit leistet, die produktbezogene Außenkommunikation steuert und Vertrieb, Service und Marketing mit inhaltlich abgestimmten und abgesicherten Kommunikationsprodukten versorgt.

Auch zwischen Produktmarketing und *(Corporate) Marketing*, dem „eigentlichen" Marketing, gibt es Namens- und Funktionsüberschneidungen. Die Aufgabenzuschnitte sind dennoch klar unterscheidbar. Corporate Marketing verantwortet die Marke, die Corporate Identity, das Firmenimage. Gemeint ist nicht das Image, das die Firma durch Zufall erwirbt, sondern jenes geplante und angestrebte Image, das über die bedachte Auswahl von Werten *(Corporate Values)* und durch das bewusste und erkennbare Vorleben innerhalb und außerhalb des Unternehmens organisch entsteht. Hier geht es um Vertrauensbildung in Gesellschaft, Politik und in den Zielmärkten über das Medium der Marke und des Markenkerns, der über Logo, Slogans, Bilder, PR, Messen und Live-Acts in die jeweiligen Sphären getragen wird. Dies ist die Hoheitsaufgabe von Corporate Marketing. Es wendet sich dabei an alle relevanten Gruppe im Innen- und Außenbereich der Firma – an die Aktionäre, Mitarbeiter, Kunden, Banken, Behörden, Verbände, an die Öffentlichkeit: je breiter und durchdringender, desto wirkungsvoller und nachhaltiger.

Dies steht weitgehend in Abgrenzung zu den Aufgaben und Zielen von Produktmarketing. Während Corporate Marketing das Breiteninstrument zur Erreichung einer maximalen öffentlichen Wahrnehmung ist, stellt das Produktmarketing ein „spitzes" Instrument für nur einen Teil der Fachöffentlichkeit dar, für den Kunden – und hier speziell für das Fachpublikum des Kunden. Damit sind Kaufleute und Techniker gemeint, Investoren und Anwender, Einkäufer und Verkäufer – kurzum alle Funktionen beim Kunden, die pro oder contra, in jedem Falle aber fundiert, Einfluss nehmen auf die Wahl des Neuprodukts. Die Aufgaben von Corporate und Produktmarketing verzahnen sich am Ende in der Weise, dass den in der Regel „trockenen" technisch-betriebswirtschaftlich formulierten, also vernunftbasierten Aussagen zum Produkt ein zündender Markenauftritt gegeben wird, der im Zielpublikum eine zweite Saite zum Klingen bringt, die emotionale Saite, die für den Haben-Wollen-Effekt unerlässlich ist. Beide, Produktmarketing und Corporate Marketing, bringen dazu ihre jeweiligen Kompetenzen ein.

Vom Wesen her ist Produktmarketing also eine Recherche- und Sammelstelle für relevante Produkt- und Marktinformation, ein Thinktank zur Erstellung von Produktstrategien und Nutzenargumentationen, eine Veredlungsstation zur sprachlichen Schärfung, Verdichtung und Fokussierung und eine Verwahr- und Verteilerstelle von Working Tools für die Grundfunktionen Vertrieb, Marketing, Service und Marktorganisation, also für die Frontlinie zum Absatzmarkt. Insofern ist Produktmarketing eine *Supportfunktion* für die genannten Bereiche, sie sitzt hinter ihnen und bedient sie. Wie wir noch sehen werden, nimmt Produktmarketing nach außen hin zum Markt auch eigenständig bestimmte Aufgaben wahr, aber dieses direkte Wirken steht in seiner Bedeutung hinter der Support- und Dienstleistungsfunktion zurück. *Multiplikation* ist das Stichwort, und das Prinzip für die Arbeit von Produktmarketing lautet: Was sich als Kommunikationskonzept in der Eins-zu-eins-Begegnung mit dem Kunden bewährt, muss, wenn der Kunde repräsentativ für ein Markt- oder Zielsegment ist, mit entsprechenden Instrumenten in die Breite gesteuert werden. Es gilt, Masse zu bewegen.

Abb. 2: Definitorische Überschneidungen zwischen ähnlichen Funktionsbezeichnungen

Mit dieser Erklärung ist noch nicht festgelegt, wo Produktmarketing als Dienstleistungs- und Supportfunktion in der Organisation eines Industriebetriebs seinen Platz hat. Natürlich ist die Frage seiner Verortung im Organigramm nicht nur eine Frage von Definition und Abgrenzung, sondern auch eine Frage der Größe des Unternehmens. Die organisatorische Platzierung von Produktmarketing zwischen Innen- und Außenbereich des Unternehmens und seine Ausgestaltung mit Personal, Tätigkeitsumfang und Kompetenzen ist am ehesten gegeben in internationalen Großunternehmen mit Stammwerk in Deutschland/Zentraleuropa und einer Marktorganisation, die mit Niederlassungen, Tochtergesellschaften oder freien Händlern weite Teile der Welt vertrieblich abdeckt. Das können kleinere Hersteller mit einer weniger differenzierten Organisation nicht im selben Maße tun, so dass bei ihnen die Aufgaben von Vertriebsadministration, Corporate Marketing und Produktmarketing eventuell nicht in getrennten Abteilungen oder getrennten Funktionen stattfinden, sondern zentralisiert abgewickelt werden. Das bedeutet aber nicht, dass die im Folgenden beschriebenen Aufgaben von Produktmarketing wegfallen oder nicht mehr relevant sind, im Gegenteil: Sie bleiben in jeder Hinsicht relevant und werden in Zukunft unter dem weltweit steigenden Wettbewerbsdruck sogar immer relevanter.

Die Frage nach der organisatorischen Einordnung von Produktmarketing wird hier nicht weiter erörtert. Es reicht an dieser Stelle der Hinweis, dass es in jedem Organigramm seinen Platz findet, sei es als eine einfache Stabsstelle im Vertrieb, sei es als eine Funktion innerhalb von oder angrenzend an Produktmanagement oder sei es als vielköpfige Dienstleistungsabteilung mit Zubringerfunktion für die gesamte Schnittstelle des Unternehmens zu den Absatzmärkten. Das vorliegende Buch orientiert sich an letzterem.

2 Grundlagen und Vorprodukte

Zusammenfassung: Die Arbeit von Produktmarketing setzt auf den Arbeitsgrundlagen auf, die partiell an anderer Stelle und von anderen Abteilungen oder Funktionen erzeugt werden. Dieses Kapitel listet diese Grundlagen auf und beschreibt sie. Außerdem werden Hinweise gegeben, wie Inhalt, Struktur und Richtung dieser Grundlagen so gewählt werden, dass sie für die spätere hochwirksame Produktmarketingarbeit ideal einzusetzen sind. Ein Schwerpunkt ist dabei die Merkmalsbeschreibung des Neuprodukts aus F+E sowie die Marktsegmentierung aus der Marktforschung. Weitere Aspekte sind die Zielsegmentbeschreibung, die Wettbewerbsanalyse und die Produktpositionierung in den Zielsegmenten.

2.1 Der Produktentwicklungsplan (PEP)

Wir befassen uns in diesem und den nachfolgenden Kapiteln nicht mehr mit dem „Wesen", sondern mit den konkreten Aufgaben von Produktmarketing. Dabei fokussieren wir uns gedanklich auf die Vermarktung eines *Neuprodukts* – also einer neuen Maschine, eines neuen Geräts oder Aggregats oder eine neuen Anlage. Unter „neu" wird hier eine Innovation von Gewicht verstanden, für deren Vermarktung alle denkbaren Instrumente auf breiter Linie zum Einsatz kommen sollen. Die Aufgaben werden im Rahmen eines Projekts durchgeführt, wobei die Reihenfolge ihrer Abarbeitung weitgehend der Kapitelfolge in diesem Buch entspricht.

Am Anfang jedes Projekts stehen die Sammlung und die Recherche von Grundlagen, von „Stoff". Als Aufsetzpunkt definieren wir für Produktmarketing eine Pflicht, nämlich die Pflicht zur Mitwirkung und aktiven Mitarbeit am Produktentwicklungsplan von F+E (Forschung und Entwicklung). Der Produktentwicklungsplan ist die mindestens einmal jährliche Fortschreibung aller in das Unternehmen hineingetragenen und nach eingehender Diskussion für würdig befundenen Produktentwicklungsinitiativen, also nicht nur der tatsächlich angestoßenen Entwicklungsprojekte. Diese sind im Produktentwicklungsplan verankert, priorisiert, terminiert und mit einer Aufwandsschätzung hinterlegt. Üblicherweise werden in diesem Plan bereits sehr konkrete Produktideen eingebracht, also solche mit Lastenheft, aber eine Entwicklungsinitiative kann auch darin bestehen, ein Produkt vorzuschlagen, noch ohne dabei eine klare Vorstellung von seiner Realisierung und/oder Vermarktbarkeit zu haben, insbesondere wenn es um Fundamentalwürfe geht wie zum Beispiel einen Plattformwechsel. In einem solchen Fall wird die Initiative, also eine Art Skizze, in den Entwicklungsplan aufgenommen, und gegebenenfalls werden Studien zur Erhärtung in Auftrag gegeben.

https://doi.org/10.1515/9783110671285-002

Das Prozedere zur Erstellung des Produktentwicklungsplans (PEP) soll hier nicht weiter vertieft werden. Für Produktmarketing ist ausschlaggebend, dass es im Unternehmen einen PEP-Prozess gibt, dass der PEP existiert, dass er rollierend fortgeschrieben wird und die einzelnen Projekte einen geplanten Fertigstellungstermin haben. Letzteres bildet die Grundlage dafür, dass aus dem PEP heraus eine priorisierte und terminierte Arbeitsliste für die Vermarktung entsteht. Der Produktentwicklungsplan ist also der vordere Anschlag für Produktmarketing, der Nullpunkt. Wobei „Fertigstellungstermin" zu differenzieren ist:

– Fertige Konstruktionsunterlagen?
– Fertiger Prototyp?
– Fertiger Feldtest?
– fertig für die Serienfertigung?

Wir kommen auf diesen Punkt zurück bei der Frage, wie intensiv Produktmarketing die oben erwähnten Etappen der Austestung und Besicherung mitverfolgt und sich selbst mit dem Neuprodukt „warmläuft".

Produktmarketing übernimmt die in der technischen Realisierung befindlichen Neuprodukte aus dem Entwicklungsplan in einem bestimmten Abstand und Vorlauf zur Freigabe – je nach Unternehmen und Produktkomplexität also mehrere Monate davor – und erstellt nun als erstes eine Agenda. So nennen wir das Arbeits- und Projektpapier von Produktmarketing. Die Agenda ist eine Kombination von Checkliste und Sammelkorb von Fakten und ersten Abstimmungen. Hier werden alle für die Markteinführung notwendigen Daten, Fakten und Beschreibungen festgehalten.

Für die Agenda benötigt Produktmarketing diverse *Vorprodukte*. Eines davon ist die Merkmals- und Funktionsbeschreibung des Neuprodukts durch den verantwortlichen F+E-Ingenieur, -Konstrukteur oder -Projektleiter. Ein weiteres ist die Beschreibung der Zielmärkte (Marktsegmente) des Unternehmens, insbesondere des relevanten Zielsegments für das Neuprodukt. Drittens wird für das Neuprodukt und das Zielsegment ein Wettbewerbsvergleich benötigt, der das Delta, also die technologischen Unterschiede zu den Marktbegleitern, detailliert beschreibt und das Neuprodukt im Wettbewerbsfeld positioniert. Und viertens braucht es für die substantielle Produktmarketingarbeit einen Testbericht, aus dem die Leistungswerte des Neuprodukts hervorgehen.

Vorprodukte für das Projekt einer Neumaschinen-Vermarktung

Produktentwicklungsplan (PEP), terminiert und priorisiert

Merkmals- und Funktionsbeschreibung Neuprodukt

Zielsegmentbeschreibung Neuprodukt

Wettbewerbsvergleich („Delta") und Positionierung Neuprodukt

Testbericht mit Leistungswerten Neuprodukt

2.2 Die Merkmals- und Funktionsbeschreibung des Neuprodukts

Die Merkmals- und Funktionsbeschreibung des Neuprodukts erfolgt durch den F+E-Projektleiter oder den verantwortlichen Konstrukteur. Seine Beschreibung setzt sinnvollerweise auf dem Lastenheft auf, welches zu Beginn eines Projekts das Zielprofil des Neuprodukts beschreibt. Das Lastenheft ist, wenn es professionell erstellt wurde, das Ergebnis einer „konzertierten" Aktion aller marktaktiven Kräfte im Unternehmen – Marktorganisation, Vertrieb, Service, Produktmarketing – mit dem Ziel einer umfassenden und detaillierten Beschreibung aller gewünschten Funktionen des geplanten Neuprodukts. Unter „gewünschte Funktionen" ist zu verstehen: umfassend in seiner Gesamtheit, technisch detailliert sowie kaufmännisch plausibel, also mit der Nennung und Herleitung von Planmengen, Planpreisen und Planmargen. Die gewünschten Funktionen im Lastenheft sind entweder ein kumulierter Erfahrungswert aus dem laufenden Vertrieb und den ständigen Kundenprojekten im Zielsegment oder das Ergebnis einer Deltabetrachtung mit den Produkten des Wettbewerbs oder im Idealfall beides.

Gehen wir noch einmal zurück in den Produktplanungsprozess. Für ein fiktives Neuprodukt wird ein Lastenheft zur Prüfung eingereicht. Es folgt eine Bewertung von F+E zur Machbarkeit der gestellten Aufgabe, das heißt, es findet eine Abschätzung statt, ob die Ausführungen im Lastenheft grundsätzlich technisch umsetzbar sind, und dies im Rahmen von Preis- und Herstellkostenzielen, wie sie im Lastenheft hinterlegt sind. Erfolgt hierauf im Abstimmungsprozess des PEP eine positive Bewertung, wird das Neuprodukt im Produktentwicklungsplan aufgenommen. Nun sind der Konstruktionsaufwand abzuschätzen und der mögliche Anfangs- und Fertigstellungstermin. Je nachdem, welchen Ergebnisbeitrag das geplante Neuprodukt auf der Basis der oben genannten Schätzungen erbringen wird, und je nachdem, welcher konstruktive Aufwand hierfür anzusetzen ist, erhält das Neuprodukt eine Priorität, die im Entwicklungsplan eingestellt wird. Sie ist für die Produktsteuerung des Unternehmens, an der Produktmarketing mitwirkt, eine maßgebliche Größe.

Die Schätzung des F+E-Aufwands basiert aber nicht allein auf dem Lastenheft, sondern zusätzlich auf dem Pflichtenheft. Letzteres ist die Umsetzung des Lastenhefts, also der gewünschten Funktionen, in vorgedachte konstruktive Lösungen, gegebenenfalls ausgeführt in Alternativen. Das Pflichtenheft setzt nicht nur das Lastenheft um, sondern nimmt zugleich, falls vorhanden, gänzlich neue Funktionen auf, die sich aus dem allgemeinen technischen Fortschritt ergeben und im Lastenheft nicht enthalten sind. Die Ausführungen des Pflichtenhefts werden F+E-intern sowie in einem Arbeitskreis mit den marktrelevanten Abteilungen abgewogen und final entschieden. Auf der Basis des Pflichtenhefts findet nun die Projektarbeit in F+E statt. Ab hier beginnt eine erst lose, später dann intensivere Begleitung durch Produktmarketing bis zum Projektende. Diese Begleitung ist nicht nur für das „Warmlaufen" mit dem Neuprodukt gedacht, sondern dient beiden Parteien dazu, in Zweifelsfragen einen Ausgleich zu finden, beispielsweise an den Punkten, wo eine bestimmte Wunschfunktion nicht oder nicht vollständig oder nicht im vorgegebenen Budgetrahmen realisiert werden kann.

Am Projektende ist der Zeitpunkt gekommen, die Merkmals- und Funktionsbeschreibung des Neuprodukts als Grundlage der jetzt einsetzenden Vermarktungsarbeit zu finalisieren. Das bedeutet, der verantwortliche Konstrukteur macht Aussagen darüber, welche der im Lastenheft gemachten inhaltlichen Vorgaben er unter- oder übererfüllt hat, welche Teilziele erreicht oder nicht erreicht wurden, welche neuen Lösungen dazu gekommen sind und vieles mehr.

Es wäre für alle Beteiligten hilfreich, wenn die Merkmals- und Funktionsbeschreibung des Neuprodukts systematisch erfolgt und diese Systematik für alle Neuprodukte beibehalten wird, auch für die zuliefernden Bereiche wie Marktforschung und Wettbewerbsanalyse. Sinnvollerweise ist die Systematik im Lastenheft schon vorgegeben. Eine solche Systematik könnte wie folgt aussehen:

Im ersten Block ist die Produktstruktur darzulegen, also die Gliederung des Neuprodukts – der Maschine, der Anlage oder des Aggregats – in Hauptprodukt, Varianten, Serien- und Sonderausstattung. Diese Gliederung ist, auch wenn sie schon eine Vorgabe im Lastenheft war, zunächst nur ein Vorschlag, der später, kurz vor der Markteinführung (Produkt-Launch), noch einmal aus Vertriebssicht geprüft und von dort dann übernommen oder abgeändert wird. Die endgültige Produktstruktur ergibt sich also spätestens mit der Aufnahme des Neuprodukts in die Preisliste.

Im zweiten Block sind Aussagen zu treffen und Beschreibungen zu geben über die gewählte Systemtechnik und Verfahrenstechnik. Hierbei wird vorausgesetzt, dass zur Herstellung eines bestimmten Endprodukts alternative Maschinenkonzepte und Fertigungsverfahren eingesetzt werden können, Konzepte und Verfahren, die am Markt miteinander konkurrieren und eventuell nach Preis-, Qualitäts- oder Produktivitätskriterien oder nach Marktsegmenten zu unterscheiden sind. Wenn ein Lastenheft für ein Neuprodukt eine Abkehr des Herstellers von seinen bisher realisierten Konzepten und Systemen verlangt oder sich die Notwendigkeit dazu aus den funktionalen Anforderungen ergeben, ist dieser Konzept- und Systemwechsel zu beschreiben und zu begründen (und von Produktmarketing zu kommunizieren).

Dann folgt in den nächsten Blöcken die Produktbeschreibung. In Block III werden einfache, aber charakteristische und treffend beschreibende Technikmerkmale aufgelistet, erst in einem Datenkopf die allgemeinen Daten wie beispielsweise die physischen Abmessungen und Gewichte, dann in der Reihenfolge des Materialdurchlaufs durch die Maschine die Technikmerkmale der einzelnen Aggregate. Hier ist zu unterscheiden zwischen einfachen Lösungen – eine Welle, ein Sauger, eine Mimik – und komplexen Lösungen, also integrierte Aggregate und Systeme. Bei letzteren wird es nicht mehr genügen, die reinen Merkmale der technischen Konstruktion zu beschreiben, sondern es bedarf zusätzlicher Ausführungen zur Verfahrenstechnik, zu bestimmten Anwendungen und Einsatzstoffen, die mit diesen

Aggregaten und Systemen möglich sind – oder umgekehrt: die ausdrücklich *nicht* möglich sind. Auch Ausschlüsse gehören zu den notwendigen Beschreibungen.

Es folgt Block IV. Hier werden die Leistungen des Neuprodukts beschrieben, darunter Lauf- oder Bearbeitungsgeschwindigkeiten, Rüstzeiten, Wechselzeiten für Werkzeuge und Produktionsformen, Wasch- und Stillstandszeiten, Wartungsintervalle und anderes mehr. Auch hier sind etwaige Einschränkungen zu nennen in Abhängigkeit von bestimmten Faktoren, zum Beispiel von den gewählten Einsatzstoffen.

Wir werden den Gliederungsthemen des Lastenhefts und der Merkmalsbeschreibung des Neuprodukts wieder begegnen, wenn wir uns mit dem Wettbewerbsvergleich und der Produktpositionierung beschäftigen (siehe Seite 21).

Systematik Merkmals- und Funktionsbeschreibung Neuprodukt	
Block I	Gliederung des Neuprodukts in Hauptprodukt, Varianten, Serien- und Sonderausstattung
Block II	Kurzbeschreibung der System- und der Verfahrenstechnik
Block III	Allgemeine Daten wie beispielsweise die physischen Abmessungen und Gewichte des Neuprodukts – danach: Technik- und Funktionsmerkmale in der Reihenfolge des Materialdurchlaufs oder in der Sequenz typischer Bearbeitungsfolgen
Block IV	Leistungsbeschreibung des Neuprodukts, zum Beispiel Verarbeitungsgeschwindigkeit, Rüstzeiten, Qualität und anderes mehr

2.3 Die Marktsegmentierung und der Zielmarkt für das Neuprodukt

Nach der Merkmals- und Funktionsbeschreibung, der ersten Grundlage für die Arbeit von Produktmarketing, ist die Beschreibung des Zielmarkts eine zweite. Die Zielmarktbeschreibung ist ein Produkt der Marktsegmentierung und diese ein Teilprodukt der Marktforschung. Dazu eine Vorüberlegung.

Herstellung und Verkauf von Maschinen und der damit verbundene Umsatzerlös scheinen das vordergründige Ziel von Maschinenherstellern zu sein – und je mehr davon, desto besser. Aber das ist es nicht allein. Das Produkt, seine Erfindung, Realisierung, Gestehung, sein Verkauf und der Umsatzerlös dienen einem höheren Zweck, der Marktsteuerung. Erst in der Betrachtung der Markterfolge ergibt sich für das Unternehmen eine „finale Befriedigung". Diese Markterfolge zu steuern, ist die große unternehmerische Herausforderung.

In der Regel arbeiten Hersteller nicht nur auf einem einzigen Markt, und sie bauen auch nicht nur einen einzigen Typ von Maschine. Stattdessen arbeiten sie in vielen Teilmärkten und mit vielen Maschinentypen. Diese Teilmärkte weisen eventuell Ähnlichkeiten auf und stellen ein hierarchisch strukturiertes Gebilde dar. Die

Rede ist von *Marktsegmenten*. Marktsegmente dienen zur Marktdifferenzierung, zur Betrachtung kleinerer Einheiten, die ein feineres unternehmerisches Steuern ermöglichen. Steuern bedeutet: Strukturen und Trends erkennen, Ziele setzen, Maßnahmen ergreifen, Wirkungen wahrnehmen, Nachjustieren, Ziele treffen.

Für die Gliederung des Absatzmarktes in Marktsegmente gibt es drei Ansätze. Der erste ist die Analyse des IST-Zustands und die Erfassung derjenigen Segmente, die bereits vorhanden sind – unter anderem aus Nachschlagewerken, Industrieverzeichnissen, Fachpublikationen, Wettbewerbsliteratur und den Analysen der Verbände. Marktsegmente sind irgendwann entstanden, existieren und entwickeln sich fort. Dieser Stand ist zu erarbeiten.

In einem zweiten Ansatz, der von der Allgemeinheit der Branche zur spezifischen Situation des Herstellers überleitet, ist zunächst eine Abgrenzung vorzunehmen, die Abgrenzung zwischen *relevantem Markt* und *nichtrelevantem Markt*. Die Trennlinie zwischen beiden verläuft analog zu jener, die das Unternehmen auch schon für sich selbst gezogen hat, indem es sich fragt: Was will ich auf *keinen Fall* produzieren und anbieten, zum Beispiel:

– Welche Antriebs- und Systemtechnik?
– Welche Verfahrenstechnik?
– Welche Maschinengrößen (-formate)?
– Welche ...?

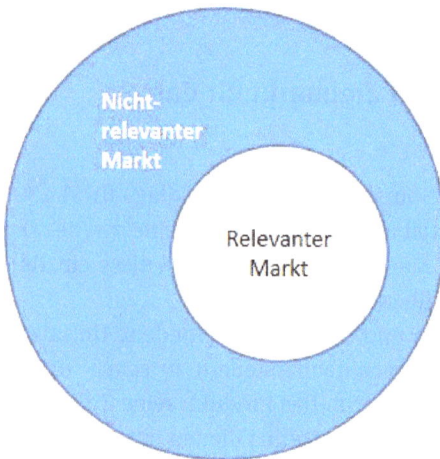

Abb. 3: Abgrenzung des relevanten vom übrigen (nichtrelevanten) Markt

Diese Fragen sind eine Ableitung davon, welchen Grad von Fachkompetenz sich das Unternehmen zuschreibt und über welche Produktionsausstattung es verfügt. Damit ist die Grundlage für eine Grenzziehung zwischen relevantem und nichtrelevantem Markt gelegt. Diese Grenzziehung muss aber nicht für alle Zeiten gelten. Da Kompetenzen und Ausstattungen über die Jahre wachsen oder schrumpfen können, ist die Frage – „Was will ich auf keinen Fall..." – periodisch immer wieder neu zu stellen.

Nachdem der nichtrelevante Markt definiert und abgetrennt ist, kann im dritten Schritt der relevante Markt segmentiert werden. Hierzu wird zunächst eine Liste von Segmentierungskriterien erstellt. Übliche und beispielhafte Kriterien sind:

Kriterien für die Marktsegmentierung mit Priorisierung (beispielhaft)	
Prio	Segmentierungskriterium
1	Endprodukte und Werkstoffe
2	Anwendungen und Applikationen
3	Systemtechnik
4	Verfahrenstechnik
5	Qualitätssegmente
6	Industriesegmente (Segmentierung nach Industriegraden)
7	Anzahl Betriebe weltweit und heruntergebrochen
	Nach Ländergruppen und Einzelländern
	Nach Betriebsgrößen
	Nach Mischproduktion oder Spezialisierung
	Nach Wertschöpfungsketten
	Nach Maschinentypen, -größen und -klassen
	Nach Anzahl der relevanten Maschinen
	...

Auch wenn die abgebildete Segmentierungstabelle für den Maschinenbau weitgehend universell einsetzbar ist, liegt es doch an jedem Hersteller selbst, diese auf Relevanz und Vollständigkeit für seine spezifische Situation zu prüfen, auch was die Priorisierung anbetrifft.

Wie entstehen nun aus den genannten Kriterien die gesuchten Marktsegmente und Zielsegmente? Zunächst wird vorausgesetzt, dass der Datenpool des Unternehmens genügend relevante Grunddaten zur Befüllung eines Marktsegmentierungsmodells enthält (siehe unten Abb. 4), so dass es möglich ist, aus der Gesamtmenge von Betrieben und Maschinen (Gesamtmarkt) kleine Teilmengen zu bilden, nämlich die Teilmengen der definierten Marktsegmente. Natürlich kann bei lückenhafter Datenlage ersatzweise auch mit plausiblen Schätzwerten gearbeitet werden, ebenso sind anstatt von Absolutwerten auch Prozentwerte einsetzbar.

Gemäß dem unten stehenden Marktsegmentierungsmodell wird als erstes die Gesamtzahl von Betrieben weltweit für den vom Unternehmen definierten relevanten Markt ermittelt und eingetragen. Danach sind je nach Segmentierungskriterium (dunkelblaue Felder) und je nach Unterkriterium (hellblaue Felder) Teilmengen einzufüllen. Theoretisch bilden nun alle dunkelblauen und hellblauen Felder Marktsegmente ab, also Teilmärkte. In dieser isolierten Betrachtung werden sie allerdings für die Zwecke von F+E und für die von Produktmarketing keinen größeren Nutzen haben, sie sind nur ein notwendiger Zwischenwert. Interessant wird es erst, wenn einzelne Marktsegmente zu einem *Zielsegment* aggregiert, also zusammengefasst werden. Je nach Projekt können also – wie im unten stehenden Dia-

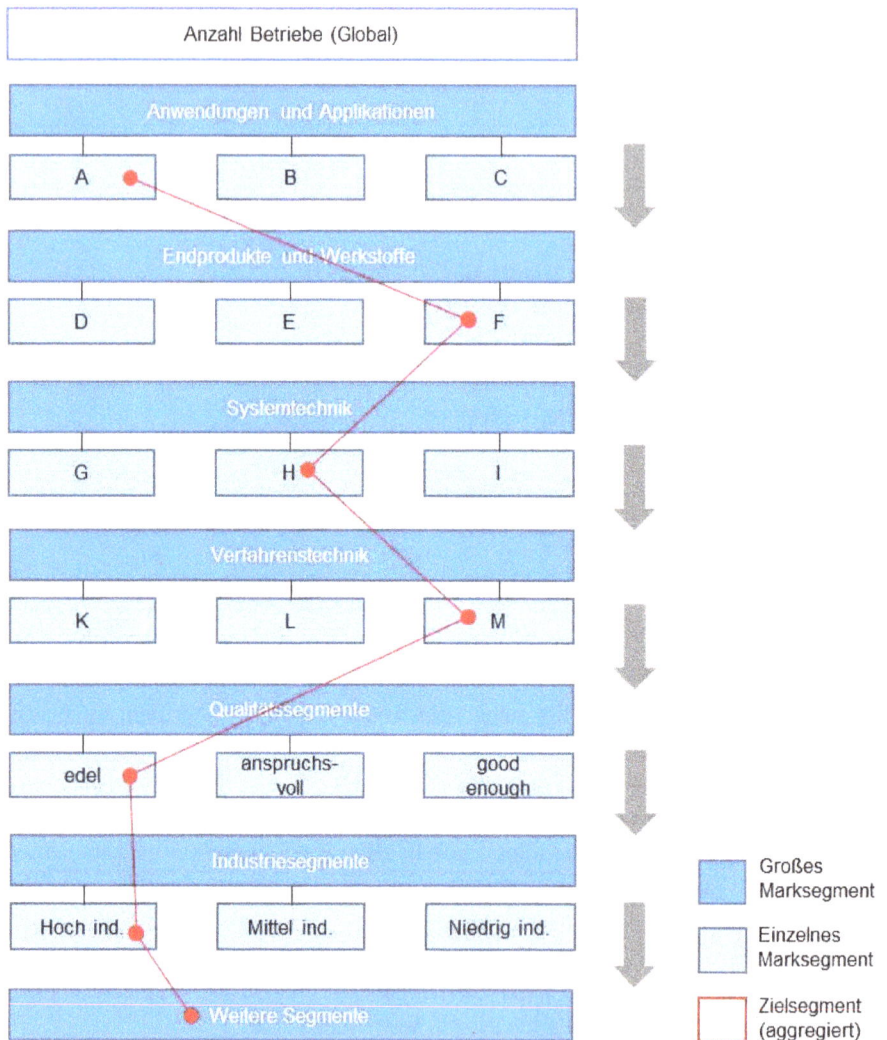

Abb. 4: Beispiel für den Aufbau eines Marktsegmentierungsmodells. Den einzelnen Feldern müssen in einem weiteren Schritt Zahlen zugeordnet werden, nämlich die Anzahl der Betriebe und darin die Anzahl der Maschinen.

gramm mit der roten Zickzacklinie angedeutet – bestimmte Marktsegmente durch Übereinanderlegung ihrer Zahlenwerte zu einem Zielsegment zusammengezogen werden. Welche einzelnen Marktsegmente ausgewählt und zu einem Zielsegment formiert werden, ist ein Erfahrungswert aus der Vermarktung der Stammprodukte.

Damit haben wir jetzt die Anzahl der Betriebe im relevanten Markt, in den Marktsegmenten und in den Zielsegmenten. Jetzt fehlt noch ein entscheidender Schritt, nämlich die Umsetzung der Anzahl von Betrieben in die Anzahl von Maschinen und ihre Unterteilung nach Typ, Größe/Format, Konfiguration und wichtigen Zubehören – sowie nach Herstellern.

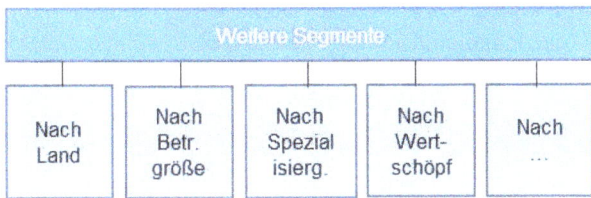

Abb. 5: Mögliche Verfeinerung der Marktsegmentierung

Sind also die Marktsegmente für das Unternehmen final definiert und in „Anzahl Betriebe" quantifiziert, ist die Ermittlung oder Einschätzung der zahlenmäßigen Maschinenbasis in diesen Segmenten zu verfeinern, und dies möglichst differenziert nach Formatklasse, Leistungsklasse, Maschinenvarianten und Sonderzubehör (Ausstattungspakete). Nun wird die eigene Maschinenbasis dagegengestellt – nach denselben Kriterien –, so dass Marktanteile pro Marktsegment und Zielsegment berechnet werden können. Hier sind wir am entscheidenden Punkt, die *Marktanteilsquote*, eine entscheidende Größe für die Marktsteuerung.

Marktsegmentierung ist keine Einmal-Aufgabe, sondern braucht die regelmäßige Befassung, mindestens einmal jährlich, und eine Systematik, die sich treu bleibt, damit die Ergebnisse in eine Zeitlinie gebracht werden können, was ihre Vergleichbarkeit gewährleistet. Wesentliche Aspekte sind: Verändern sich die Marktsegmente quantitativ, werden sie also kleiner oder größer? Was wird kleiner oder größer: die Anzahl Betriebe, die Tonnage, die Stückzahl, die Maschinenbasis, der eigene Marktanteil – was genau? Finden Verschiebungen statt – welche? Welche Rückschlüsse lassen die quantitativen Verschiebungen auf die qualitative Definition der Marktsegmente zu? Erodieren etablierte Marktsegmente, entstehen dadurch neue?

Die Ergebnisse, periodisch zusammengetragen, führen zu *dynamisierten Marktbildern*, also zur Erkennung von Markttrends. Markttrends sind in drei Ebenen zu beleuchten:

I Marktstruktur
II Wettbewerb
III Kundenanforderungen.

Unter (I), Marktstruktur, ist die Veränderung von Mengen, Populationen und Betriebsgrößen zu verstehen, aber auch Veränderungen bei den typischen Endprodukten, Betriebsstrukturen, Verfahrenstechniken und Applikationen.

Was (II) den Wettbewerb anbetrifft, interessieren Zu- oder Abgänge von Herstellern oder von ihren Produkten (Maschinenmodellen) in den einzelnen Marktsegmenten und auch, in welcher Weise ihre Präsenz sich verändert durch Nachlassen oder Erstarken auf den Feldern Technik, Image, Dienstleistung und Support.

Bei (III), den Kundenanforderungen sind Präferenzen gemeint, technische Anforderungen, Vertriebs- und Akquisitionsformen und insbesondere Motive für das Invest-/Reinvest-Verhalten der Kunden.

Fazit: Die aktuelle Kenntnis über Strukturen und Trends in den Marktsegmenten ist das A und O für eine erfolgreiche Marktarbeit. Sie ist eine entscheidende Grundlage zur Bildung strategischer Unternehmensziele (wachsen, halten, zurückziehen, neu starten).

Marktsegmente sind nicht „gottgegeben", sondern ein geistiges Produkt der Marktforschung, ein Analyse-Produkt. Das heißt, die Definition bestimmter Kriterien führt zu bestimmten Marktsegmenten. Diese Kriterien können grob gehalten werden, dann entstehen große Segmente, oder klein und stark differenziert, dann entstehen kleine. Man kann auch eine Segmenthierarchie bilden, indem man große Märkte in drei bis vier Marktsegmente unterteilt und darunter noch eine weitere Reihe von drei bis vier Untersegmenten. Die Segmentierung muss sinnvoll sein – und sinnvoll ist sie dann, wenn sie a) mit der Wirklichkeit übereinstimmt, als etabliert gilt und in Verzeichnissen und Publikationen als reale Welten dargestellt werden, b) wenn sie weitgehend mit dem Wettbewerb übereinstimmt, so dass aussagefähige Analysen und übergreifende Statistiken erstellt werden können, und c) wenn sie zu genügend großen Segmenten führt, die genügend große Losgrößen von Neu- oder Stammprodukten ermöglichen.

Der Sinn der Marktsegmentierung hat quantitative und qualitative Aspekte. Aus F+E-Sicht, aber auch aus Vertriebssicht, ist der qualitative Aspekt der Marktsegmentierung die Erlangung intimer Kenntnisse über das typische Kaufverhalten einer Gruppe von Anwendern in einem bestimmten Zielsegment. Dieses Kaufverhalten unterscheidet sich eventuell von dem Verhalten in anderen Segmenten, und zwar in Bezug auf Aspekte wie Technologie, Automation, Qualität, Produktivität, Preis, Service, Nachhaltigkeit, die Wahl des Maschinentyps und seiner Ausstattung, um nur einige zu nennen. Diese Kenntnisse sind wertvoll für die Definition von Lastenheften für Neuprodukte, später auch für deren Vermarktung. Dagegen ist der quantitative Sinn der Marktsegmentierung, siehe oben, die Ermittlung der allgemeinen Maschinenbasis, der eigenen Maschinenbasis und des eigenen Marktanteils sowie des Wettbewerbs. Auf dieser Grundlage können dann Projektionen im Zusammenhang mit dem Stammprodukt oder einem geplanten Neuprodukt gebildet werden. Nicht zuletzt verhilft die Marktsegmentierung dem Unternehmen zur Feststellung, ob bestimmte Marktfelder für die eigene Unternehmensausrichtung noch, schon oder wieder relevant sind.

Die Erarbeitung der Marktsegmentierung und die Definition der Zielsegmente ist organisatorisch nicht fest lokalisiert. Sie kann sowohl von der Marktforschung als auch von Produktmarketing geleistet werden, je nach Qualifikation und Erfahrung. Es ist sicher nicht die schlechteste Empfehlung, sie zu einer gemeinsamen Aufgabe zu machen, da sie die Kompetenz beider Funktionen erfordert.

2.4 Produktbezogene Wettbewerbsanalyse und Produktpositionierung

Kommen wir nach der Merkmals- und Funktionsbeschreibung des Neuprodukts und der Zielsegmentbeschreibung zur dritten unabdingbaren Vorarbeit für Produktmarketing, die Produktpositionierung im Zielsegment und gegen den Wettbewerb.

Die produktbezogene Wettbewerbsanalyse verlangt zwei Kernkompetenzen: zum einen die Methodik der Marktforschung, zum anderen die Detailkenntnis der relevanten Maschinen und Verfahren.

Unter Methodik ist zunächst die Datenstruktur zu verstehen, mit der die relevante Wettbewerbsinformation untersucht und erfasst wird. Diese Datenstruktur ist sinnvollerweise in Form einer Excel-Tabelle oder einer Datenbank aufgebaut und in einer vertikalen Ordnung, die dem Materialstrom durch die Maschine entspricht oder der programmierten Reihenfolge der Arbeitsschritte in der Maschine. Damit könnte und sollte sie dem Muster des Lastenhefts beziehungsweise der Merkmals- und Funktionsbeschreibung des Neuprodukts entsprechen. Soweit die Vertikale. In der Horizontalen sind in der ersten Spalte das eigene Produkt und in den weiteren Spalten die Wettbewerbsmaschinen in der Reihenfolge ihrer Relevanz und Verbreitung am Markt angeordnet. Damit ist eine erste formale Einheitlichkeit hergestellt. Für jedes Zielsegment ist eine eigene Wettbewerbsanalyse zu erstellen, denn in jedem Segment stehen üblicherweise andere Eigenprodukte anderen Wettbewerbsprodukten gegenüber.

An die Datenstruktur und -qualität wird ein hoher Anspruch gestellt. Der Grund dafür ist, dass die Wettbewerbsanalyse ein intensives und häufig genutztes Arbeitsinstrument für Produktmarketing ist und dort die relevante Information für ein effizientes Arbeiten schnell gefunden werden muss.

Bevor wir uns in die Detailtiefen des Wettbewerbsproduktes begeben, vorab eine Grundüberlegung über „Wettbewerb". Bei der Wettbewerbsanalyse unterscheiden wir zwischen dem *direkten* Wettbewerb und dem *indirekten*. Der Unterschied besteht im Grad der Abstraktion: Während der *direkte* Wettbewerb Produkte gleicher Klasse, gleicher technischer Lösung, gleicher Performance und für den gleichen Zielmarkt umfasst, sind unter *indirektem* Wettbewerb Produkte zu verstehen, die auf einer höheren Abstraktionsstufe stehen und heute noch in einem anderen, eventuell sogar in einem völlig anderen („irrelevanten") Marktsegment zu finden sind, morgen aber potentiell in das relevante Marktsegment diffundieren können und dann dort einbrechen.

Zu letzterem ein kleines Beispiel zur Verdeutlichung. Das eigene Produkt sei Eisenguss (Komponentenfertigung). Im direkten Wettbewerb vergleichen wir den eigenen Eisenguss mit dem Eisenguss des relevanten Wettbewerbs, also den anderen Erzeugern von Eisenguss. Das ist der *direkte* Wettbewerb. Dann gehen wir in den Abstraktionsprozess. In einer ersten Stufe der Abstraktion vergleichen wir den Eisenguss mit Aluminiumguss; letzterer bewegt sich in einem anderen, benachbarten Segment und interferiert augenscheinlich nicht oder nur peripher mit Eisenguss, Stand heute. Morgen könnte Aluminiumguss jedoch wegen seines leichten Gewichts und seiner geringen Trägheit den Eisenguss für bestimmte Produkte verdrängen (was tatsächlich auch stattfindet). Schließlich kommt in einer zweiten Abstraktion die Keramik. Keramik ist kein Metall und auch kein klassischer Guss mehr, jedoch ein formbares Material ähnlich der Metallschmelze, ein Material, das bei Erstarrung fest wird und geeignet ist, technische Funktionen auszuüben, ähnlich oder identisch oder sogar besser als Metallguss. Eine weitere Verdrängung des Eisengusses ist denkbar. Schließlich kommt noch eine Abstraktionsstufe darüber der 3D-Druck. Normalerweise werden Produkte aus Eisenguss, Aluminiumguss oder Keramik zur Herstellung ihrer Endform durch einen Folgeprozess geführt, die mechanische Zerspanung. Diese Technik nennt man *subtraktives* Herstellungsverfahren, da die finale Endform durch Abtragen (subtraktiv) von Materialteilen entsteht (Fräsen, Drehen, Bohren). Im Gegensatz dazu ist der 3D-Druck ein *additives* Herstellungsverfahren, das sich nach heutigem Stand, was die Guss-Substitution anbetrifft, erst nur kleine Gebiete erobert hat, zum Beispiel im Prototypenbau, jedoch mit weiterem erkennbaren Potenzial in der Serienfertigung.

All das ist Wettbewerb, nur verteilt auf verschiedene Abstraktionsstufen und Konkretisierungswahrscheinlichkeiten. Alle diese Szenarien hat die Wettbewerbsanalyse einzufangen, zu analysieren, trendmäßig zu beobachten, abzubilden und zu bewerten. Natürlich nicht allein – für viele dieser Forschungen gibt es Vorarbeiten der Industrieverbände und von dritter Seite.

Die oben genannten Beispiele sollen nicht weiter vertieft werden. Es genügt die Vorstellung, dass „Wettbewerb" mehr ist als der *direkte* Wettbewerb, um den es üblicherweise geht. Produktmarketing als Wegbereiter der Sales-Funktion im Markt muss Produktargumente für jede vorstellbare Kundensituation liefern. Das schließt konsequenterweise den *indirekten* Wettbewerb mit ein.

Gehen wir den Wettbewerbsvergleich an. In Stufe 1 ist zunächst der *direkte* Wettbewerb zu analysieren. Die vorbereitete Excel-Liste beziehungsweise Datenbank liegt vor, und das Einfüllen erscheint einfach, aber bald wird man feststellen, dass nur wenige Details so genau bekannt sind und beschrieben werden können wie diejenigen der eigenen Maschine. Diese anfängliche Unkenntnis wird noch dadurch verschärft, dass der Wettbewerb seine technischen Lösungen, obwohl identisch oder gleichartig zu den eigenen Lösungen, nicht nur anders benennt, sondern auch mit anderen generischen oder Gattungsbegriffen belegt. Die einen sagen Waschvorrichtungen, die anderen Reinigungssysteme – die einen Deionisiervorrichtung, die anderen Entelektrisatoren – die einen sagen automatisch und meinen automatisiert (eventuell sogar nur mechanisiert), während andere darunter halb- oder vollautomatisch verstehen. Das ist eine Crux und zeigt, dass sich die Wettbewerbsanalyse am Anfang eines Projekts auf dünnem Eis bewegt.

Eine weitere Herausforderung ist, dass nicht alle technischen und Leistungsmerkmale, von den größten bis zu den allerkleinsten, in die Liste aufzunehmen sind, sondern nur die marktrelevanten. Das trägt zur Kompakthaltung der Liste und ihrer Praktikabilität bei. Die marktrelevanten Merkmale sind im Allgemeinen die A- und die B-Merkmale, also Positionen der ersten und zweiten Ordnung. Ab C-Ebene kann das Recherchieren und Einfüllen vernachlässigt werden. Aber diese Aussage gilt nur eingeschränkt, denn was A, B und C ist, ist nirgends definiert und liegt im Ermessen des Bearbeiters. Zudem kann es passieren, dass sich auf A- und B-Ebene keinerlei Positivunterscheidung zugunsten des eigenen Produkts herausarbeiten lässt, so dass man nun versuchen muss, sie auf der C-Ebene zu finden. Die Aufgabe besteht dann darin, auf C-Ebene und eventuell noch darunter möglichst viele Positivmerkmale zu finden und diese zu einer Gruppe und unter einer Headline zu vereinigen, um das Delta zum Wettbewerb möglichst positiv und gewichtig erscheinen zu lassen. Diese Suchaufgabe ist sehr anspruchsvoll und braucht professionelles Produkt- und Technologiewissen.

Aussagen des Wettbewerbs zu den A- und B-Merkmalen sind verhältnismäßig einfach zu finden, denn natürlich propagiert sie der Hersteller in seinen Prospekten, Katalogen und auf seiner Website „laut". Schwieriger ist dies bei Merkmalen, die nicht oder nur „ungern" (also unvollständig oder verklausuliert) veröffentlicht werden, wenn überhaupt. Typische Felder dieser Art sind Aussagen zur Qualität, zu den Leistungen (Laufleistung, Rüstwerte), zum ergonomischen Arbeitseinsatz, zur Wirksamkeit von Maschineneinstellungen, zur Langlebigkeit von Maschine und Teilen und vieles mehr. Die Erfahrung zeigt, dass ein erschöpfender Wettbewerbsvergleich auf Produktebene nicht über Nacht, nicht nur am Schreibtisch, nicht nur durch Internet-Recherche erarbeitet werden kann, sondern hierfür mehrere Aktionen und ein längerer Abschnitt vonnöten sind, bevor das Panel komplett ist und die hierauf abgestellten komparativen Produktaussagen zum eigenen Produkt abgesichert sind.

Der Beschaffungsprozess geht unter Umständen auch über Dritte – und ohne dieses Kapitel überzustrapazieren, versteht es sich von selbst, dass alle über Dritte bezogenen Informationen auf ihren Wahrheitsgehalt – und wo dies nicht möglich ist, auf ihre Plausibilität zu überprüfen sind. Wichtig ist neben der Datenstruktur die Vollständigkeit, Richtigkeit (Plausibilität) und Aktualität der Information.

Am schwersten ist die Erhebung der Leistungsdaten vom Wettbewerb. Individuelle Aussagen über die Leistung bestimmter Maschinen aus dem Feld sind eine erste Quelle und verdienen den Eintrag in eine laufende Datei, aber sie sind mit Vorsicht zu genießen, weil zum Leistungsbegriff sehr diffuse Meinungen, Ansichten und Definitionen zirkulieren. Sie sind je nach Professionalität und Objektivität der Person brauchbar, insbesondere wenn die Aussagen bereits aggregiert sind, sich also auf eine bestimmte Menge oder eine Population von Wettbewerbsmaschinen beziehen. Sie mögen ein bestimmtes Bild abrunden und vielleicht bestätigen, aber sie ersetzen in ihrer Solidität nicht die primärstatistische Erhebung – und zwar auf der Grundlage von Praxistests. Hierüber handelt das nächste Kapitel. Vorweg sei gesagt, dass Testsettings schwer herzustellen sind. Daher helfen ergänzend ein gutes Netzwerk zu Kunden, Lieferanten und anderen Dritten – und eine gute eigene Einschätzung, basierend auf jahrelanger Praxiserfahrung.

Und noch einmal Vorsicht: Leistung ist nicht gleich Leistung! Eine Leistung kann eine Einmal-Leistung sein, sie kann aber auch eine Wiederholungsleistung sein (Wiederholauftrag) oder sogar eine Dauerleistung über eine Periode oder die gesamte Lebensdauer der Maschine hinweg. Das ist zu differenzieren.

Der Anspruch bleibt: Der Wettbewerbsvergleich muss so erschöpfend und so objektiv und wahrheitsgemäß wie möglich sein. Ein ins Feld geführter Komparativ zugunsten der eigenen Maschine im Sinne einer behaupteten, aber nicht zutreffenden Überlegenheit gegen ein Wettbewerbsprodukt wird schnell entlarvt. Die Glaubwürdigkeit des Kolporteurs ist dann beschädigt und die weitere Kommunikation mit dem Kunden unter einen Verdacht gestellt.

Wichtig: Der Wettbewerbsvergleich ist immer wieder zu aktualisieren, entweder anlassbedingt (Produktneuheiten auf Messen) oder periodisch, zum Beispiel einmal im Jahr. Time to Market, also die schnelle Vermarktung technischer Lösungen, ist heute keine Vision mehr, sondern gelebte Wirklichkeit, und der technische Fortschritt schreitet schnell voran. Dies erfordert eine permanente Wachsamkeit und Dokumentation.

Die Durchführung eines Wettbewerbsvergleichs kann mit nachfolgendem Arbeitsblatt erfolgen (Abb. 6). Hier sind in der Vertikalen wesentliche Kriterien in einer bestimmten Blockbildung und Reihenfolge vorgegeben (siehe Ähnlichkeit zu Lastenheft und Merkmalsbeschreibung). Dagegen unterteilt sich die Horizontale in Spalten für das Eigenprodukt und für die Fremdprodukte. Dazwischen befinden sich zwei weitere Spalten, *Typ Vorteil* und *Schwere Vorteil*. Typ Vorteil bedeutet, welches der genannten Kriterien für den Anwender des Eigen- oder Fremdprodukts einen Nutzenvorteil darstellt und welcher Art dieser Vorteil ist, zum Beispiel ein wirtschaftlicher, ein anwendungstechnischer, ein ergonomischer und so fort (vgl. Kapitel 4 *Nutzenargumente*). Daneben ist dieser genannte Nutzenvorteil in seiner Bedeutung („Schwere") darzustellen und ihm ein Grad zuzumessen. Damit können Nutzenvorteile des eigenen Produkts gegen die Nutzenvorteile des Wettbewerbsprodukts verrechnet und am Ende zu einem Gesamtwert addiert werden.

Arbeitstabelle Wettbewerbsvergleich

	Eigen			Fremd (Wettbewerb)		
	Stamm- oder Neuprodukt	Typ Vorteil	Schwere Vorteil	Produkt A	Produkt B	Produkt C
Programmbreite (Konfigurationsbreite)						
Hauptprodukt						
Varianten						
Serienausstattung						
Sonderausstattung						
...						
Systemtechnik						
...						
Verfahrenstechnik						
...						
Allgemeine Daten						
Phys. Abmessungen						
Gewichte						
...						
Technik- und Funktionsmerkmale (in der Reihenfolge des Materialdurchlaufs oder in der Sequenz typischer Bearbeitungsschritte)						
...						
Leistungswerte für typische Anwendungen						
Maschinengeschwindigkeit						
Rüstzeiten						
Qualität						
...						
Preis						
...						

Abb. 6: Arbeitstabelle zur Durchführung eines Wettbewerbsvergleichs mit fester Struktur in der Vertikalen (Merkmale) und Horizontalen (zu vergleichende Maschinentypen und Wettbewerber)

2.5 Leistungswerte aus dem Testprogramm

Das Testprogramm ist neben den anderen und weiter oben genannten Grundlagen ein weiterer externer Baustein, auf den die nachfolgende Produktmarketingarbeit aufbaut und sich abstützt – ein unverzichtbarer Baustein.

Jede neue Technologie und jede neue technische Lösung – sei sie maschinentechnisch, verfahrenstechnisch oder steuerungstechnisch – wird mit Hilfe eines oder mehrerer Prototypen ersterprobt und dann feldtesterprobt. Während die Ersterprobung den Beweis der Funktionstüchtigkeit gemäß Lasten- und Pflichtenheft zu erbringen hat, geht die Feldtesterprobung weiter: Sie fragt nach bestimmten Leistungs- und Zuverlässigkeitswerten in einem zeitlich begrenzten Dauerbetrieb. Für beides sind Testprogramme zu erstellen.

Die Ersterprobung interessiert an dieser Stelle weniger, sie findet im Inneren des F+E-Projekts am Prototypen statt und führt dort zu Optimierungsschleifen im Finishing der Konstruktionsarbeit. Sind diese beendet und die CAD-CAM-Programme für die Teileproduktion neu geschrieben, wird anschließend die Null-serie von einer Handvoll Maschinen des Neuprodukts hergestellt, die Feldtestmaschinen. Bevor diese für den Feldtest zur Verfügung stehen, ist nun der operative Einstiegspunkt für Produktmarketing gekommen. Seine Aufgabe besteht darin, die geeigneten Probanden im Kreis der Stammkunden zu finden, denen die Feldtesterprobung zugetraut werden kann, ferner das Testprogramm mit den Schwerpunktaussagen der geplanten Vermarktungsstrategie abzustimmen und die Erarbeitung und Dokumentation der Testergebnisse zu begleiten.

Als erstes also die Probanden. In welcher Weise qualifiziert sich ein Stammkunde dafür, einen Feldtest im Namen des Herstellers durchzuführen? Zunächst muss er, der Kunde, typisch und repräsentativ sein für das Zielsegment, in welches später das Neuprodukt verkauft wird, das heißt die Maschinenkonfiguration und die Ausstattung der Feldtestmaschine sind spezifisch gewählt und die Anwendungen, das Auftragsspektrum, das Qualitäts- und Leistungsniveau, die Art der Endprodukte des Kunden passen ideal zum Zielsegment der Neumaschine.

Das Testprogramm wird vom Maschinenhersteller, der das Feldtestprogramm organisiert, für den Anwender, den Feldtestkunden, detailliert und eindeutig beschrieben. Im Rahmen der Gesamttestdauer sind alle Anforderungen bezüglich der Arbeitsinhalte, der Jobreihenfolge, der zu tätigenden Einstellungen und Wechsel und anderes mehr zu definieren und die Qualitäts- und Leistungsziele zu beschreiben, die angestrebt werden. Ebenso ist vorzuschreiben, dass alle Testanforderungen nach ihrer Erledigung abgehakt und alle relevanten Daten zu Produktionsmengen, Maschinengeschwindigkeiten, Rüst-, Stillstands- und Waschzeiten, zu Ausschussmengen, Qualitätsparametern und -schwankungen für jeden Testschritt schriftlich festgehalten werden. Hierüber hat der Feldtestkunde ein Buch zu führen, in dem er sämtliche Einträge mit Datum und Unterschrift quittiert. Abhängig von den Ergebnissen müssen die Testprogramme eventuell erweitert, verkürzt oder abgeändert werden, so lange bis die angestrebten Qualitäts- und Leistungswerte erreicht sind oder auch diese am Ende abgeändert werden. Letzteres erfolgt in engster Abstimmung mit den involvierten Abteilungen im Stammwerk.

Bei den Tests kommt es auf möglichst viele Einsatzvarianten an – kleine und große Auftragslose, hohe und niedrige Maschinengeschwindigkeit, hoch- und niedrigkomplexe Rüstszenarien, Einmann- oder Mehrpersonen-Bedienung, breites Spektrum an Werkstoffen, Werkstückgrößen, Produktionsformen – und auf eine längstmögliche Erprobungsdauer pro Variante. Alle Ergebnisse sind festzuhalten, sie bilden eine unverzichtbare Grundlage für die späteren Aufgaben im Produktmarketing.

Je nach Komplexität der Maschine ist es aber mit der Ersterprobung und dem Feldtest allein nicht getan, es braucht weitere Ergänzungen. In diesen Fällen muss das Leistungswissen anderweitig wachsen, indem zwei Szenarien bemüht werden, zum einen das Debriefing von Experten (geführte, strukturierte Interviews zur Erlangung bestimmter und bisher fehlender Leistungsaussagen), zum anderen die Durchführung weiterer Tests, die entweder in der Praxis oder unter Laborbedingungen stattfinden.

Neben den Feldtests und Labortests gibt es ergänzend die Vergleichstests. Sie finden entweder nur mit eigenen oder nur mit Wettbewerbs- oder mit beiden Maschinen statt. Bei ihnen können es Vergleichstests sein zwischen einem Neuprodukt und einem Vorgängerprodukt oder zwischen Maschinen unterschiedlicher Qualitäts-, Leistungs- und Formatklassen oder zwischen den direkten Konkurrenten. In diesen Fällen, Vergleichstests, liegt die Kunst darin, die Umfeldbedingungen zu standardisieren, also einheitlich zu gestalten, so dass nur dort Varianten zugelassen werden, wo es genau um die Differenzierung an diesem Punkt geht. Dem ist zugrunde gelegt, dass Leistungsdaten nur dann valide sind, wenn auf *allen* Maschinen dasselbe Testprogramm gefahren wird und dieselben Umfeldfaktoren gelten, wie zum Beispiel die Raumbeschaffenheit, ihre Ver- und Entsorgung, die Lufttemperatur und -feuchte, der Zeitpunkt des Maschineneinsatzes innerhalb des Testzyklus, die Beschaffenheit der Produktionsformen und der Werkstoffe – nicht zu vergessen der Bildungsgrad und die Erfahrung der Maschinenführer, die Anzahl der Helfer und vieles mehr. Eine hohe Standardisierung des Testsettings ist das A und O für die Vergleichbarkeit der Ergebnisse und die Datengüte am Ende. Diese Aussage gilt gleichermaßen für die Feldtests.

Die Umfeldstandardisierung ist besonders dann eine Herausforderung, wenn der Vergleichstest nicht unter Laborbedingungen, nicht zu einem Zeitpunkt und nicht am selben Ort stattfindet und nicht von derselben Bedienmannschaft geführt und von derselben Versuchsmannschaft begleitet wird.

Die Vorbereitung, Durchführung und Analyse der Erst- und Feldtesterprobungen sowie der späteren Einzel- und Vergleichstests und auch der Abnahmetests gegenüber Kunden erfordert ein Höchstmaß an Sachverstand über die Maschinen- und Anwendungstechnik und eine große Langzeiterfahrung, umso mehr, als voll-

ständig standardisierte Labor- und Umfeldbedingungen (systematisierte Test-
aufbauten) nicht immer vorhanden sind und daher Ergebnisse plausibel interpre-
tiert werden müssen.

Testprogramm für die Validierung von Funktionalitäten und Leistungswerten

---

Ersterprobung Prototyp (intern)

Feldtest von einer Handvoll Maschinen bei Kunden

Vergleichstests mit Wettbewerb

Debriefing von Anwendern (Erfahrungsaustausch,
eventuell User Club)

Labortests (intern oder extern)

---

3 Die Agenda für den Produkt-Launch

Zusammenfassung: In diesem Kapitel wird die Agenda der Produktmarketingarbeit beschrieben. Die Agenda ist ein Arbeits- und Organisationspapier, das zur Vorbereitung eines Projekts dient. Das hier zugrunde gelegte (virtuelle) Projekt ist die Markteinführung eines neuen Maschinenprodukts (Produkt-Launch). Die Agenda nimmt im vorderen Teil zentrale Inhalte der in Kapitel 2 dargestellten Grundlagen auf, die zwingend in der Marktkommunikation zum Ausdruck kommen werden, und beschreibt im zweiten Teil die Art ihrer Verwendung, also die Kommunikationsmittel, die im Zuge des Produkt-Launch ihren Einsatz finden.

3.1 Aufgabe und Zweck der Agenda

Nun liegen alle notwendigen Unterlagen vor – Produktentwicklungsplan, Produktmerkmalsliste, Marktsegmentierung, Wettbewerbsanalyse, Produktpositionierung und die Ergebnisse der Feldtesterprobung mit statistisch erhobenen Leistungsdaten. Die Erstellung dieser Grundlagen ist nur partiell eine originäre Leistung von Produktmarketing, aber je nachdem, wie die Grundlagen der anderen Autoren beschaffen, strukturiert, detailliert und ausformuliert sind, wird es eventuell notwendig sein, ihnen im Entstehungsprozess der Dokumente zu assistieren und den Ausführungen den richtigen Zuschnitt für die spätere Vermarktungsarbeit zu geben.

Das erste weiterführende Tool von Produktmarketing – weiterführend im Sinne der zielgerichteten Erstellung von Kommunikationsprodukten für die Markteinführung eines Neuprodukts – ist die *Agenda*, ein Arbeitspapier, das zur engen und verbindlichen Abstimmung der produktbezogenen Kommunikationsarbeit mit den Abteilungen Vertrieb, Corporate Marketing, Service und der internationalen Marktorganisation dient. Sie ist zugleich das Planungspapier für die eigene Projektarbeit, also für die Markteinführung des Neuprodukts. Die Agenda ist kein Blankopapier zur freien Aufschreibung von Notizen, sondern ein vorstrukturiertes Sheet, das den Maximalfall zugrunde legt, also die Vermarktung eines neuen Typs von Maschine, Gerät oder Anlage, verbunden mit der Ambition, *alle* verfügbaren Kanäle, Medien und Instrumente proaktiv zu nutzen. Die Betonung liegt auf *alle*. Das ist der fiktive Maximalfall, und alle anderen Vermarktungsfälle bleiben in ihrem Umfang dahinter zurück. Insofern ist die Agenda eine geführte Checkliste zum Ankreuzen und Befüllen bestimmter Aktionsfelder – und ansonsten eine Liste mit Streichpositionen, die je nach dem Bedeutungsgrad der Innovation, die zur Vermarktung ansteht, ausgewählt werden.

https://doi.org/10.1515/9783110671285-003

Grob gesprochen, ist die Agenda ein Extrakt aus den oben erwähnten Grundlagen – Produktmerkmalsliste, Zielmärkte, Wettbewerbsvorteile und getestete Leistungswerte – angereichert mit Projektionen, Zielbeschreibungen und Maßnahmen zur geplanten vertriebs- und marketingtechnischen Handhabung.

3.2 Struktur und Inhalte der Agenda

Die Agenda umfasst zunächst die Beschreibung der Produktstruktur in Form einer vierteiligen Hierarchie: (1) Kernprodukt, (2) Varianten, (3) Serienausstattung, (4) Optionen (Sonderzubehör). Das Kernprodukt ist in der Regel eine eigenständige Maschine oder ein Großaggregat. Eine Variante ist dem Kernprodukt ähnlich, sie ist auch eine Maschine oder ein Großaggregat, jedoch mit einer partiell anderen Konstruktionsweise für eine zweite, dritte oder eine Sonderanwendung. Die Serienausstattung ist eine Auswahl von Add-ons (Funktionen, Aggregate, Wechseleinrichtungen), die standardmäßig, also fest, im Neuprodukt enthalten sind. Dagegen sind die Optionen, das Sonderzubehör, Add-ons, die vom Kunden wahlweise und gegen Aufpreis bestellt werden können.

Beiden, Variante und Option, ist gemein, dass sie das Kernprodukt entweder zu einer anderen als die Standardanwendung befähigen oder es in einer anderen Leistungs- beziehungsweise Komfortklasse platzieren. Aus Kernprodukt, Variante, Serien- und Sonderausstattung entsteht ein Produktsystem, das vielfältige produktions- und vertriebstechnische Implikationen in sich trägt und wohl überlegt sein muss. Dazu ein Gedanke und eine Empfehlung. Die Modularisierung eines Neuprodukts, also seine Zerlegung in einen fein ziselierten Produktcluster von Kernprodukt, Varianten und Optionen, ist eine große Versuchung der heutigen Zeit. Aus zwei Gründen: Der Grundpreis des Kernprodukts ist umso niedriger, je weniger Serienausstattung sich darin befindet und je mehr davon in der Sonderzubehör-Preisliste untergebracht wird. Niedriger Grundpreis also. Zweitens übergibt der Hersteller damit mehr Kompetenz und Entscheidungsfreiheit an den Kunden zur finalen Konfiguration seiner Maschine, was dieser begrüßen wird. Das Problem dabei ist die Aufblähung des Variantenmanagements beim Hersteller und eine hohe Alltagskomplexität im Angebotswesen und später in der Auftragsabwicklung, deren Beherrschung aufwändig und teuer ist. Ein Kompromiss kann darin bestehen, bestimmte zueinander passende Sonderzubehöre zu Paketen zusammenzufassen, die nicht aufgedröselt werden, also in jeder Stufe der Wertschöpfungskette fest beieinander bleiben. Oft werden solche Pakete im Form von verkaufsfördernden Maßnahmen als zeitbefristete Aktionspakete verkauft, die Empfehlung ist aber, die Paketbildung ganz grundsätzlich und nicht nur aktionsweise als Vertriebsmittel zu wählen. Dieser Punkt, die Paketbildung, gehört in die Agenda und wird von Produktmarketing als Vorschlag zur finalen Entscheidung in F+E und im Vertrieb ausgearbeitet.

Zwischen den vier genannten Elementen – Kernprodukt, Variante, Serien- und Sonderausstattung – gibt es weitergehende Implikationen, nämlich die gegenseitige Beeinflussung von technischen Daten, Leistungsdaten, der Funktionalität, der Verfahrenstechnik. Hier gibt es einerseits die gewünschten Ausweitungen und Steigerungen – weswegen überhaupt Varianten und Optionen konstruiert werden. Aber es kann auch zwingend damit einhergehende Einschränkungen geben. Eine sehr häufige ist die Einschränkung von Leistung (zum Beispiel der Maschinengeschwindigkeit) zugunsten einer zusätzlichen Option (zum Beispiel einer Inline-Veredlung). Diese Einschränkungen gehören in die Agenda und bedürfen bei der späteren kommunikationstechnischen Inszenierung einer genauen Darstellung.

Abhängig von der technischen Komplexität des Produkts – oder der Produktgruppe (Kernprodukt, Varianten, Serien- und Sonderausstattung) – ist zu entscheiden, in welcher Form das Produkt vertrieben werden soll, als Serienprodukt oder als Projektprodukt. Die Unterscheidung ist wichtig. Im ersten Fall handelt der Vertrieb/Verkauf autark, unterstützt von *Sales Tools* (siehe Kapitel 6) – im zweiten Fall dient der Vertrieb/Verkauf „nur" als Projektöffner, während eine Projektabteilung im Stammwerk mit dem Kunden die Spezifikation übernimmt und die eventuell geforderten vertraglichen Zusicherungen macht. Im ersten Fall sind dagegen die Zusicherungen an den Kunden angelehnt an einen Branchen-, Industrie- oder Hersteller-Standard. Das Verfahren mit der Unterscheidung zwischen Serienprodukt und Projektmaschine kann auch in anderen Fällen gewählt werden, zum Beispiel für die Frühphase des Serienanlaufs eines neuen Maschinentyps oder für Feldtestmaschinen oder für Referenzkundenmaschinen. Dies ist ein weiteres Thema auf der Agenda.

Wie zuvor beschrieben, liegt einer der großen Schwerpunkte der Marktkommunikation auf den Leistungsdaten. Sie sind die Grundlage für die Umsetzung in betriebswirtschaftliche Rechenmodelle und daher von großer Bedeutung. Insofern kommt den Testberichten der Feldtesterprobung große Bedeutung zu. Die dort gemessenen Leistungen – Laufleistung, Rüstzeiten, technische Verfügbarkeit, Ausschuss und anderes mehr – sind in die Agenda aufzunehmen. Sie sind die Basis vertraglicher Zusicherungen an den Kunden und bedürfen nicht nur einer grundsätzlichen Klarheit zu den Betriebsbedingungen, unter denen die zugesagten Leistungen erwartet werden dürfen, sondern im Ganzen einer juristischen Prüfung.

In einem zweiten Block macht die Agenda eine Aussage über das Zielsegment des Marktes und über die Produktpositionierung des Neuprodukts im Zielsegment gegen den dort bestehenden Wettbewerb. Die Vorarbeit dazu ist erbracht, siehe oben. Jeder Markt unterteilt sich in Anwendungs- und Leistungssegmente. Diese Segmente muss jedes Unternehmen für sich definieren. Die Segmente sind dazu geeignet, eine eigene Position für seine Produkte zu finden, diese zu beschreiben und hierfür Zielgrößen zu definieren und diese nachzuhalten. Hierfür braucht es Erfahrung in den Spezifika des Segments aus Kundensicht, eine typische Anforderung an Produktmarketing. Eventuell ist die Marktsegmentierung noch in einer dritten Dimension anzulegen, in die geostrategische. Es gibt Länder, Regionen und Kontinente, die aus Traditionsgründen eigene Wege eingeschlagen und eigene Normen etabliert haben, die von den internationalen Standards abweichen. Beispiele sind Links/Rechts-Auslegungen, Auslegung der Elektrik, von Bedienelementen und anderes mehr.

Die Agenda ist die Grundlage für die Markteinführung des Neuprodukts (Produkt-Launch, siehe Kapitel 6). Sie enthält daher Aussagen über die Produktverfügbarkeit aus der Produktion, also die Lieferfähigkeit. Die Lieferfähigkeit wird zuvor planerisch synchronisiert mit der vom Vertrieb erstellten Einführungsstrategie, in der ein Produktrollout festgelegt wird. Dieser Rollout definiert eine Reihenfolge, die produktionstechnisch nach Kernprodukt, Varianten, Serien- und Sonderausstattung untergliedert ist und vertriebstechnisch nach den Zielsegmenten und den eigenen „Hochburgen", also den Kraftzentren des eigenen internationalen Vertriebsnetzes, denen die erfolgreiche Produkteinführung priorität zugetraut und zugewiesen wird. Der Rollout gliedert sich also über Phasen, Teilprodukte und Aktionen.

Demgemäß beginnt die Lieferfähigkeit der Fabrik mit dem Kernprodukt und einigen wenigen Varianten und Zubehören; danach steigert sie den Produktumfang schrittweise bis zur geplanten Endstufe des gesamten Produktclusters. Dieser Prozess kann einige Monate dauern. Die Vorgehensweise ist bewusst gewählt, um einerseits die Fabrikroutinen einzuüben, und zwar unter Teillast zur Reduzierung von Risiken, andererseits um erste Rückflüsse vom Markt zur Nachjustierung und Optimierung der Fertigung abzuwarten. Rollout, Lieferfähigkeit und Vertriebsstrategie sind also wesentliche Bestandteile der Agenda.

Ein nächster Punkt ist die Produktkompatibilität. Gemeint ist die Rückwärts-Kompatibilität zu Bestandsmaschinen beziehungsweise Vorläufermaschinen im Markt, also Maschinen der bisherigen Generation. Diese zielt auf Hardware, Software/Vernetzung, Elektrik/Elektronik und die mechanische Eignung zur Verarbeitung ausgewählter Werkstoffe. Beispiel Hardware: Eventuell sind nicht alle Zubehöre – auch solche von Vorgängermaschinen – ohne weitere Vorbereitung auf der Neumaschine einsetzbar (Walzen, Stapeleinrichtungen, Non-Stopp-Systeme), eventuell sind sie auch überhaupt nicht einsetzbar. Zweites Beispiel Software: Eventuell basiert das Neuprodukt steuerungstechnisch auf einem neuen Stand, einer neuen Generation oder auf der Software eines neuen Unterlieferanten – und dieser Umstand stellt nun für die Integration in ein Datennetzwerk mit anderen oder älteren Maschinen ein Hindernis dar – oder umgekehrt ein Hindernis für die anderen/älteren Maschinen, im Netzwerk zu verbleiben. Drittes Beispiel Elektrik/Elektronik: Maschinen sind heute wertmäßig bis zu 30 und mehr Prozent mit Mechatronik-, Elektronik- und IT-Komponenten bestückt; das sind Elemente, die oft Lieferkomponenten anderer Hersteller sind und in der Regel kürzere Lebenszyklen haben. Hier kann es Kompatibilitätsthemen geben, zum Beispiel beim Anschluss an CAD-CAM-Netzwerke oder bei der Beschaffung bestimmter Ersatzteile. Viertes Beispiel Werkstoffe: Aus Gründen des Formats, der Dicke oder anderer physischer Merkmale können auf dem neuen Maschinentyp bestimmte Sorten nicht mehr verarbeitet werden, weil eine neue Konstruktion dies nicht zulässt. Dies kann sich auf das Werkmaterial beziehen, aber auch auf Werkzeuge und Produktionsformen.

Aus den genannten Beispielen können sich beim Kunden in der Praxis enttäuschte Erwartungen, zumindest operative Einschränkungen ergeben, denen kommunikativ vorzubeugen ist. Diese Fälle sind selten, aber doch gegeben, da trotz der Forderung nach grundsätzlicher Rückwärts-Kompatibilität zu älteren Maschinen irgendwann immer einmal der Punkt erreicht ist, wo eine neue Generation von Bauteilen zum Einsatz kommt, die eine Rückwärts-Kompatibilität nicht mehr zulässt. Damit das nicht vergessen und die Kundenzufriedenheit – das große Ziel – nicht gefährdet wird, gehört dieses Thema in die Agenda.

Ein weiteres Kapitel in der Agenda ist die Darstellung des technischen Fortschritts im Vergleich zum Vorgängermodell, zum Wettbewerbsmodell im Zielsegment und aus beidem der erweiterte (neue) Produktnutzen für den Anwender. Was den Wettbewerbsvorteil anbetrifft, ist die erste wesentliche Aussage, ob dieser ein Alleinstellungsmerkmal ist oder ein früher Verfolger (des führenden Wettbewerbermodells). Ansonsten genügt in der Agenda die stichwortartige, knapp formulierte Darstellung des Produktnutzens, wie Einsatzflexibilität (Applikationen), Qualität, Wirtschaftlichkeit, Ergonomie und anderes mehr (siehe Kapitel 4 *Nutzenargumente*). Stichworte genügen, aber es müssen *alle* Produktnutzen aufgeführt sein, die das Produkt positiv auszeichnen, und zwar im Quervergleich mit den aktuellen Wettbewerbern wie auch im Vorwärts-/Rückwärtsvergleich mit dem eigenen Vorgängerprodukt. Jede Vorteilsdarstellung sollte idealerweise in drei Ebenen erfolgen, in einer sehr konkreten (rein technisch), in einer abstrahierten (Anwendung, Leistung, Zielmärkte) und in einer sehr abstrakten (betriebswirtschaftlich).

Weiter befasst sich die Agenda mit einer Prognose für die Absatzentwicklung in einer bestimmten Periode, zum Beispiel die nächsten fünf oder zehn Jahre, abhängig vom geplanten Lebenszyklus des Neuprodukts und von der längerfristigen Unternehmensplanung. Die Absatzprognose fußt auf dem Lastenheft zur Entwicklung des Neuprodukts. In diesem Lastenheft sind im Idealfall neben den Produktmerkmalen auch Plan-Absatzzahlen, Planpreise, Planherstellungskosten und Planmargen niedergeschrieben sowie eine Abschätzung des Produktanlaufs und Hochlaufs. Im Laufe der Konstruktionsarbeiten können nun aber zwei Dinge eintreten: (I) inhaltliche (konstruktive) Abweichungen vom Lastenheft sowie (II) technische Verbesserungen des Wettbewerbs an seinen Maschinen. Beides führt zwingend zu Neueinschätzungen im laufenden Projekt. Diese werden spätestens jetzt in der Agenda neu formuliert, denn nach der Agenda richten sich ab jetzt die Fabrikplanung aus, die Vertriebs- und Serviceplanung und die Personalplanung, also die gesamte Ressourcenverteilung im Unternehmen. Es ist empfehlenswert, mit Szenarien auf der Basis von Wenn-/Dann-Beziehungen zu arbeiten und diese rollierend und regelmäßig zu überprüfen, um die Planungsprozesse rechtzeitig nachzujustieren.

Die Agenda befasst sich noch einmal mit dem „Altprodukt", also dem Vorgängerprodukt. Die Kompatibilität hatten wir schon (siehe oben). Hier geht es jetzt um das Übergangsszenario von Vorgänger- zu Neuprodukt. Wird ersteres stumpf enden und das Neuprodukt stumpf starten? Oder werden sich beide Produkte überlappen, indem im selben Zeitraum der Vorläufer eine Auslaufkurve und das Neuprodukt eine Anlaufkurve zugeteilt bekommt, eventuell begleitet von kaufmännischen Sonderkonditionen? Oder wird drittens, sehr ungewöhnlich, eine bewusste oder erzwungene Produktpause eingelegt, bevor das Neuprodukt startet? Dieser Plan muss exakt bestimmt sein und an alle Beteiligten kommuniziert werden, aber zunächst gehört er in die Agenda.

Eine vertriebs- und marketingtechnische Nutzung kann die Einbindung von Partnern sein. Gelegentlich werden Produktweiterentwicklungen nicht vom Vertrieb oder Produktmarketing, von den Kunden oder der F+E-Abteilung angeregt, sondern von Kooperations- oder Entwicklungspartnern. Ist dies der Fall, kann eine Vertriebsinitiative über den betroffenen Partner eine weitere Möglichkeit zum anvisierten Markterfolg sein.

Agenda für die Neuprodukt-Einführung

Teil 1	
Produkt und Produktumfang *Kernprodukt, Varianten, Serien- und Sonder-ausstattung*	
Produkttechnik *Technische Daten, Leistungsdaten, Funktionalität, Verfahrenstechnik, Systemtechnik, ggf. Einschränkungen...*	
Produktkompatibilität *(bzw. Nichtkompatibilität) mit Maschinentypen früherer Generationen sowie mit Wettbewerbsprodukten*	
Produktverfügbarkeit *Erstlieferung, Lieferzeiten, Rollout, Varianten, Optionen...*	
Produktnutzen für Anwender *Produktivität und Wirtschaftlichkeit, Qualität, Applikationen, Ergonomie...* *(Vertiefung in Kapitel 4)*	
Vertriebszuständigkeit *Projektprodukt oder Serienprodukt, 1-stufig oder 2-stufiger Vertrieb...*	

Agenda für die Neuprodukt-Einführung

Strategische Position gegenüber Wettbewerb *Direkter Wettbewerb, indirekter Wettbewerb*	
Eignung für welche Marktsegmente	
(ggf.) Eignung für welche Regionen	
Pricing *Grundpreis für Preisliste, Rabattierung...*	

Abb. 7a: Arbeitstabelle zur Aufstellung einer Agenda für die Neuprodukt-Einführung durch Produktmarketing

Bis hierher haben wir die wesentlichen Checkpoints im ersten Teil der Agenda behandelt. Im zweiten Teil folgt die *vollständige* Auflistung von Kommunikationsprodukten, Tools und Aktionen, geordnet nach Vertrieb, Corporate Marketing und Produktmarketing. Die Einzelheiten von Teil 2, die Kommunikationsprodukte, sind so umfangreich, dass wir sie nicht hier, sondern separat in Kapitel 6 vertiefen.

Teil 2	
Sales Tools und Aktionen Vertrieb s. Kapitel 6	
Marketing Tools und Aktionen s. Kapitel 6	
Tools für Produktmarketing s. Kapitel 6	

Abb. 7b: Ergänzung der Agenda, Teil 2

4 Nutzenargumente im Maschinenbau

Zusammenfassung: Das Hauptkapitel des Buches beschäftigt sich detailliert mit der Essenz von Produktmarketing, der *Entwicklung von Nutzenargumenten*. Es wird einleitend die Gruppe der generischen Nutzenargumente beschrieben und in eine Logik gebracht. In den nachfolgenden Unterkapiteln werden diese weiter ausgeführt und konkretisiert. Im Mittelpunkt stehen dabei die sogenannten *primären* Nutzenargumente – Produktivität, Kapazität, Einsparungen, Wirtschaftlichkeit. Letzteres, die Wirtschaftlichkeit, ist der Kernpunkt der Produktmarketingarbeit mit Blick auf die Gruppe der Geschäftsführer, kaufmännischen Führungskräfte, Controller und Geldgeber, derjenigen Gruppe, die über das Investitionsobjekt final entscheidet. Mit Hilfe von Fallbeispielen und einfachen Tabellen und Diagrammen zur Berechnung der primären Nutzenargumente bietet dieses Kapitel weitreichenden Anschauungsunterricht und einsatzfähige Arbeitsmittel.

4.1 Generische Nutzenargumente

Wie bereits mehrfach angeklungen, geht es bei der Vermarktung von Geräten, Maschinen und Anlagen nicht darum, den immerwährenden technischen Fortschritt nur durch technische Merkmale zu beschreiben, denn hierbei blieben wir immer in der Welt der Techniker, Ingenieure und Konstrukteure. Im Gegenteil, es geht darum, die technischen Merkmale in die Welt der Abnehmer zu transponieren, und zwar in einer Sprache und Darstellung, die ihnen gemäß ist, und mit Argumenten, die sie zum Investieren ermuntern.

Dabei unterscheiden wir auf der Abnehmerseite drei Gruppen, die kommunikativ getrennt bedient werden müssen. Die erste Gruppe ist die der Geschäftsführer, kaufmännischen Leiter, Einkäufer, Controller und Finanzdienstleister (Banken, Leasingfirmen und mehr). Diese Gruppe interessiert sich für die Rendite ihrer Geldausgabe und für die Sicherheit ihrer Engagements. Die zweite Gruppe ist die der Techniker, in diesem Fall Anwendungstechniker, also Maschinenführer und Hilfspersonal im Kundenbetrieb. Sie interessieren sich für Technik mit dem Fokus auf Ergonomie, Arbeitserleichterung und Arbeitssicherheit. Die dritte Gruppe ist die des Verkaufs, Vertriebs, Marketings – Personen, die auf der Suche sind nach neuen Marktmöglichkeiten. Sie interessieren sich für neue Produkttypen, Produktausstattungen, Verfahrenstechniken, Applikationen.

Alle genannten Gruppen sind für zwei Wege der Kommunikation empfänglich, für emotionale Botschaften und für rationale. Im Geschäftsleben – wie im richtigen Leben – sind bei der Betrachtung eines großen Samples beide Arten von Botschaf-

https://doi.org/10.1515/9783110671285-004

ten und Empfänglichkeiten gleich gewichtet, im Einzelfall kann es dagegen ganz anders sein. Darauf hat sich der Vertrieb des Herstellers einzustellen, nämlich auf ganz verschieden disponierte Kunden im Einzelfall. Daher muss er auf beiden Klaviaturen professionell spielen können. Produktmarketing unterstützt ihn hier bei der Formulierung der *rationalen* Botschaften und Argumente.

Die rationale Ansprache der drei genannten Gruppen auf Kundenseite – Kaufleute, Techniker, Vertriebspersonal – erfolgt über das Medium der *Nutzenargumente*. Der Mensch handelt nutzenorientiert, und umso mehr, wenn es darum geht, eine kostspielige Kaufentscheidung sicher und argumentativ nachvollziehbar zu treffen. Es geht um Nutzen für investiertes Geld. Diese Betrachtung steht an vorderster Stelle. Dazu gehören folgende Aspekte:

1. Produktivität und Kapazität
2. Einsparungen versus Mehraufwand
3. Wirtschaftlichkeit.

Die unter (1) bis (3) genannten Nutzenaspekte sind die *primären*. Sie setzen eine marktgängige Produktionsqualität voraus. In einer Ebene darunter sehen wir die *sekundären* Nutzenargumente; sie wenden sich an die Führungskräfte von Vertrieb und Marketing des Kunden und fokussieren auf die Felder

4. Qualität
5. Anwendungen, Applikationen, Veredelungen.

Und schließlich gibt es auch für das Bedienpersonal, die Techniker, sekundäre Nutzenargumente, nämlich im Zusammenhang mit

6. Ergonomie, Arbeitserleichterung und Arbeitssicherheit.

Eine weitere letzte Gruppe von sekundären Nutzenargumenten ist:

7. Ökologie und Umwelt.

Wir nennen die Nutzenargumente unter (4) bis (7) „sekundär", weil sie nur dann primäre Nutzenvorteile sind, wenn sie am Ende helfen, Geld zu erwirtschaften oder einzusparen.

In den nachfolgenden Kapiteln werden alle Nutzenaspekte in der oben gewählten Reihenfolge vertieft.

4.2 Produktivität und Kapazität

Das industrielle Zeitalter ist eine Geschichte der kontinuierlichen Produktivitäts-steigerungen. Sie zu generieren ist eine Triebfeder, die weltweit einheitlich wirkt und ein zentrales Motiv hat: die Stückkostensenkung. Ein Mittel, diese zu erreichen, ist die Steigerung des Durchsatzvolumens pro Zeiteinheit. Nach dieser Maxime ent-wickeln sich Workflows, Maschinentechnologie, Automation, Logistik und die Be-schaffenheit der Werkstoffe immer weiter.

Produktmarketing hat die Aufgabe, innerhalb dieser Erwartungshaltung – Produktivitätssteigerung, Stückkostensenkung – das Neuprodukt darauf abzutas-ten, welche technischen Merkmale und Leistungswerte es diesbezüglich mitbringt. Steigerung der Produktivität bezieht sich dabei auf zwei Sichtweisen, nämlich (a) auf die eigenen Vorgängermaschinen (bisherige Maschinengeneration) und (b) auf die aktuellen Wettbewerbsmaschinen (heutige Generation). Dabei ist noch einmal in das Lastenheft und Pflichtenheft zu schauen, denn hier sind Merkmals- und Leis-tungszielwerte beschrieben, die beiden Sichtweisen gerecht werden, allerdings mögen sie wegen der Zeitdauer, welche die Konstruktion des Neuprodukts in An-spruch genommen hat, inzwischen veraltet sein. Sie benötigen also zum Zeitpunkt der Markteinführung eine Aktualisierung.

Die Steigerung der Produktivität hat im Prinzip mindestens sieben Ansatzpunk-te. Der erste ist die Vergrößerung des Formats beziehungsweise des Maschinenkör-pers; der zweite ist die Steigerung der Maschinengeschwindigkeit; der dritte die Senkung der Rüstzeiten zwischen den Aufträgen; der vierte die Senkung der Still-standszeiten, also der unproduktiven Zeiten während des Betriebs; der fünfte die Steigerung der technischen Verfügbarkeit; der sechste die Senkung der Ausschuss-quote oder umgekehrt: die Erhöhung der Gutwarenquote. Der siebte Ansatzpunkt ist die Senkung der „Totzeiten" durch den Einsatz von IT-gestützten Planungssystemen für die intelligente Auftragssteuerung in der Produktion und den Einsatz moderner, leistungsfähiger Logistiksysteme. Diese sieben Ansatzpunkte zur Steigerung der Produktivität neuer Maschinengenerationen werden nachfolgend aus dem Blick-winkel von Produktmarketing weitergeführt.

4.2.1 Format und Größe des Maschinenkörpers

Die erste Möglichkeit der Produktivitätssteigerung ist die Verdopplung oder Verviel-fachung des Maschinenformats oder der Maschinengröße. Dies führt in der Regel zu einem neuen Maschinentyp mit neuem Fundament und einem neuen Maschinen-körper mit neuen physikalischen Grundmaßen. Wenn ein solches Projekt in Angriff genommen und zu einem erfolgreichen Maschinenprodukt gemacht wird, kann man sicher von einem Meilenstein oder Quantensprung sprechen, ein Glücksfall für das Unternehmen im Großen und für Produktmarketing im Kleineren. Es gibt kaum ein befriedigenderes Ereignis als die Markteinführung eines neuen Produkts in einem neuen Maßstab, also einer neuen Generation in einer neuen Größenklasse. Hier schöpft die Gruppe der Kreativen aus dem Vollen, und hier bietet sich insbesondere zum Thema dieses Kapitels, Produktivität, ein breites und fruchtbares Feld.

Jedoch ist Vorsicht geboten, denn dieser Meilenstein oder Quantensprung enthält neben den Chancen auch Risiken in beachtlichem Umfang. Zunächst liegt diesem Ansatz das Motiv zugrunde, mit dem vergrößerten Format oder der neuen Maschinengröße eine Vervielfachung der Produktionsstückzahl pro Umdrehung, pro Arbeitsgang oder pro Zeiteinheit zu erzielen, so dass bei ähnlicher oder gleicher Maschinengeschwindigkeit wie bei der Gruppe der einfachgroßen Maschinentypen eine entsprechende Produktivitätssteigerung realisiert werden kann. Das ist die Chance, und diese wird von Produktmarketing in alle Richtungen hin durchgerechnet und kommuniziert. Das Risiko besteht darin, dass alle anderen Kriterien für die Produktivität der Großmaschine auf demselben Level erreicht werden müssen wie bei der Gruppe der einfachgroßen Maschinen. Das umfasst die Rüst- und Stillstandszeiten, die technische Verfügbarkeit, die prozentuale Ausschussquote, den Personal- und Serviceaufwand und anderes mehr. Jede negative Abweichung von den Standards und Parametern der einfachgroßen Gruppe senkt die Steigerung der Produktivität der größeren und mindert ihren Kaufanreiz.

Erschwerend kommt hinzu, dass Maßstabsvergrößerungen, die neu in den Markt eingeführt werden und eine neue Klasse bilden, viele Kompatibilitätsfragen aufwerfen. Das umfasst die Kompatibilität im Workflow (Vorstufe, Nachstufe), in der Logistik (Warentransport- und Lagersysteme) und bei den Materialien (Vervielfältigungsformen, Werkstoffe). Die Technikgeschichte hat gezeigt, dass es viele erfolgreiche XXL-Initiativen gegeben hat, aber es gab und gibt auch Fälle, in denen sie an physikalische oder ökonomische Grenzen oder beides kombiniert gestoßen sind, wie es zuletzt das Beispiel Airbus 380 gezeigt hat. Natürlich geht dieses Thema weit über den Rahmen, die Zuständigkeit und die Kompetenz von Produktmarketing hinaus, aber es schadet nicht, wenn es Initiativen dieser Art intern kritisch begleitet, angefangen beim Produktentwicklungsplan und beim Lastenheft.

Dies führt uns zu einer sehr fundamentalen Aussage. Natürlich ist die Erwartungshaltung des Unternehmens an die Mitarbeiter und an die Projektarbeit im Produktmarketing hoch und in dem Sinne geprägt, dass man den vollen Einsatz für die erfolgreiche Marktarbeit eines Neuprodukts zu sehen wünscht, einen Einsatz, der von Optimismus und Zuversicht des Gelingens getragen ist. Produktmarketing muss sich durch die Innovationsarbeit, die ihm F+E treuhänderisch überträgt, zu größtem Engagement, größter Leidenschaft und Exzellenz entzünden und befeuern lassen können. Dieser Anspruch ist absolut. Aber genau so muss der Mitarbeiter im Produktmarketing auch Realitätssinn für Unvorhergesehenes beweisen, für Unerwartetes oder sogar für tendenziell Mögliches, nämlich für ein Zurückbleiben hinter den Linien des Geplanten oder sogar für eine starke Verfehlung der gemeinsamen Marktziele, also für den Misserfolg. In diesen Fällen ist anzustreben, die Kraft nach außen in die Märkte nicht zu drosseln, aber gleichermaßen Witterung aufzunehmen und mit der gebotenen Sensibilität Widerstände im Markt aufzuspüren, die sich gegen den Erfolg stellen, und diese nach innen so fundiert und objektiv weiterzuleiten, dass Nachjustierungen am Produkt schnellstmöglich und zielführend auf den Weg gebracht werden können. Auch diese Aufgabe hat Produktmarketing.

Halten wir fest: Eine Formatvergrößerung oder die Vergrößerung des Maschinenkörpers zur Vervielfachung des Materialdurchsatzes kann ein Mittel zur Steigerung der Produktivität sein. Wie diese Steigerung berechnet und zu einem plakativen Wert verdichtet werden kann, sehen wir weiter unten in Beispielsrechnungen (siehe Seite 50 ff.).

4.2.2 Die Maschinengeschwindigkeit

Neben der Formatvergrößerung ist die Steigerung der Maschinengeschwindigkeit eine weitere und auch gängige Maßnahme im Maschinenbau zur Produktivitätsverbesserung. Allerdings ist es nicht damit getan, der Maschine einfach nur einen stärkeren Antriebsmotor zu geben. Die gesamte Konstruktion und alle maßgeblichen Komponenten müssen darauf ausgerichtet sein, dass sie dem neuen Antriebsmoment standhalten: Zahnräder, Lager, Wellen, Hebel, Kurven und anderes mehr; ebenso muss der Materialtransport und die Versorgung der Maschine mit Medien, wie Druckluft, Wasser, Öle, Fette, Flüssig- und Feststoffe, gewährleistet sein. Und auch die Zusatzaggregate haben den erhöhten Anforderungen gerecht zu werden.

Die Kommunikation der Produktivitätssteigerung durch eine höhere maximale Produktionsgeschwindigkeit ist im Grunde eine der einfachen Aufgaben für Produktmarketing. Allerdings gilt auch hier, wie schon oben gesagt, dass es viele andere Einflussfaktoren auf die Produktivität gibt – Format/Maschinengröße, Rüstzeiten, Stillstandszeiten, Ausschuss, technische Verfügbarkeit –, deren Werte sich gegenüber der Vergleichsmaschine nicht verschlechtern dürfen, damit die mit der Geschwindigkeitserhöhung realisierte Steigerung der Produktivität voll erreicht werden kann. Das ist sicherzustellen und in den Berechnungen zu berücksichtigen.

Ein Zweites kommt hinzu. Es gibt Maschinen für unterschiedliche Prozesse, die je nach Komplexität und je nach Empfindlichkeit der eingesetzten Werkstoffe und Werkteile mehr oder weniger stabil sind und damit mehr oder weniger störanfällig. Hier ist die Erhöhung der maximalen Lauf- oder Verarbeitungsgeschwindigkeit nur „die halbe Miete"; es müssen Maßnahmen dazukommen, die gleichzeitig zur Erhöhung der Prozessstabilität beitragen, sonst geht die erste Maßnahme, die Leistungssteigerung der Mechanik, ins Leere. Es ist in jeder Hinsicht bedeutsam, dass Produktmarketing diesen zweiten Teil, die Steigerung der Prozesssicherheit, in seinen Einzelheiten beschreibt, insbesondere bei welchen Prozessen, Werkstoffen und

Werkteilen dies zutrifft und auf welchem prozentualen Wert der mechanischen Höchstgeschwindigkeit die Neumaschine nun dauerhaft gefahren werden kann.

4.2.3 Die Rüstzeitminimierung

Der dritte Faktor in unserer Aufzählung sind die Rüstzeiten, deren Senkung je nach ihrem Maß und je nach der Häufigkeit der Jobwechsel einen sehr entscheidenden Einfluss auf die Produktivität einer Maschine oder Anlage nehmen kann.

Grund hierfür ist, dass es in vielen Branchen und Produktionszweigen heute einen Trend zu kleineren Losgrößen gibt, hervorgerufen dadurch, dass sich Produktausrichtungen verfeinern und Mode- und Geschmackszyklen kürzer werden. Dabei ist feststellbar, dass sich die Konsumentennachfrage entsprechend der gesellschaftlichen Strukturentwicklung immer stärker ausdifferenziert und von einem virtuellen Standard oder einer früheren „Mitte" entfernt. Dadurch entstehen immer mehr verschiedene Produkte. Diese sind zwar zueinander ähnlich, aber sie weisen doch produktionstechnische Divergenzen auf. Dies wird häufig auch als *Versioning* bezeichnet, die Schaffung einer Versionenvielfalt. Versioning führt also zur Aufsplittung einer ehemals homogenen Produktionsmenge in viele kleinere Einheiten, die beim Wechsel von einer Produktion zur anderen einen Umrüstprozess erfordern. Mehr Versioning bedeutet also mehr Jobwechsel und mehr Rüstanteil an der Gesamtproduktion. Dadurch nimmt das Rüsten in vielen Bereichen der Industrieproduktion einen entscheidenden Einfluss auf die Produktivität und damit auf die Wirtschaftlichkeit einer Maschine oder Anlage.

Je nach Branche, Technologie und Art der Produkte unterscheiden sich Rüstprozesse erheblich. Sie können hochautomatisiert, einfach und banal sein („Knopfdruck"), aber auch manuell, halbautomatisch, komplex und langwierig (viele Wege und Vorgänge), dies abhängig davon, wie groß die Wertschöpfungskette in der Maschine/Anlage ist, zum Beispiel durch Inline-Aggregate, und wie breit das Anwendungsspektrum, die Aggregatevielfalt und die Wahl der Werkstoffe.

Rüstprozesse werden heute ganz wesentlich bestimmt durch den Einsatz von CAD/CAM-Technologie, von Mechatronik und Sensortechnik, von Robotik, von moderner Maschinensteuerung, vom Grad der Vernetzung im Produktionsbereich und durch alle Entwicklungen, die unter dem Schlagwort *Industrie 4.0* derzeit im Gange sind. Mit diesem Strauß an Technologielösungen kann die Rüstdauer trotz Versioning gering gehalten werden. Ja, es gibt inzwischen Produktionsbereiche, in denen der Rüstprozess zum Hauptprozess geworden ist und die eigentliche Produktion, die Bearbeitung einer Losgröße, zum Nebenprozess – zeitlich gesehen.

Für Produktmarketing stellt sich hier im Vergleich zur Geschwindigkeitserhöhung eine komplexe und anspruchsvolle Aufgabe, das *Rüstzeitmodell*. Das Rüstzeitmodell setzt Szenarien voraus, die (1) maschinentechnisch, (2) anwendungstechnisch und (3) organisatorisch-operativ zu entwickeln sind.

(1) *Maschinentechnisch*: Wie viele und welche Rüstschritte erfolgen in einem angenommenen *Maximalfall* in welcher Sequenz hintereinander (aufaddierte Zeiten) und welche anderen zeitparallel (versteckte Zeiten)?

(2) *Anwendungstechnisch*: Welche der unter (1) genannten Schritte sind für den typischen Einzelauftrag, der repräsentativ ist für das Zielsegment der Maschine, notwendig?

(3) *Organisatorisch-operativ*: Welche Voraussetzungen erfüllt der anwendende Betrieb, seine Organisation mit Blick auf die Reduzierung der Rüstzeiten zu optimieren (zum Beispiel durch Einsatz von Produktionsplanungs- und Steuerungssystemen, Personalschulung, Logistikverbesserungen und anderes mehr).

Während die Punkte (1) und (2) sehr konkret erarbeitet werden können, ist Punkt (3) hier nur der Vollständigkeit halber aufgeführt. In der Regel wird es wegen der Varianzbreite in den Betrieben schwer sein, den „Normalfall" zu analysieren, so dass unser Rüstzeitmodell ohne diese Größe oder ersatzweise mit einer Annahme auskommen muss.

Das Rüstzeitmodell kann *sehr komplex* sein. Die Komplexität korreliert mit der Größe der Maschine, mit der Sicherheit der Prozesse, mit der Anzahl der Stationen, der Produktionsmöglichkeiten und der Werkstoffe – und sie korreliert mit dem Grad der Verschiedenartigkeit der Aufträge, zwischen denen die jeweiligen Rüstwechsel stattfinden. Sie korreliert weiter mit dem Automatisierungsgrad der Einrichtungen und mit der Anzahl und Qualifikation des eingesetzten Personals. Sie korreliert nicht zuletzt mit dem Organisationsgrad des Betriebs im Großen und an der Produktionsmaschine im Kleinen. Im Rüstprozess können sich bestimmte Vorgänge überschneiden, also parallel stattfinden, andere müssen aus technischen oder organisatorischen Gründen hintereinander erfolgen, was zur Aufaddierung der Einzelzeiten führt.

Es ergeht an dieser Stelle die Empfehlung, die Rüstzeitenaufnahme von einem erfahrenen und akkreditierten REFA-Ingenieur durchführen zu lassen, nicht nur wegen der Bewältigung der genannten Komplexitäten, sondern weil seine Zeitaufnahme den Grad von Objektivität haben wird, der bei der späteren Verwendung der Ergebnisse geeignet ist, das Vertrauen des Kunden zu gewinnen. (Rüstzeitdiskussionen gehören erfahrungsgemäß zu den härteren Momenten des Kundendiskurses.)

Allerdings braucht der REFA-Ingenieur für seine Zeitaufnahmen Rüstszenarien. Diese Aufgabe erfüllt Produktmarketing, indem es eine Handvoll Jobsequenzen entwickelt, die typisch und repräsentativ sind für die Kundensegmente, in welchen das Neuprodukt vermarktet wird. Rüstszenarien sollten grundsätzlich auch an die Extreme gehen und so gewählt werden, dass sowohl die einfachstmöglichen als auch die schwerstmöglichen Jobwechsel durchgeführt werden, um Minimal- und Maximalwerte für die Rüstdauer zu ermitteln und damit eine Bandbreite („Range").

Wir werden im nachfolgenden Kapitel 4.3 *(Wirtschaftlichkeit)* sehen, dass Produktivitäts- und Wirtschaftlichkeitsrechnungen als Teil der Produktmarketingleistung in zwei verschiedenen Formen erbracht werden, eine *standardisierte* und eine *individualisierte*. Es geht also bei der Rüstzeitenaufnahme um die Ermittlung von Einzelwerten, die für beide Arten der Wirtschaftlichkeitsrechnung genutzt werden können. Für die *standardisierte* Berechnung wird zudem ein Rüstszenario benötigt, das umso nützlicher ist, je getreuer und repräsentativer es den Durchschnittsfall im Zielsegment des Maschinentyps abbildet.

Integriertes Rüstmodell

	←Letzter Gutbogen Altauftrag						Erster Gutbogen → Neuauftrag		
		GROBEINRICHTEN					FEINEINRICHTEN		
Arbeitsvorb. außerhalb der Masch.	Arbeitsvorb. am Leitstand Einstapeln Bogenführung Probelauf	Farbe in 2 Druckwerken entfernen – Farbkasten und Duktor in 2 Druckwerken manuell säubern – Farbe in 2 Druckwerken einbringen		Plattenwechsel, halbautomatisch 6 x 1,5 min	Farbeinlauf	Platte und Gummituch einfärben Prod. anlauf	Passermachen, Farbemachen 4 Ziehbogen à 5 min	Bogen laufoptimierung	
		Automat. Gummituch- und Druckzylinderwasch.	Automat. Farbwalzenwaschen						Rüstdauer gesamt
0	9	8	4	9	2	1	20	6	59

Abb. 8: Integriertes Rüstzeitmodell. Beispiel aus dem Druckmaschinenbau. Basisautomatisierte 6-Farben-Bogenoffsetmaschine Format 70 x 100 – mittelschwere Druckform – 4c Prozessfarben bleiben, 2c Sonderfarben werden gewechselt – 1 Drucker, 1/2 Helfer – Darstellung analog zu den bvdm KLR-Grundlagen. Maschinenausstattung: Geringer Automatisierungsgrad, automatische Waschsysteme, pneumatikgestütztes Plattenwechselsystem. Darstellung beispielhaft.

4.2.4 Die übrigen Faktoren

Neben der Formatvergrößerung, der Maschinengeschwindigkeit und den Rüstzeiten sind die weiteren produktivitätsbestimmenden Faktoren die Stillstandszeiten, die technische Verfügbarkeit und die Ausschussquote (Gutwarenquote). Sie seien hier ergänzend aufgeführt, aber in dem Wissen, dass diese Werte in der Regel noch nicht dann vorliegen, wenn ein neuer Maschinentyp mit den Mitteln von Produktmarketing in den Markt eingeführt wird. Stillstandszeiten, technische Verfügbarkeit und Gutwarenquote sind Langzeitwerte. Sie müssen zwingend in die Produktivitäts- und Wirtschaftlichkeitsberechnungen einfließen, um zu realistischen Aussagen zu gelangen, jedoch ist zu erwarten, dass diese Werte sich im Laufe der Marktetablierung des neuen Maschinentyps noch ändern werden.

Stillstandszeiten *(down time)* sind Haltezeiten der Maschinen, also unproduktive Zeiten. Sie entstehen teils geplant und routinemäßig, teils ungeplant – beispielsweise beim Zwischenwaschen während einer Produktion, zum Entfernen von Ausschuss, bei versorgungs- oder anwendungstechnischen Problemen oder schlimmer: durch organisatorische Störungen, wie zum Beispiel das Warten auf Information, auf Daten, Einsatzstoffe, Versorgungsmedien, Produktionsformen, Kundenfreigaben, Maschinenpersonal und anderes mehr.

Die technische Verfügbarkeit *(up time)* ist mit den Stillstandszeiten verwandt, denn auch sie definiert sich als Haltezeit und unproduktive Zeit, und auch sie hat geplante und ungeplante Anteile. Technische Verfügbarkeit bedeutet die zeitliche Produktionsverfügbarkeit der Maschine über den Planungszeitraum hinweg (zum Beispiel 3.400 Stunden p.a. im zweischichtigen Betrieb) abzüglich einer Prozentzahl x (zum Beispiel drei Prozent) für geplante und ungeplante (aber erwartete) Ausfälle für Inspektion, Wartung, Ausfall und Reparatur.

Beide Einflussgrößen, die Stillstandszeiten und die technische Verfügbarkeit, haben also ihren mehr oder weniger großen Anteil an der Gesamtproduktivität der Maschine oder Anlage. Und der Hersteller hat die Möglichkeit, konstruktiv darauf einzuwirken, dass diese Einflussgrößen klein bleiben oder klein werden. Dies zu kommunizieren und zu vermarkten ist Aufgabe von Produktmarketing.

Ein paar Beispiele zur Senkung der Stillstandszeiten: Waschgründe und Waschzeiten können konstruktiv reduziert, Waschintervalle verlängert werden. Das Ausschleusen von Ausschuss kann durch Materialweichen automatisiert werden. Die Anwendungstechnik kann durch Technologie, Ausbildung, Tests, geeignete Materialwahl und Handhabungs-Empfehlungen sicherer gemacht werden.

Beispiele zur Steigerung der technischen Verfügbarkeit: Maschinenausfälle können durch zuverlässigere Einzelkomponenten reduziert werden. Reparatur-, Wartungs- und Inspektionsarbeiten können durch automatische Schmierungssysteme, Fernwartung und Frühwarnsysteme reduziert oder zumindest planbarer gemacht werden. Nach all diesen Konstruktionsleistungen muss Produktmarketing Ausschau halten und diese für die Außenkommunikation vorbereiten.

Ein weiterer wesentlicher Produktivitätsfaktor ist der durchschnittliche Ausschuss in der Produktion. In allen Betriebszuständen – beim Einrichten, in der Produktion, bei Stillständen (Herunterfahren der Maschine) und nach dem Wiederanfahren – entsteht üblicherweise Ausschuss. Entscheidend ist die Quote. Die Ausschussquote – oder anders herum: die Gutwarenquote – ist die Verhältniszahl zwischen fakturierter Stückzahl pro Jahr (dem Kunden berechnete Gutware) und produzierter Stückzahl pro Jahr (auf dem Totalisator der Maschine).

Das Thema Ausschuss und Gutware ist nicht einfach zu handhaben, weder im Produktmarketing noch im Vertrieb, da es zwar in aller Regel industrierelevante Ausarbeitungen gibt, meist von Verbänden oder Instituten, die eine verkaufsfähige Standardqualität definieren. Jedoch sehen wir Kunden, die sich bewusst, also auf der Basis eines eigenen Qualitätskodex und einer eigenen Hausdefinition, außerhalb und oberhalb dieser Branchendefinition bewegen und insofern besondere Anforderungen an den Maschinenhersteller stellen, Anforderungen, die in der Konsequenz dazu geeignet sind, die Gutwarenquote zu senken. Produktmarketing tut gut daran, für seine Modelle die standardmäßige Branchendefinition anzuwenden, also einen belastbaren Mittelwert für die Qualitätsanforderung.

Die Beurteilung einer Herstellungsqualität war in früheren Zeiten das Privileg der erfahrenen Meister im Betrieb. Durch die Erfindung von Qualitätsmessverfahren und Messgeräten konnte die Beurteilungskompetenz von Qualität auf viele Schultern, auf ganze Betriebe und Wertschöpfungsketten verteilt werden. Es entstanden in der Folge Abteilungen für die Qualitätssicherung. Aber auch sie konnten nur *nachträglich* – wenn auch nun objektiver und verlässlicher – feststellen, dass eine bereits produzierte Ware gut oder schlecht war. Danach musste aussortiert werden. Heute geht der Trend im Maschinenbau zur kamera-/sensorbasierten Online-Beurteilung von Qualität, verbunden mit Online-Einstellungsveränderung der Produktionsparameter bei laufender Maschine oder – noch eine Stufe weiter – verbunden mit einem vollautomatischen Regelkreislauf, bei der die Maschine nicht nur Sollabweichungen erkennt, sondern eigenständig ausregelt und im Falle einer Produktweiche das Werkteil automatisch ausschleust. Diese Systeme weiten sich aus und finden nach und nach Eingang in den allgemeinen Maschinenbau. Sie basieren auf einem fein abgestuften System von definierten Qualitätsgraden, die wiederum auf allgemeinen Branchenwerten fußen (Qualitätsnormen) oder auf Hausdefinitionen. Mit den automatischen Qualitätskontrollanlagen wird nicht nur eine Objektivierung der Produktionsqualität angestrebt, sondern die Erzeugung eines Protokolls und eines Nachweises für den Endkunden, der erfährt, nach welchem Verfahren und mit welchen Ergebnissen seine Produktion überwacht und gesteuert wurde. Derartige Qualitätsprotokolle werden von Großkunden zunehmend verlangt.

Selbstregulierende Produktionsprozesse sind Schlüsselelemente in einem Industrie 4.0-orientierten Fabrikaufbau. Sie sind zugleich Bausteine einer hochwertigen Nutzenargumentation von Produktmarketing.

4.2.5 Beispiele zur einfachen Berechnung von Produktivitäten und Kapazitäten

Die oben gemachten Ausführungen zur Produktivitätssteigerung bilden einen theoretischen Auswahlrahmen für den Maschinenbau. Er kommt nicht bei jedem Neuprojekt in voller Breite und Tiefe zur Anwendung, aber Teile davon. Diese bilden den Kern für die technisch-wirtschaftliche Nutzenargumentation, die Produktmarketing aufbereitet. Warum „Kern"? Kern deshalb, weil ein wesentlicher Kaufanreiz für den Kunden beim Erwerb einer neuen Maschinentechnologie die Aussicht auf eine *Stückkostensenkung* ist, und zwar infolge einer erhöhten Produktivität verglichen mit der aktuellen Produktionsmaschine. Diese Erhöhung ist plausibel aufzuzeigen.

Gehen wir jetzt davon aus, dass eine Neuprodukteinführung bevorsteht, die Produktkommunikation vorbereitet wird und hierfür ein wesentlicher Teil die Darstellung der erhöhten Produktivität dieses Maschinentyps ist. Diese erhöhte Produktivität ist das Ergebnis bestimmter konstruktiver Lösungen, die in den durchgeführten Tests (Labortests, Feldtests) zu bestimmten Leistungswerten geführt haben. Diese Leistungswerte werden jetzt in diesem Kapitel in ein Rechenmodell überführt und zu einer *Produktivitätskennzahl* verdichtet. Das Rechenmodell wird in seiner ersten Form darüber Aufschluss geben, um wie viel Prozent die Produktivität der neuen Maschine sich im Vergleich zu einer anderen Maschine verändert. Es geht also um eine Vergleichskennzahl. Dabei kann der Vergleich mannigfaltig sein, zum Beispiel eine Neumaschine gegen eine Bestandsmaschine oder gegen eine Neumaschine des Wettbewerbs oder gegen eine Neumaschine in einem anderen Format oder einem anderen Verfahren und anderes mehr. Diese Frage nach der Produktivität führt uns dann im Weiteren zu Aussagen über die Kapazität und die Wirtschaftlichkeit der Neumaschine.

Ein Wort zum Nutzen von Rechenmodellen. Modelle sind Ausschnitte aus der Wirklichkeit (hier: betriebliche Wirklichkeit). Sie helfen uns, komplizierte Dinge besser oder überhaupt zu verstehen. Dabei wenden sie das Mittel der Vereinfachung an, blenden also bestimmte nachrangige Einflussgrößen aus oder reduzieren ihre Dynamik, indem sie bestimmte Größen statisch halten. Eine der Vereinfachungen ist es, aus der Gesamtmenge möglicher Variablen ein Set von festen Annahmen zu bilden, um das Modell einzugrenzen und den Rechenaufwand und die Ergebnisbreite zu beschränken. Die Kunst besteht nun darin, diese Annahmen so nahe wie möglich an der betrieblichen Realität, ja am Mainstream zu halten, also an der Gruppe mit der *größten Verbreitung im Markt* und folglich der *größten Relevanz im Verkauf*. Diese Gruppe ist das Zielsegment, auf das der neue Maschinentyp ausgerichtet ist.

Eine erste Annahme für unser Produktivitätsmodell ist die eines *typischen Auftrags* – also eines typischen Endprodukts, darin eingeschlossen eines typischen Werkstoffs und einer typischen Bearbeitungsfolge oder Maschinenanwendung, ferner einer typischen Auftragsgröße. Es ist dies der Versuch, den typischsten (repräsentativsten) Einzelauftrag zu ersinnen, der für das anvisierte Zielsegment denkbar ist. In diesen Auftrag ist außerdem eine „Zukunftskomponente" hineinzudenken, da das Modell, das nachfolgend erstellt wird, sich auf eine Maschine bezieht, die neu angeschafft und danach für eine Anzahl von Jahren in Betrieb gehalten wird. Realistisch wird das Rechenmodell also besonders dann, wenn in diesen typischsten, repräsentativsten Einzelauftrag schon erkennbare Trends der nächsten Zeit hineinprojiziert wurden. Dieser Auftrag wird dann nach drei Kriterien definiert:

Typischer, repräsentativer Einzelauftrag – Kriterien

a   Die physische Beschaffenheit und Ausgestaltung des Werkteils

b   Die physische Abmessung des Werkteils

c   Die Losgröße für das Werkteil

Hinweise zu (a): Die „physische Beschaffenheit" des Werkteils bezieht sich auf die Eigenschaften des Werkteils/Werkstoffs *vor* der maschinellen Bearbeitung wie Dicke, Härte, Optik, Farbe, Glanz und so weiter. Die „Ausgestaltung des Werkteils" bezieht sich hingegen auf die Veränderung seiner Eigenschaften durch die und nach der Bearbeitung des Werkteils in der Produktionsmaschine, also auf die Formgebung des Werkteils hin zum typischen (repräsentativen) Endprodukt, darunter die neue Dicke, die neue Härte, die neue Optik, die neue Farbe, der neue Glanz und so weiter. Die physische Beschaffenheit und Ausgestaltung des Werkteils (a), sobald für das typische (repräsentative) Endprodukt ermittelt, führt dann im Weiteren zur Definition der Anzahl und Art der Verarbeitungsschritte und damit zu derjenigen *Maschinenkonfiguration,* die das Endprodukt idealerweise *in einem* Verarbeitungsdurchlauf ermöglicht – im nachfolgenden Fall beispielhaft eine Maschine mit sechs (6) Stationen. Die Bearbeitung *in einem* Verarbeitungsdurchlauf ist wegen der angestrebten Steigerung der Produktivität ein strenges Kriterium, aber kein zwingendes. Dies ist im Einzelfall abzuwägen. Es können im Produktivitätsmodell vergleichend auch Maschinenkonfigurationen aufgenommen werden, die zwei oder mehr Verarbeitungsdurchläufe benötigen.

Hinweise zu (b): Die physische Abmessung des Werkteils, also Format (2D) oder Größe (3D) des Objekts unseres typischen Einzelauftrags, führt uns zur *Größenklasse (Formatklasse)* der Maschinen, die im Produktivitätsmodell vergleichend aufgenommen werden können. Dabei wird unterstellt, dass die Neumaschine selbstredend für die Größe des Werkteils, das für den typischen (repräsentativen) Einzelauftrag ausgewählt wurde, ideal geeignet ist, entweder für die Einzelstückbearbeitung (ein Nutzen pro Aktion) oder die Set-Bearbeitung (mehrere Nutzen pro Aktion). Bei der Set-Bearbeitung können auch doppelgroße oder halbgroße Maschinen in den Vergleich aufgenommen werden.

Was das dritte Kriterium anbetrifft (c), die Losgröße, kann diese zur Einfachhaltung des Modells statisch gehalten werden – hier in unserem nachfolgenden

Beispiel 8.000 Stück pro Auftrag. Sie kann aber auch – siehe späteres Beispiel der Wirtschaftlichkeitsrechnung (Kapitel 4.3) – dynamisiert werden.

Alle drei oben genannten Kriterien, die als Basis für unser Produktivitätsmodell dienen, haben idealerweise eine Zukunftskomponente in sich und sind ein paar Jahre „nach vorne gedacht". Sie bilden also bewusst nicht den heute noch gültigen typischen Einzelauftrag ab, sondern den zukünftigen, der mit hoher Wahrscheinlichkeit zum Mainstream des Zielsegments werden wird. In unserem Fall haben wir die sechste Station der Maschine als Zukunftskomponente definiert (bisher fünf Stationen) und die Losgröße von durchschnittlich 8.000 Stück pro Auftrag (bisher 10.000 Stück).

In unserem Produktivitätsmodell werden wir nun diesen typischsten, repräsentativsten Einzelauftrag für das Zielsegment der Neumaschine (virtuell) fertigen, und *nur* diesen und diesen *immer wieder und hintereinander weg*. Wir tun also, als ob wir das ganze Jahr hindurch, tagaus tagein, nur diesen einen Auftragstyp fertigen. Damit erreichen wir zwei Ziele: Wir minimieren den Rechenaufwand, wir minimieren die Varianzbreite und wir halten uns an den Mainstream des Zielsegments, der dazu dient, unsere Produktivitätsaussage, die wir errechnen werden, auf eine möglichst große Zahl von Anwendern zu beziehen und damit eine relative Allgemeingültigkeit herzustellen.

Neben dem typischsten, repräsentativsten Einzelauftrag (siehe oben) haben wir im nächsten Schritt für unseren Produktivitätsvergleich eine zweite Annahme zu treffen und ein Set von Definitionen zu bilden für die zu vergleichenden Maschinentypen. Wir definieren:

Maschinenkriterien im Produktivitätsvergleich

a	Maschinentyp (Hersteller/Marke, Typ, Variante)
b	Maschinenformat bzw. Maschinengröße
c	Wesentliche Ausstattung zur Erzielung bestimmter Leistungswerte, u.a. für die Rüstzeiten und die Verarbeitungsgeschwindigkeit
d	Besonderheiten der System- und Verfahrenstechnik

Auf der Grundlage dieser Definition sind nun Vergleichsmaschinen zu wählen, die eine Produktivitätsaussage zur geplanten Neumaschine ermöglichen. Um den Vergleich einfach zu halten, sollte der Vergleich zunächst nur mit zwei Maschinen, nämlich der Neumaschine und einem alternativen Typ, durchgeführt werden.

Auf den nachfolgenden Seiten zeigen wir drei Vergleichsfälle und entwickeln daraus drei Produktivitätsrechnungen. Der Tabellenraster ist identisch.

Fall 1

Produktivitätsvergleich zwischen einer Bestandsmaschine A des Wettbewerbs und einer im Zielsegment vergleichbaren eigenen Neumaschine B.

I	II	III		IV	
		Annahmen		Berechnung	
1		Maschine A	Maschine B	Maschine A	Maschine B
2		Hersteller Y	Hersteller X	Hersteller Y	Hersteller X
3		Einfachgroß	Einfachgroß	Einfachgroß	Einfachgroß
4		Konfiguration mit 6 Stationen		Konfiguration mit 6 Stationen	
5		Bestandsmasch 5 Jahre alt	Neumaschine Neue Gen.	Bestandsmasch 5 Jahre alt	Neumaschine Neue Gen.
8	Format/Größe (Faktor) [gleichlautend mit Zeile 3]	1	1		
9	# Produktionsschichten/ Tag	2	2		
10	# Produktionsstunden/ Schicht	7	7		
11	# Produktionsminuten pro Tag [Zeile 9 mal Zeile 10 mal 60 min]			840	840
12	Jahreskapazität in h [Zeile 9 mal Zeile 10 mal 260 Arbeitstage]			3.640	3.640
13	Stillstandszeiten (Quote)	4%	3%		
14	gleichbedeutend mit Aktivzeit	96%	97%		
15	Techn. Verfügbarkeit (Quote)	95%	95%		
16	Netto-Jahreskapazität in h [Zeile 12 mal Zeile 14 mal Zeile 15]			3.320	3.354
17	Rüstzeit pro Jobwechsel in min	30	25		
18	Rüst-Häufigkeit pro Tag [Zeile 11 durch (Zeile 17 plus Zeile 25)]			12	15
19	Gesamt-Rüstzeit in h/p.a. [Zeile 17 mal Zeile 18 mal 260 Tage durch 60 min]			1.560	1.625

20	Rüstzeitanteil an Gesamt-Betriebszeit (Quote) [Zeile 19 durch Zeile 16]			47%	48%
21	Gesamt-Produktionszeit in h/p.a. [Zeile 16 minus Zeile 19]			1.760	1.729
22	Produktionszeitanteil an Gesamt-Betriebszeit (Quote) [Zeile 21 durch Zeile 16]			53%	52%
23	Max M'geschw. bzw. Verarbeitungsgeschw. pro h	15.000	18.000		
24	Ø M'geschw. bzw. Verarbeitungsgeschw. pro h	12.000	15.000		
25	Produktionszeit pro Auftrag in min [Losgröße durch Zeile 24 mal 60]			40 Losgröße 8.000	32 Losgröße 8.000
26	Jährlicher Output (Totalisator) in 1/Mio Stück [Zeile 21 mal Zeile 24]			21,1	25,9
27	Ausschussquote	5%	3%		
28	gleichbedeutend mit Gutwarenquote	95%	97%		
29	Jährlicher Output (fakturierbare Gutware) [Zeile 26 mal Zeile 28]			20,0	25,1
30	**Produktivitätsvergleich in %** [Zeile 29 Verhältnis B:A]			100%	126%

Abb. 9: Berechnungsmodell für die Produktivität als Vergleichs- und Verhältniswert zwischen zwei konkurrierenden Maschinenmodellen (Produktionssystemen). Fiktives Beispiel. Die Doppelspalte III enthält Annahmen, die Doppelspalte IV Berechnungen, deren Formel in Spalte II genannt ist. Weitere Hinweise zu den Positionen 1-30 in Spalte II finden sich auf Seite 57 ff.

Fall 2

Produktivitätsvergleich zwischen Neumaschine A (einfachgroße Standardmaschine) und Neumaschine B im doppelten Format und mit Automatisierungspaket

I	II	III		IV	
		Annahmen		Berechnung	
1		Maschine A	Maschine B	Maschine A	Maschine B
2		Hersteller X	Hersteller X	Hersteller X	Hersteller X
3		Einfachgroß	Doppelgroß	Einfachgroß	Doppelgroß
4		Konfiguration mit 6 Stationen		Konfiguration mit 6 Stationen	
5		Neumaschine Neue Gen.	Neumaschine Neue Gen.	Neumaschine Neue Gen.	Neumaschine Neue Gen.
8	Format/Größe (Faktor) [gleichlautend mit Zeile 3]	1	2		
9	# Produktionsschichten/Tag	2	2		
10	# Produktionsstunden/Schicht	7	7		
11	# Produktionsminuten pro Tag [Zeile 9 mal Zeile 10 mal 60 min]			840	840
12	Jahreskapazität in h [Zeile 9 mal Zeile 10 mal 260 Arbeitstage]			3.640	3.640
13	Stillstandszeiten (Quote)	3%	3%		
14	gleichbedeutend mit Aktivzeit	97%	97%		
15	Techn. Verfügbarkeit (Quote)	95%	95%		
16	Netto-Jahreskapazität in h [Zeile 12 mal Zeile 14 mal Zeile 15]			3.354	3.354
17	Rüstzeit pro Jobwechsel in min	25	20		
18	Rüsthäufigkeit pro Tag [Zeile 11 durch (Zeile 17 plus Zeile 25)]			15	21
19	Gesamt-Rüstzeit in h/p.a. [Zeile 17 mal Zeile 18 mal 260 Tage durch 60 min]			1.625	1.820

20	Rüstzeitanteil an Gesamt-Betriebszeit (Quote) [Zeile 19 durch Zeile 16]			48%	54%
21	Gesamt-Produktionszeit in h/p.a. [Zeile 16 minus Zeile 19]			1.729	1.534
22	Produktionszeitanteil an Gesamt-Betriebszeit (Quote) [Zeile 21 durch Zeile 16]			52%	46%
23	Max M'geschw. bzw. Verarbeitungsgeschw. pro h	18.000	15.000		
24	Ø M'geschw. bzw. Verarbeitungsgeschw. pro h	15.000	12.000		
25	Produktionszeit pro Auftrag in min [Losgröße durch Zeile 24 mal 60]			32 Losgröße 8.000	20 Losgröße 4.000 da doppelgroß
26	Jährlicher Output (Totalisator) in 1/Mio Stück [Zeile 21 mal Zeile 24]			25,9	18,4
27	Ausschussquote	3%	3%		
28	gleichbedeutend mit Gutwarenquote	97%	97%		
29	Jährlicher Output (fakturierbare Gutware) [Zeile 26 mal Zeile 28]			25,1	17,8
30	**Produktivitätsvergleich in %** [Zeile 29 Verhältnis B:A]			100%	71%

Abb. 10: Berechnungsmodell für die Produktivität als Vergleichs- und Verhältniswert zwischen zwei konkurrierenden Maschinenmodellen (Produktionssystemen). Fiktives Beispiel. Die Doppelspalte III enthält Annahmen, die Doppelspalte IV Berechnungen, deren Formel in Spalte II genannt ist. Weitere Hinweise zu den Positionen 1-30 in Spalte II finden sich auf Seite 57 ff.

Das dargestellte Tabellenwerk ist universell einsetzbar und kann mit weiteren Kriterien angereichert werden, sofern diese relevant sind. Die Grundannahmen in der Tabelle sind nicht universell einsetzbar und müssen für jeden Einzelfall und jeden Vergleich neu durchdacht und schlüssig dargelegt werden, wie es beispielhaft nach Fall 3 (Seite 55) aufgezeigt wird.

Es wurde bereits angedeutet, dass wir zwischen *standardisierten* und *individualisierten* Produktivitäts- und Wirtschaftlichkeitsrechnungen zu unterscheiden haben. Die beiden gezeigten Fallbeispiele gehören zur Gruppe der *standardisierten* Produktivitätsberechnungen. Sie sind standardisiert in dem Sinne, dass wir nur den *einen* typischen, repräsentativen Einzelauftrag zur Berechnung heranziehen, nur eine Losgröße und nur eine Vergleichsmaschine. Das Modell wurde insgesamt einfach gehalten. Dieses bildet zwar den Mainstream ab, also die Kundengruppe mit der größten Verbreitung und der größten Relevanz im Maschinenverkauf, aber natürlich könnte ein realer Kunde ein Auftragsspektrum haben, das weit abseits vom typischen Einzelauftrag liegt. Dann hätte das Standardmodell keine Aussagekraft für ihn.

Es erscheint also sinnvoll, schon hier und an dieser Stelle den Blick zu schärfen, wofür die Standardmodelle gut sind. Sie haben die Aufgabe, den zu vermarktenden neuen Maschinentyp in ein positives (und wirklichkeitstreues) Licht zu stellen, indem seine technischen Errungenschaften in eine betriebswirtschaftliche Aussage umgesetzt werden und diese positiv ausfällt. Auch wenn die Konstruktion des Standardmodells keine unterschiedlichen Kundenfälle abbildet, ist es doch von großer Nützlichkeit, wenn die gemeinsame Befassung mit dem Modell (Verkäufer und Kunde) Interesse weckt und als Grundlage für einen Dialog dient, in dessen Verlauf die spezifische Situation des Kunden auf die gemachten Annahmen projiziert werden. Es besteht dann die Möglichkeit, das Tabellenwerk abzuändern und zu *individualisieren*. Vorteil dieser Methode ist, dass der Dialog versachlicht, vertieft und strukturiert wird. Der Kunde merkt, dass der Hersteller seine Vorteilsaussagen nicht absolut setzt oder dies nur so lange tut, wie die Kommunikation zum Markt auf der Basis von Fiktion und Abstraktion stattfindet, sie sich aber relativiert, sobald ein Kunde mit konkreten Betriebsdaten in das Projekt eintritt.

Zum Thema Nutzenargumente, unser Kapitel, noch ein Nachsatz. Es ist in der Kommunikationsarbeit insofern Vorsicht geboten, als wir jetzt in einen juristisch relevanten Bereich eintreten. Konkret gesprochen: Leistungsbeschreibungen in der Vertriebs- und Marketingkommunikation sind *Leistungsversprechen*. Sollten bestimmte vom Hersteller veröffentlichte Höchstleistungen, zum Beispiel die Maximalgeschwindigkeit der Maschine, nicht unter allen gegebenen Umständen erreicht werden können – also bei allen denkbaren Werkstoffen, Zusatzaggregaten, logistischen und/oder klimatischen Umfeldbedingungen und so weiter –, muss dies explizit beschrieben werden, da andernfalls der Kunde die dargestellte Leistung ohne jede Einschränkung einfordern kann. Sollten die einschränkenden Faktoren nicht näher bestimmt werden können, empfiehlt es sich, jede absolute Formulierung zu vermeiden und sprachlich in der Möglichkeitsform zu bleiben.

Fall 3

Produktivitätsvergleich diverser geeigneter Maschinentypen von diversen Herstellern in diversen Leistungs- und Größenklassen, Bestandsmaschinen und Neumaschinen gemischt

I	II	III			IV			V		
1		Maschine A			Maschine B			Maschine C		
2		Hersteller Y			Hersteller X			Hersteller X		
3		Gleichgroß			Gleichgroß			Doppelgroß		
4		Konfiguration mit 6 Stationen			Konfiguration mit 6 Stationen			Konfiguration mit 6 Stationen		
5		Bestandsmaschine 5 Jahre alt			Neumaschine Neue Generation			Neumaschine Neue Generation		
6		Standard	Automat.	Schnell	Standard	Automat.	Schnell	Standard	Automat.	Schnell
7		Nicht verfügbar						n.v.		n.v.
8	Format/Größe (Faktor) [gleichlautend mit Zeile 3]	1			1	1	1		2	
9	# Produktionsschichten pro Tag	2			2	2	2		2	
10	# Produktionsstunden pro Schicht	7			7	7	7		7	
11	# Produktionsmin./Tag [Zeile 9 mal Zeile 10 mal 60 min]	840			840	840	840		840	
12	Jahreskapazität in h [Zeile 9 mal Zeile 10 mal 260 Arbeitstage]	3.640			3.640	3.640	3.640		3.640	
13	Stillstandszeiten (Quote)	4%			3%	3%	3%		3%	
14	gleichbedeutend mit Aktivzeit	96%			97%	97%	97%		97%	
15	Techn. Verfügbarkeit (Quote)	95%			95%	95%	95%		95%	
16	Netto-Jahreskapazität in h [Zeile 12 mal Zeile 14 mal Zeile 15]	3.320			3.354	3.354	3.354		3.354	

#										
17	Rüstzeit/Jobwechsel in min	30			25	15	25		20	
18	Rüst-Häufigkeit pro Tag [Zeile 11 durch (Zeile 17 plus Zeile 25)]	12			15	18	16		21	
19	Gesamt-Rüstzeit in h/p.a. [Zeile 17 mal Zeile 18 mal 260 Tage durch 60 min]	1.560			1.625	1.170	1.733		1.820	
20	Rüstzeitanteil an Gesamt-Betriebszeit (Quote) [Zeile 19 durch Zeile 16]	47%			48%	35%	52%		54%	
21	Gesamt-Produktionszeit in h/p.a. [Zeile 16 minus Zeile 19]	1.760			1.729	2.184	1.621		1.534	
22	Produktionszeitanteil an Gesamt-Betriebszeit (Quote) [Zeile 21 durch Zeile 16]	53%			52%	65%	48%		46%	
23	Max M'geschw. bzw. Verarbeitungsgeschw. in 1/1.000 pro h	15			18	18	20		15	
24	Ø M'geschw. bzw. Verarbeitungsgeschw. in 1/1.000 pro h	12			15	15	17		12	
25	Produktionszeit pro Auftrag in min [Losgröße durch Zeile 24 mal 60]	40 / 8.000			32 / 8.000	32 / 8.000	28 / 8.000		20 / 4.000 da doppelgroß	
26	Jährlicher Output (Totalisator) in 1/Mio Stück [Zeile 21 mal Zeile 24]	21,1			25,9	32,8	27,6		18,4	
27	Ausschussquote	5%			3%	3%	4%		3%	
28	gleichbedeutend mit Gutwarenquote	95%			97%	97%	96%		97%	
29	Jährlicher Output (fakturierbare Gutware) in 1/Mio Stück [Zeile 26 mal Zeile 28]	20,0			25,1	31,8	26,5		17,8	

30	Produktivitätsvergleich in % [Zeile 29 Verhältnis alle:A]	100%			126%	159%	133%		89%	

Abb. 11: Berechnungsmodell für die Produktivität als Vergleichs- und Verhältniswert zwischen mehreren konkurrierenden Maschinenmodellen (Produktionssystemen). Fiktives Beispiel. Weitere Hinweise zu den Positionen 1-30 in Spalte II finden sich hier nachfolgend.

Dieses Tabellenwerk verwendet denselben Aufbau wie die beiden vorangegangenen Fallbeispiele, fasst aber aus Darstellungs- und Praktikabilitätsgründen die zuvor separierten Spalten für Annahmen und Berechnungen pro Maschinentyp in einer Spalte zusammen. Ansonsten soll gezeigt werden, dass das standardisierte Produktivitätsmodell in Maßen auf andere Vergleichsmaschinen ausgeweitet werden kann, was den Erkenntnisgewinn auf beiden Seiten – Produktmarketing und Kunde – erhöht.

Alle oben dargestellten Modelle sind beispielhaft. In den Modellen sind Annahmen und Berechnungsformeln zugrunde gelegt, die im Einzelfall zu begründen sind. Nachfolgend werden die Annahmen und Formeln in der Reihenfolge der Nummerierung, die für alle drei Modelle gleich sind, aufgeführt:

[1]
Einzutragen ist der Maschinentyp (Marke, Typ, Variante)

[2]
Einzutragen ist der Herstellername – die eigene Firma (X) oder der Wettbewerber (Y)

[3]
Einzutragen ist die Format- oder Größenklasse. Oft geht es in Kundenprojekten um die Prüfung, ob die nächstgrößere Klasse („doppelgroß") oder die nächstkleinere („halbgroß") auch geeignet wäre. Voraussetzung ist, dass die physischen Abmessungen des Werkteils dies zulassen. Siehe auch [8].

[4]
Einzutragen ist die Konfiguration der Maschine, also Anzahl und Art der Verarbeitungsstationen (Maschinenmodule) und eventuelle Ausstattungspakete, abgestimmt auf deren Notwendigkeit zur Fertigung bestimmter Aufträge (hier: des typischen, repräsentativen Einzelauftrags). Siehe auch [6].

[5]
Es wird unterschieden, ob gegen eine Bestandsmaschine (Alter, Baujahr) oder gegen eine Neumaschine der laufenden oder neuen Generation verglichen wird

[6]
Es wird differenziert nach möglichen Varianten eines Maschinentyps: Standard (ohne Zusatzausrüstung), Automatisch (mit Ausrüstungspaket für schnellen Rüstwechsel) und Schnell (mit Ausrüstungspaket für hohe Verarbeitungsgeschwindigkeit).

[7]
Hinweis, was von [6] gegebenenfalls nicht verfügbar ist (n.v.)

[8]
Bezieht sich auf [3] – hier ist ein Format- oder Größenfaktor einzutragen, der in die weitergehenden Berechnungen einfließt. Der Faktor muss nicht ganzzahlig sein.

[9]
Es werden in allen Fällen zwei Arbeitsschichten angenommen, ein realer Durchschnitt im Maschineneinsatz. Dies kann auf 1, 3 oder 4 Schichten angepasst werden.

[10]
Es werden in allen Fällen sieben (7) Arbeitsstunden pro Schicht angenomen. Ist anpassbar.

[11]
Die Produktionsminuten pro Tag – Formel ist angegeben – wird später zur Berechnung der Anzahl Aufträge (= Rüstwechsel) pro Tag benötigt (siehe [18]).

[12]
Die Jahreskapazität (Jahres-Betriebsstunden) – Formel ist angegeben – enthält in den Fallbeispielen die Annahme, dass an 260 Arbeitstagen gearbeitet wird, 52 Wochen à 5 Arbeitstage. Ist anpassbar.

[13]
Die Quote für die jährlichen Stillstandszeiten in [13] ist eine Annahme. Da für nachfolgende Berechnungen nicht die Stillstandszeiten (also der Abzugsbetrag) benötigt werden, sondern die verbleibende aktive Betriebszeit, wurde für [14] der Wert invertiert (umgekehrt).

[13-15]
Die genannten Quoten für Stillstandszeiten und Technische Verfügbarkeit gelten auf Jahresbasis

[14-15]

Für ältere Maschinen können niedrigere Werte, für modernere Maschinen höhere in Ansatz gebracht werden (alle Werte anpassbar).

[16]

Die Netto-Jahreskapazität (Jahres-Produktionsstunden) ist die nutzbare Kapazität nach Abzug der unproduktiven Haltezeiten (für Stillstände und Reparatur/Wartung). Sie teilt sich folglich auf Rüstzeiten [19] und Produktionszeiten [21] auf.

[17]

Hier sind die ermittelten Rüstzeitenwerte einzutragen (in unserem Fall die Rüstzeitenwerte des typischen, repräsentativen Einzelauftrags).

[18]

Die Rüsthäufigkeit entspricht der Anzahl von Aufträgen, die pro Tag maximal gefertigt werden können. Die Formel für Rüsthäufigkeit (Anzahl von Aufträgen) lautet:

$$\frac{\text{Anzahl Betriebsminuten pro Tag}}{\text{Gesamtdurchführungszeit eines Auftrags (Rüst und Produktionszeit)}}$$
$$\text{in min}$$

[19-22]

Berechnungen entsprechend den dargestellten Formeln

[23-24]

Die genannten Werte für die maximale Maschinen- beziehungsweise Verarbeitungsgeschwindigkeit sowie davon abgeleitete mittlere Produktionsleistungen sind fiktive Annahmen. Generell lässt sich sagen: Je größer das Format und/oder der Maschinenkörper und dementsprechend das Werkteil, desto größer ist die Wahrscheinlichkeit, dass die Laufleistung und die Verarbeitungsgeschwindigkeit geringer sind als beim kleineren Maschinentyp, da Masse und Trägheit dagegen wirken und gegebenenfalls die Materialführung komplizierter ist.

Die mittlere Maschinen-/Verarbeitungsgeschwindigkeit ist eine konflikt- trächtige Planungsgröße, da sie entgegen den Wünschen der Betriebsleitung vom Maschinenführer je nach Losgröße und Prozessstabilität oft niedriger gehalten wird als planerisch zugrunde gelegt. Für unser Produktivitätsmodell als Teil der Vertriebs- und Marketingkommunikation gilt der Grundsatz einer ambitionierten (aber gleichwohl realistischen) Annahme.

[25]
Bei der Berechnung der Produktionszeit ist die Losgröße zu beachten, die im Falle einer doppelgroßen Maschine nur die Hälfte, im Falle einer halbgroßen Maschine das Doppelte ist.

[26]
Anzahl der verarbeiteten Werkteile pro Jahr gemäß Totalisator an der Maschine – Ausschuss inklusive („Brutto")

[27-28]
Die im Langzeitbetrieb ermittelte Quote – hier eine Annahme. Für die nachfolgende Berechnung wird der Ausschuss in Gutware invertiert (umgekehrt).

[29]
Anzahl der verarbeiteten und ausschließlich als (fakturierbare) Gutware gefertigten Werkteile

[30]
Produktivität als Prozent- und Vergleichswert bezogen auf die Referenzmaschine „A". Die Referenzmaschine befindet sich vorne in Spalte III und erhält den Wert „Produktivität 100%".

4.2.6 Die Kapazität

Wir haben in diesem Kapitel bisher die wesentlichen produktivitätsbestimmenden Faktoren identifiziert und den Grad ihres Einflusses auf die Produktivität einzuschätzen gelernt – für das Format und die Maschinengröße, für die Maschinengeschwindigkeit, die Rüst- und Stillstandszeiten, die technische Verfügbarkeit und die Ausschuss- beziehungsweise die Gutwarenquote.

Mit den Leistungswerten, die sich aus der Produktivitätsanalyse eines Neuprodukts ergeben (oder von Bestands- und Wettbewerbsmaschinen), haben wir anhand fiktiver Beispiele eine Produktivitätsberechnung durchgeführt (s.o.), die dem interessierten Kunden einen ersten Fingerzeig gibt, in welche Leistungskategorie sich die Neumaschine einordnet. Der Produktivitätsvergleichswert ist ein wichtiger erster Kennwert, er ist jedoch nur ein Prozentwert, eine Verhältniszahl, die auch nur in Relation zu einem Vergleichsprodukt, zum Beispiel eine Bestandsmaschine, eine Aussagekraft besitzt. Die Produktivität ist nur *ein* Ergebnis unter vielen und auch nur ein Zwischenschritt zu bedeutenderen betriebswirtschaftlichen Aussagen.

Ein Absolutwert ist dagegen die *Kapazität*, die Maschinenkapazität. Dieser Wert braucht für seine Beurteilung und weitere Verwertung nicht zwingend ein Vergleichsprodukt. Die Kapazität gibt die maximal mögliche mengenmäßige Produktion wieder – in Zeile [12] auf Stundenbasis – in Zeile [26] als Bruttoausstoß – in Zeile [29] als Nettoausstoß, jeweils pro Jahr. Ein Vorteil ist also: Die Kapazität ist im Produktivitätsmodell bereits enthalten. Dieser Wert wird für den nachfolgenden Schritt der Wirtschaftlichkeitsrechnung weiterverwendet. Er ist eine Schlüsselgröße.

Wohlgemerkt: Wir sprechen hier über *Plan*-Kapazität, da es um eine in die Zukunft gerichtete Berechnung geht. Sie steht so lange unter Vorbehalt, wie die Quoten für Stillstandszeiten [13-14], technische Verfügbarkeit [15] und Ausschuss [27-28] noch nicht genauer ermittelt und daher durch Schätz- oder Erfahrungswerte ersetzt worden sind. Da diese Werte Langzeitwerte sind, werden sie aber nach einer bestimmten Anlaufzeit der Maschine immer genauer ermittelt werden können, so dass die Plan-Kapazität der späteren IST-Kapazität immer näher kommt.

So sehr die Kapazität einer Neumaschine ihren erhöhten Wert der weiter oben ausgeführten Produktivitätssteigerung verdankt und im Kundenprojekt positiv wirkt, so sehr hat sie aber auch gelegentlich eine „schwierige Konnotation" (assoziative, emotionale, wertende Nebenbedeutung). Bezogen auf den Regelfall, dass der Kunde in etablierten, gesättigten Märkten arbeitet und gegen einen leistungsfähigen Wettbewerb antritt, eine Situation also, in der täglich um jeden einzelnen Auftrag im Markt hart gerungen wird, sind nur wenige Kunden und wenige Neumaschinenkunden an wirklicher Kapazitätsausweitung interessiert. Natürlich gibt es Ausnahmen. Strategisch aufgestellte Groß- und Mittelbetriebe mögen Expansionspläne haben und brauchen dafür mehr Produktionskapazität. Oder es sind Rationalisierungsmaßnahmen, die zum Ersatz von zwei oder mehr Bestandsmaschinen durch eine einzige Neumaschine führen, die dann eine höhere Produktionskapazität bieten muss.

Halten wir uns also an den Fall, in dem der Kunde zwar innerlich auf Neumaschine eingestellt ist, aber den Umstand der Kapazitätsausweitung nicht als Vorteil empfindet, sondern im negativen Fall als Belastung, im positiven als unternehmerische Herausforderung. Sein ursprüngliches Bedürfnis war entweder eine Ersatzinvestition für eine veraltete, eventuell ausrangierte Maschine oder eine Rationalisierungsinvestition. Die Rationalisierungsinvestition ist vorherrschend, zumindest in den Hauptmärkten, und hier ist der Treiber oft die Verbilligung der Produktion, also die Senkung der Stückkosten. Oft wird dann eine einfache Verbindungslinie zwischen der Produktivitätsverbesserung und der Stückkostensenkung gezogen. Dazwischen steht aber noch ein Thema, das bewältigt werden muss, die *Kapazitätsauslastung*. Eine Steigerung der Produktivität auf 126, 133 und 159 Prozent, wie in unserem Beispielfall 3 auf Seite 55 unterstellt, bedeutet aber gleichermaßen eine Steigerung der Kapazität auf 126, 133 und 159 Prozent, also ein um 26, 33 und 59 Prozent gesteigertes Durchsatzvolumen. Soll also das Ziel einer Stückkostensenkung erreicht werden, ist damit der Zwang verbunden, dieses Mehrvolumen von 26, 33 und 59 Prozent zu akquirieren, zu erzeugen und zu einem fakturierbaren Umsatz zu machen. Erst dann findet eine echte Rationalisierung statt und erst dann ist ein echter Investitionsgrund gegeben.

Es ist nicht selten dieser Aspekt, das Mehrvolumen, das den Kunden bei der Durchführung eines Neumaschinenkaufs zögerlich werden lässt. In dem Maße, wie es ihm gegebenenfalls nicht gelingt, dafür ein Konzept zu entwickeln, wird er geneigt sein, in der Endverhandlung den Kaufpreis zu drücken, um sich darüber wenigstens teilweise schadlos zu halten, was wiederum für den Hersteller bedeutet, dass er seine Innovation zu einem Teil verschenkt.

Es ist daher eine weitere Aufgabe von Produktmarketing, Konzepte zu entwickeln, in deren Mittelpunkt die Verwendung neuer, erweiterter Kapazitäten steht, die durch den Produktivitätszuwachs der neuen Maschinengeneration für den Kunden entstehen. Dies führt zwingend dazu, dem Kunden Vorschläge zur Ausweitung seines Geschäfts zu machen: Ausweitung der Kundenbasis, Ausweitung der Zielsegmente, Ausweitung des Produktportfolios und Ausweitung des ergänzenden Dienstleistungsbereichs. Mit dem Kunden ist also mehr auszutauschen als technische und betriebswirtschaftliche Nutzenargumente, stattdessen benötigt er in aller Regel auch die marketing- und vertriebsrelevante Flankierung zur betriebswirtschaftlich sinnvollen Verwendung der neuen Kapazitäten, die er sich mit dem neuen Maschinentyp ins Haus holen wird.

Nutzung der durch Produktivitätssteigerung erzeugten Mehr-Kapazität

Ausweitung der Umsätze pro Stammkunde

Ausweitung der Kundenbasis für das Stammgeschäft

Ergänzung des Stammgeschäfts mit neuen Produkten/Anwendungen für neue Zielsegmente

Ergänzung des Stammgeschäfts mit einem Dienstleistungsangebot

---

4.3 Kosteneinsparungen versus Mehraufwände

Neben der Erhöhung der Produktivität (voriges Kapitel) sind *Kosteneinsparungen* in der und um die Maschine herum eine zweite Möglichkeit, den technischen Fortschritt in einen betriebswirtschaftlichen Produktnutzen für den Anwender zu überführen. Gemeint sind nicht die Kosteneinsparungen durch eine verbesserte Betriebsorganisation (diese kommen in einer getrennten Betrachtung gegebenenfalls hinzu), sondern Einsparungen durch den Einsatz einer neuen Maschinen- und Anlagentechnologie, also des Investitionsgegenstands. Dazu ist ein Blick auf die generelle Kostenstruktur beim Einsatz einer Maschine zu werfen, angefangen von den Investitionskosten (Kapitalkosten) über die Raumkosten (Miete, Bauten, Versorgung), die Lohnkosten (Personal) und Servicekosten (Wartung und Reparatur) bis hin zu den Verbrauchskosten von Energie, Roh-, Hilfs- und Betriebsstoffen und den Kosten für Verschleißteile.

Eine neue Investition muss sich also nicht notwendigerweise durch höhere Produktivität (siehe zuvor) rechtfertigen, wenngleich dies naheliegend ist. Sie kann es auch oder zusätzlich durch Kosteneinsparungen. Bei den Investitionskosten (Kapitalkosten) ist dies in aller Regel nicht möglich, denn eine höhere Leistungsfähigkeit hat üblicherweise einen höheren Kaufpreis. Auch bei den Raumkosten sind Einsparungen schwer realisierbar, sogar im Gegenteil, da produktivere Maschinen oft auch eine leistungsfähigere Versorgungstechnik benötigen, die in Anschaffung und Unterhaltung kostenträchtig ist.

Umgekehrt verhält es sich häufig bei den Lohnkosten, da moderne Maschinen und Anlagen höher automatisiert sind und dadurch weniger Personal benötigen. Neue Maschinen sind also mit hoher Wahrscheinlichkeit *absolut* weniger personalkostenintensiv als Bestandsmaschinen und *relativ* weniger personalkostenintensiv als die anderen Kostenblöcke in der Platzkostenrechnung. Dies gilt in noch höherem Maße für den Mehrmaschinenbetrieb.

Bei den Verbrauchsprodukten muss genauer hingeschaut werden. Hier kann das Pendel in beide Richtungen ausschlagen. Moderne Technologie kann den Einsatz bestimmter Aggregate, Maschinenteile und -einsätze, Betriebsstoffe und anderes mehr überflüssig machen und auch den Einsatz billigerer Werkstoffe ermöglichen. Aber es kann auch das Gegenteil eintreten, indem weitere Aggregate und Maschinenteile benötigt werden (zum Beispiel Trockner), höherwertige Werkstoffe (die sich in der Maschine stabiler verhalten), eine höhere Menge an Hilfsstoffen und Versorgungsmedien (zur Erhöhung der Prozesssicherheit). Eine höhere Produktivität wirkt sich meistens auf einen höheren Energiebedarf aus und lässt die Stromkosten anwachsen, bedingt durch den Betrieb stärkerer Motoren und wirksamerer Zusatzaggregate für Blasluft, Druckluft, Pneumatik, Hydraulik, Elektrik.

Die möglichen Kosteneinsparungen oder eventuellen Mehrkosten müssen also akkurat ermittelt und dann eng verknüpft werden mit dem Grad der Kapazitätssteigerung einer neuen Anlage, um zu einer finalen betriebswirtschaftlichen Aussage zu gelangen.

4.4 Die Wirtschaftlichkeit

Es ist weitgehend der ganze Sinn von Produktmarketing – mit Blick auf die Gruppe der Investoren, Geschäftsführer, kaufmännischen Leiter, Einkäufer, Controller, Banker und weitere –, alle Vorteile eines Neuprodukts in der Form einer Wirtschaftlichkeitsrechnung zusammenzuführen. Immer steht ja hinter der Investitionsentscheidung des Kunden am Ende die Frage nach der Wirtschaftlichkeit des Geldeinsatzes, und die erschöpfende Antwort darauf ist oft *das* Momentum für die Kaufentscheidung. Natürlich gibt es auch den emotionalen Teil des Entscheidungsprozesses, das Motiv des Habenwollens abseits rationaler Gründe. Sobald es aber zur Frage der Finanzierung des Neuprodukts kommt, entweder die Eigenfinanzierung durch den Inhaber oder die Fremdfinanzierung durch Banken, Leasingpartner und dergleichen, findet ein rationaler Denk- und Abwägeprozess statt, der nach rationalen Antworten verlangt. Diese schuldet Produktmarketing dem potentiellen Käufer.

Im Verlaufe eines Verkaufsprozesses wird der Maschinenverkäufer daher ein besonderes *Sales Tool* benötigen, mit dem er dem potentiellen Käufer die „gute" Wirtschaftlichkeit des Neuprodukts darstellt. Dabei sind zwei Formen von Wirtschaftlichkeitsrechnungen zu unterscheiden, die *standardisierte* (pauschalisierte) und die *kundenspezifische* (individualisierte). Sie haben unterschiedliche Aufgaben und kommen in einem Kundenprojekt an unterschiedlichen Punkten zum Einsatz.

Die *standardisierte* Wirtschaftlichkeitsrechnung kommt zuerst. Sie ist die einfache, plakative Art einer Wirtschaftlichkeitsaussage. Dies ist keine mindernde Feststellung, sondern eine Frage der Ökonomie und der praktischen Vernunft, da der Aufwand für *kundenspezifische* Wirtschaftlichkeitsrechnungen hoch ist und sich nicht in jedem Fall lohnt, je nach Projektfortgang. Da Geräte, Maschinen und Anlagen in Betrieben zum Einsatz kommen, die über eine unterschiedliche Kunden-, Auftrags- und Fertigungsstruktur verfügen, wird es erst einmal – zu einem frühen Zeitpunkt des Projekts – weder möglich noch nötig sein, dem Zielkunden eine detaillierte Ausarbeitung vorzulegen, bevor nicht klar ist, ob er sich wirklich (und wenn ja wie tief) für das Neuprodukt interessiert. Aus diesem Grund reicht zunächst die *standardisierte* Wirtschaftlichkeitsrechnung.

Standardisiert bedeutet hier die Präsentation eines vereinfachten Modells mit vereinfachter Vorteilsdarstellung. Eine gute Methode zur Erstellung einer standardisierten Wirtschaftlichkeitsrechnung ist die Weiternutzung unseres Modells zur Bestimmung der Produktivität, wie wir es im Abschnitt zuvor auf Seite 55 angelegt haben. Dieses Modell setzt auf den typischen, repräsentativen Auftrag für das Zielsegment der Maschine auf und errechnet für die alternativen Produktionssysteme den jährlichen Output und die Maschinenproduktivität. Diese Vorleistung braucht nun für die standardisierte Wirtschaftlichkeitsrechnung nur noch mit den Anschaffungskosten der jeweiligen Maschine in Beziehung gesetzt zu werden, und schon hat man eine erste plakative Aussage zur Hand. Ein zweiter (alternativer) Ansatz ist die Verwendung des Maschinenstundensatzes anstatt der Anschaffungskosten.

Beide Ansätze führen zu den gewünschten plakativen Aussagen über die betriebswirtschaftliche Vorteilhaftigkeit einer Neumaschine. Diese plakativen Aussagen sind zwar im Projekteinzelfall nicht zwingend zutreffend, aber für den Mainstream des Zielsegments nicht zwingend falsch, oder anders ausgedrückt: näherungsweise zutreffend. Sie sind geeignet für einen ersten Trompetenstoß in den Markt hinein, aber ungeeignet für Absolutaussagen gegenüber dem Einzelkunden in seiner ganz spezifischen betrieblichen Situation. Eine solche standardisierte Wirtschaftlichkeitsaussage kann wie folgt entwickelt werden, wobei wir das Produktivitätsmodell auf Seite 55 durch einen weiteren unten angefügten Tabellenabschnitt ergänzen.

I	II	III Maschine A			IV Maschine B			V Maschine C		
1		Maschine A			Maschine B			Maschine C		
2		Hersteller Y			Hersteller X			Hersteller X		
3		Gleichgroß			Gleichgroß			Doppelgroß		
4		Konfiguration mit 6 Stationen			Konfiguration mit 6 Stationen			Konfiguration mit 6 Stationen		
5		Bestandsmaschine 5 Jahre alt			Neumaschine Neue Generation			Neumaschine Neue Generation		
6		Standard	Automat.	Schnell	Standard	Automat.	Schnell	Standard	Automat.	Schnell
7			Nicht verfügbar					n.v.		n.v.
8	Format/Größe (Faktor) [gleichlautend mit Zeile 3]	1			1	1	1		2	
9	# Produktionsschichten/Tag	2			2	2	2		2	
10	# Produktionsstunden/Schicht	7			7	7	7		7	
11	# Produktionsmin./Tag [Zeile 9 mal Zeile 10 mal 60 min]	840			840	840	840		840	
12	Jahreskapazität in h [Zeile 9 mal Zeile 10 mal 260 Arbeitstage]	3.640			3.640	3.640	3.640		3.640	
13	Stillstandszeiten (Quote)	4%			3%	3%	3%		3%	
14	gleichbedeutend mit Aktivzeit	96%			97%	97%	97%		97%	
15	Techn. Verfügbarkeit (Quote)	95%			95%	95%	95%		95%	
16	Netto-Jahreskapazität in h [Zeile 12 mal Zeile 14 mal Zeile 15]	3.320			3.354	3.354	3.354		3.354	
17	Rüstzeit/Jobwechsel in min	30			25	15	25		20	
18	Rüst-Häufigkeit pro Tag [Zeile 11 durch (Zeile 17 plus Zeile 25)]	12			15	18	16		21	
19	Gesamt-Rüstzeit in h/p.a. [Zeile 17 mal Zeile 18 mal 260 Tage durch 60 min]	1.560			1.625	1.170	1.733		1.820	

20	Rüstzeitanteil an Gesamt-Betriebszeit (Quote) [Zeile 19 durch Zeile 16]	47%			48%	35%	52%		54%	
21	Gesamt-Produktionszeit in h/p.a. [Zeile 16 minus Zeile 19]	1.760			1.729	2.184	1.621		1.534	
22	Produktionszeitanteil an Gesamt-Betriebszeit (Quote) Zeile 21 durch Zeile 16]	53%			52%	65%	48%		46%	
23	Max M'geschw. bzw. Verarbeitungsgeschw. in 1/1.000 pro h	15			18	18	20		15	
24	Ø M'geschw. bzw. Verarbeitungsgeschw. in 1/1.000 pro h	12			15	15	17		12	
25	Produktionszeit pro Auftrag in min [Losgröße durch Zeile 24 mal 60]	40 8.000			32 8.000	32 8.000	28 8.000		20 4.000 Doppelgroß	
26	Jährlicher Output (Totalisator) in 1/Mio Stück [Zeile 21 mal Zeile 24]	21,1			25,9	32,8	27,6		18,4	
27	Ausschussquote	5%			3%	3%	4%		3%	
28	gleichbedeutend mit Gutwarenquote	95%			97%	97%	96%		97%	
29	Jährlicher Output (fakturierbare Gutware) in 1/Mio Stück [Zeile 26 mal Zeile 28]	20,0			25,1	31,8	26,5		17,8	
30	Produktivitätsvergleich in % [Zeile 29 Verhältnis alle:A]	100%			126%	159%	133%		89%	
	Basis I									
31	Anschaffungskosten in T€ - Kaufpreis inkl. Nebenkosten	605			735	782	777		1.056	
32	Kostenvergleich in % [Zeile 31 Verhältnis alle:A]	100%			121%	129%	128%		175%	

	Basis II									
33	Maschinenstundensatz in € - bei 2-schichtiger Auslastung, 14 h/Tg	115			131	136	135		153	
34	Kostenvergleich in % [Zeile 33 Verhältnis alle:A]	100%			114%	118%	117%		133%	

Abb. 12: Rechenmodell zur standardisierten Wirtschaftlichkeitsdarstellung. Dasselbe Modell wie zur Ermittlung der Produktivitätskennzahl (Abb. 9-11), daher Zeilen 1-30 in grauer Schrift gehalten. Tabelle jetzt ergänzt um die Anschaffungskosten [31-32] und alternativ um den Stundensatz [33-34], Zeilen in schwarzer Schrift. Die Absolutwerte in den Zeilen [31] (Anschaffungskosten) und [33] (Maschinenstundensatz) sind beispielhaft, die Prozentwerte in den Zeilen [32] und [34] daraus errechnet.

Zurück zu den beiden alternativen Ansätzen auf Basis (I) Anschaffungskosten und auf Basis (II) Maschinenstundensatz. Der erste Ansatz (I) ist der sehr einfache erste Schritt zu einer plakativen Wirtschaftlichkeitsaussage. Zur besseren Veranschaulichung werden die Prozentwerte aus Zeile [30] (Produktivität) und [32] (Anschaffungskosten) nachfolgend in ein Kurvendiagramm umgesetzt:

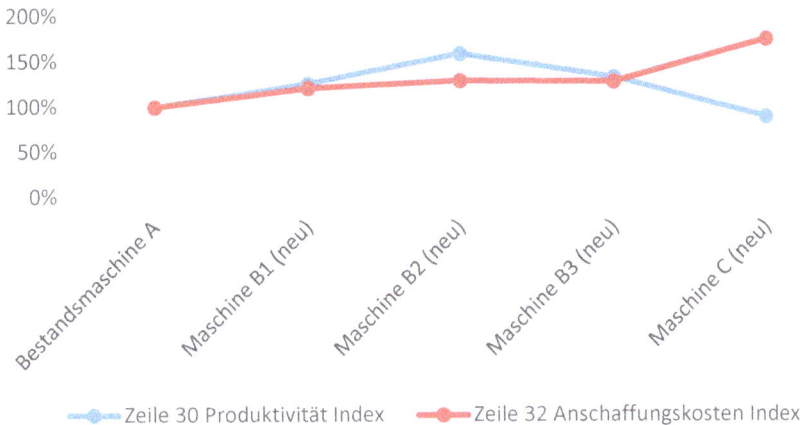

Abb. 13: Kurvendiagramm für Produktivität und Anschaffungskosten bezogen auf die Werte in Abb. 12

Die obige Kurvendarstellung zeigt: Grundsätzlich ergibt sich eine *positive* Wirtschaftlichkeitsaussage zu einer Neumaschine dann, wenn die Kurve der Produktivität (blau) *oberhalb* der Kurve der Anschaffungskosten (rot) verläuft, was hier in unserem Beispiel weitgehend so ist. Mit genauerem Blick ist feststellbar, dass die wirtschaftliche Vorteilhaftigkeit von Maschine B2 *am größten*, bei den Maschinen B1 und B3 *gegeben* und bei Maschine C *nicht gegeben* ist.

Kommen wir zum Ansatz auf Basis (II), der Vergleich von Produktivität (Zeile [30]) und Maschinenstundensatz (Zeile [34]). Der Maschinenstundensatz ist im Gegensatz zu den Anschaffungskosten kein fertiger Wert, der flott in die Tabelle einzutragen ist, stattdessen benötigt er eine separate Berechnung, die Platzkostenrechnung. Die Platzkostenrechnung ist ein gängiges Instrument in verarbeitenden Betrieben mit Maschineneinsatz und wird hier nicht näher beschrieben. Es ergibt sich aus dem Gesagten, dass durch den Einsatz der Platzkostenrechnung und dem daraus resultierenden Maschinenstundensatz die *standardisierte* Wirtschaftlichkeitsrechnung nicht mehr ganz so einfach ist wie im ersten Ansatz und schon „auf halbem Weg" zu einer *kundenspezifischen* Wirtschaftlichkeitsrechnung.

Wir weiten nun das oben dargestellte Diagramm auf und fügen eine dritte Kurve hinzu (grün), nämlich die der Maschinenstundensätze aus Zeile [34].

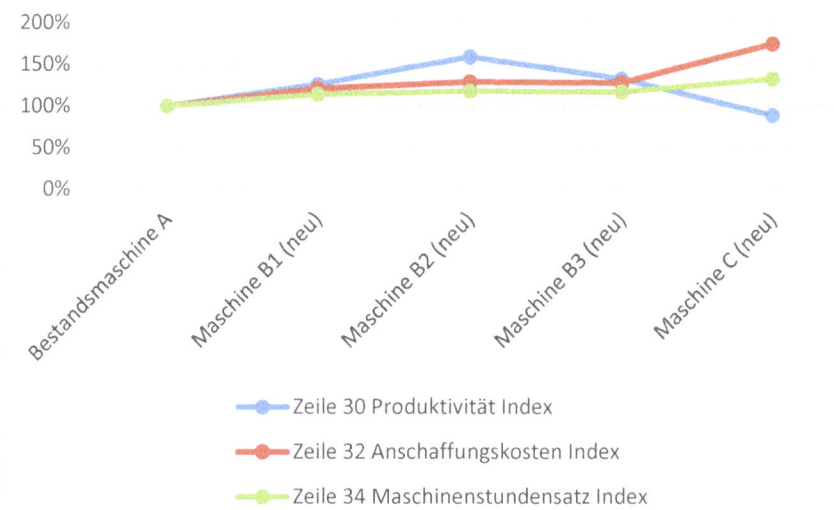

Abb. 14: Kurvendiagramm für Produktivität/Anschaffungskosten/Maschinenstundensätze, bezogen auf die Werte in Abb. 12

Aus diesem Diagramm ersehen wir zunächst, dass *alle* oben gemachten Aussagen zur wirtschaftlichen Vorteilhaftigkeit der einzelnen Maschinentypen bestätigt werden. Ferner sehen wir, dass die neue Kurve aus Zeile [34] (Maschinenstundensätze, grün) *noch tiefer* verläuft als die Kurve aus Zeile [32] (Anschaffungskosten, rot) und damit noch stärker zur hohen Kurve aus Zeile [30] kontrastiert (Produktivität, blau), was aus Sicht von Produktmarketing begrüßenswert ist, da es den Effekt der Vorteilhaftigkeit der Neumaschinen verstärkt. Entscheidend für die Kommunikation mit dem Kunden ist es aufzuzeigen: Es gibt für einen relativ geringeren Mitteleinsatz einen relativ höheren Nutzen. Und diesem Kommunikationsziel kommt die Rechnung mit dem Maschinenstundensatz näher.

Der Grund, warum die Kurve der Maschinenstundensätze [34] niedriger verläuft als die Kurve der reinen Anschaffungskosten [32] liegt darin, dass die Maschinenstundensätze über die Anschaffungskosten hinaus Sachkosten und Lohnkosten beinhalten. Während die Anschaffungskosten ansteigen (siehe rote Linie), verhalten sich die Sachkosten und insbesondere die Lohnkosten nahezu oder absolut statisch; letztere mildern also den kostentreibenden Effekt der Anschaffungskosten ab. Dies kann allerdings nicht verallgemeinert werden, denn es setzt voraus, dass die produktivere Neumaschine tatsächlich mit derselben Personalausstattung bedient wird wie die Bestandsmaschine, was im Einzelfall schlüssig darzustellen ist. Sollte die Neumaschine mit weniger Personal bedient werden können, würde sich dieser Effekt noch erheblich verstärken.

Zurück zu unserem Ziel: Es geht bei den wirtschaftlichen Standardmodellen um eine *plakative Aussage*, und diese nach Möglichkeit nicht nur verbal, sondern visualisiert mit Grafiken und Diagrammen. Es versteht sich von selbst, dass es notwendig ist, die in diesem Modell proklamierten Leistungswerte (besonders Rüstzeiten und Laufleistungen) in Demoaktionen und in der Praxis sicher darzustellen. Diese plakativen Aussagen können dann in einem speziellen *Sales Tool* (siehe später) zusammengefasst und im üblichen Marketingmix platziert werden, in Broschüren, auf der Website, in Flyern, Powerpoint-Präsentationen und überall sonst.

Und noch einmal: Die *standardisierten* Wirtschaftlichkeitsrechnungen sind nur als Einstieg zu verstehen, als Einstieg in das Projekt oder in einen tiefergehenden Dialog. Der Kunde soll erkennen können, dass das Neuprodukt mit technischen und physischen Merkmalen ausgestattet ist, die nicht nur für sich selbst stehen, nicht nur gelegentlich einen Nutzen bringen, nicht nur optisch gefallen – sondern einen praktisch-wirtschaftlichen Nutzen haben, der dem Betreiber einen unternehmerischen Mehrwert bietet. Und dieser lässt sich quantifizieren.

Erst dann, wenn im Verkaufsprozess diese erste Hürde genommen und eine erste Überzeugungsarbeit geleistet worden ist, auf die der Kunde mit Vertiefung und Intensivierung der Gespräche reagiert, ist der Zeitpunkt gekommen, ihm eine *spezifische* und *individualisierte* Wirtschaftlichkeitsrechnung anzubieten, die den betriebswirtschaftlichen Nutzen im Kontext mit seiner eigenen Kunden-, Auftrags- und Fertigungsstruktur aufzeigt. Hierbei sind zwei, manchmal sogar drei Hürden zu überwinden. Die erste ist die Einwilligung des Kunden zu dieser Arbeit, die eigentlich eine Studie ist. Der Punkt dabei ist, dass der Maschinenhersteller infolge der Durchführung dieser Studie unvermeidlich einen tieferen Einblick in das Kundenunternehmen gewinnt, worauf bestimmte Kunden sensibel bis ablehnend reagieren. Die zweite Hürde ist, dass viele Kunden – je nach Größe und Professionalität – gar nicht so genau ihre eigene Struktur kennen, so dass sie die entsprechenden Fragen nicht so präzise und zutreffend beantworten können, wie es notwendig ist, um exakte Aussagen zu den betriebswirtschaftlichen Auswirkungen eines Neuprodukts zu machen. Eine dritte Hürde könnte sein, dass der Kunde dem Hersteller die Aufgabe nicht zutraut oder ihm nicht vertraut, weil er damit rechnet, dass dieser pro domo aussagt, also zugunsten seines eigenen Produkts. Hier gilt, wie in allen Belangen des Geschäftslebens auch, dass die mit dem Maschinenkauf eingegangene langjährige Bindung an einen Hersteller ein Vertrauen voraussetzt, das dieser sich über alle seine Bereiche und über viele Jahre hinweg aufbauen und durch kontinuierliche Verlässlichkeit erarbeiten muss. Dennoch kann es ratsam sein, für diesen so wichtigen Baustein der Wirtschaftlichkeitsrechnung eine *dritte Partei*, einen anerkannten Dienstleister, ins Spiel zu bringen, der diese Aufgabe übernimmt.

Eine *individualisierte* Wirtschaftlichkeitsrechnung ist Gegenstand einer Studie und ein komplexes Werk. Dieses in seinem ganzen Umfang hier darzustellen, würde den Rahmen des Buches sprengen, zumal diese Studien eine Sonderaufgabe von Fachleuten ist, deren Kompetenz eine Affinität zum betrieblichen Kalkulationswesen und zur Kosten- und Leistungsrechnung hat, womit wir uns vom klassischen Produktmarketing ein Stück weit entfernen. Ihre Ausarbeitungen müssen vor den geschulten Augen von Geschäftsführern, kaufmännischen Leitern, Industrieeinkäufern, Bankern und Controllern Bestand haben. Ihre Aussagen haben im Kundenprojekt großes Gewicht und dienen im Einzelfall zur finalen Kaufentscheidung des Kunden. Ihre Verlässlichkeit muss also verbrieft sein.

Wir gehen nachfolgend durch den Prozess einer solchen Studie hindurch, teilen sie in Einzelschritte, prüfen die Aufgaben, die für Produktmarketing damit verbunden sind, und kommentieren sie.

4.4.1 Die Wirtschaftlichkeitsstudie

Am Anfang steht das Angebot an den Kunden zur Erstellung einer Studie als Basis für eine individualisierte Wirtschaftlichkeitsberechnung im Zusammenhang mit einer geplanten Neuinvestition. In diesem Angebot wird definiert, welche Analyse in der Studie durchgeführt, welcher Vergleich angestrengt und welche finale Aussage angestrebt wird. Sehr häufig möchte der Kunde einen Vergleich zwischen „Situation heute" (Bestandsmaschinen) und „Situation morgen" (fiktiv; Neuprodukt) oder den Vergleich zwischen alternativen Anbietern eines Neuprodukts oder noch andere Vergleichskonstellationen. Immer geht es dabei um *alternative Produktionssysteme*. Wie wir noch sehen werden, können die gewünschten Szenarien eine weitreichende Komplexität annehmen.

Schritt 1

Eine individualisierte Wirtschaftlichkeitsrechnung startet im ersten Schritt mit der Definition der *Produktstruktur des Kunden*. Wir erinnern uns zurück: Für die *standardisierte* Wirtschaftlichkeitsrechnung haben wir nur einen einzigen Auftragstyp zugrunde gelegt, nämlich den typischen Einzelauftrag, der repräsentativ für das Zielsegment der Neumaschine ist. Dies haben wir getan, um Aufwand und Varianz zu minimieren und zugleich den Aussagenutzen und die Allgemeingültigkeit des Modells für die Hauptgruppe im Zielsegment zu maximieren.

Jetzt ist es anders. In der *individualisierten* Wirtschaftlichkeitsrechnung wird der Aufwand nicht minimiert, sondern der betrieblichen Realität des Kunden angepasst; zu erfassen sind jetzt *alle* Endprodukte des Kunden, die auf der Bestandsmaschine aktuell laufen und/oder für die Neumaschine vorgesehen sind. Der bunte Strauß an Endprodukten wird dann zur Bildung einer Handvoll Auftragsgruppen aggregiert („dominante Auftragsgruppen") und jede dieser Auftragsgruppen auf einen einzigen Auftragstyp reduziert („dominanter Auftragstyp"). Dieser Auftragstyp ist dann der typischste für die entsprechende Gruppe. Auch hier ist, wie zuvor, eine *Zukunftskomponente* einzubauen, eine Denkübung, die dem Kunden zu seinem eigenen Vorteil nicht erspart bleiben wird. Dabei ist es wichtig, dass er klare Vorstellungen davon hat, welchen Trends seine Endprodukte unterworfen sind und welche Auftragstypen er aus dem Gesamtvolumen des Marktes auf seinen Betrieb und auf seine Neumaschine in Zukunft lenken wird. Diese Denkübung ist essentiell, aber nicht einfach. In schwierigen Fällen kann Produktmarketing dem Kunden mit einem Workshop helfen, diese Zukunftskomponente zu entwickeln.

Aus dem beschriebenen Prozess ergibt sich eine Handvoll Auftragstypen („dominante Auftragstypen"), im nachfolgenden Beispiel fünf (5) Stück, aus denen sich das Hauptvolumen für die geplante Neumaschine planerisch zusammensetzt.

Die dominanten Auftragsgruppen (1-5) zur Einlastung in die Neumaschine

Dominante Auftragsgruppen, verdichtet zu repräsentativen Auftragstypen

Auftragstyp 1	Auftragstyp 2	Auftragstyp 3	Auftragstyp 4	Auftragstyp 5
Kriterium (a)	Kriterium (a)	Kriterium (a)	Kriterium (a)	Kriterium (a)
Kriterium (b)	Kriterium (b)	Kriterium (b)	Kriterium (b)	Kriterium (b)
Kriterium (c)	Kriterium (c)	Kriterium (c)	Kriterium (c)	Kriterium (c)

Hierfür sind die Kriterien wie folgt:

Kriterien zur Definition der dominanten Auftragstypen

a	Die physische Beschaffenheit und Ausgestaltung des Werkteils
b	Die physische Abmessung des Werkteils
c	Die Losgröße für das Werkteil

Zu den Kriterien (a) bis (c) noch einmal die folgenden Hinweise:

(a) Die physische Beschaffenheit und Ausgestaltung des Werkteils – also die Ausgestaltung durch die geplante maschinelle Bearbeitung – führt im Weiteren zur Definition von Anzahl und Art der Verarbeitungsschritte in der Maschine und damit zu derjenigen *Maschinenkonfiguration,* die den betreffenden Auftragstyp idealerweise *in einem* Verarbeitungsdurchlauf ermöglicht – im nachfolgenden Fall beispielhaft eine Maschine mit 6 Stationen.

(b) Die physische Abmessung des Werkteils, also das Objekt unserer fünf (5) typischen Einzelaufträge, führt uns zur Größenklasse (Formatklasse) der Maschinen, die im Rechenmodell vergleichend aufgenommen werden.

(c) Die Losgröße für das Werkteil kann zur Einfachhaltung des Modells statisch gehalten werden wie zuvor in der standardisierten Wirtschaftlichkeitsrechnung, sie kann aber auch dynamisiert werden. So soll es jetzt hier sein.

Die Aufgabe der Jobanalyse, Schritt 1, liegt vorzugsweise *nicht* in der Händen von Produktmarketing, sondern in jenen des Dienstleisters, der die Studie anfertigt. Das hat mit der Kundennähe im Projekt zu tun. Da nämlich die Studie das Ergebnis eines interaktiven Prozesses mit dem Kunden ist, hat der Dienstleister in der Regel über die Laufzeit des Projekts einen sehr engen und persönlichen Kontakt mit dem Kunden, auch deshalb, weil für die Studie vertrauliche Daten ausgetauscht werden. Weil die Jobanalyse auf diesen Austausch vertraulicher Daten angewiesen ist, erscheint es also zweckmäßig, dass diese vom Dienstleister erstellt wird. Obwohl nicht direkt dafür eingebunden, kann Produktmarketing später Nutznießer dieser Jobanalyse sein, indem es für seine *standardisierte* Wirtschaftlichkeitsrechnung (siehe oben) aus ihnen Schlüsse zieht für die Bildung des typischen, repräsentativen Einzelauftrags, der dort zugrunde gelegt wird. Dafür können die vertraulichen Jobanalysen von mehreren Kunden zusammengezogen und zur Wahrung der Kundendiskretion anonymisiert werden.

Mit Schritt 1 haben wir also jetzt die *relevante Jobstruktur* des Kunden vorliegen.

Schritt 2

Im zweiten Schritt der Studie betrachten wir die zu untersuchenden *Maschinentypen*. Wir wollen sie im Folgenden *alternative Produktionssysteme* nennen, und zwar aus zwei Gründen: Sie sind *alternativ*, weil je nach dem wirtschaftlichen Ergebnis der Studie später eine Auswahl zwischen ihnen stattfinden wird. Und es sind *Produktions-systeme*, nicht nur Maschinentypen, weil sie eventuell verschiedene Grundaufbauten, Systemtechniken oder Verfahrenstechniken in sich tragen. Dies wäre mit dem Begriff Maschinentyp nur ungenügend und missverständlich ausgedrückt. Es geht ja gerade bei Studien auch darum, nicht nur artverwandte und dicht beieinander liegende Technologielösungen zu vergleichen, sondern innovative Lösungen, die neue Wege beschreiten und gegebenenfalls tief in den Workflow eingreifen.

Zur Definition der alternativen Produktionssysteme haben wir in Schritt 1 (siehe oben) bereits die Vorarbeit geleistet. Die dort aufgeführten dominanten Auftragstypen führen uns nämlich direkt zur benötigten Maschinenkonfiguration und zur Maschinengröße. Hier kann der Auftraggeber der Studie nun wählen, ob er Bestandsmaschinen und Neumaschinen in der nun gebotenen Konfiguration und Größe vergleichen will – oder nur Neumaschinen verschiedener Hersteller – oder Neumaschinen konventioneller Art mit Neumaschinen innovativer Art – oder Neumaschinen verschiedener Größen – oder Neumaschinen in Konfigurationen, welche die Fertigbearbeitung eines Werkteils in einem Durchgang erlaubt *(one pass productivity)* im Vergleich zu einer anderen kürzeren, die zwei Durchgänge benötigt – und so weiter. Vergleichsszenarien gibt es viele. Sie zu generieren kostet Aufwand und Geld, und am Ende entscheidet der Auftraggeber der Studie über deren Abgrenzung.

Aus diesem Prozess generiert sich eine Handvoll alternativer Produktionssysteme – im nachfolgenden Beispiel wieder fünf (5) Stück –, die Gegenstand der Untersuchung sein werden.

Bestimmung der alternativen Produktionssysteme

Passend für die (5) dominanten Auftragstypen (siehe zuvor)

⇩

Prod-System 1	Prod-System 2	Prod-System 3	Prod-System 4	Prod-System 5
Kriterium (a)	Kriterium (a)	Kriterium (a)	Kriterium (a)	Kriterium (a)
Kriterium (b)	Kriterium (b)	Kriterium (b)	Kriterium (b)	Kriterium (b)
Kriterium (c)	Kriterium (c)	Kriterium (c)	Kriterium (c)	Kriterium (c)
Kriterium (d)	Kriterium (d)	Kriterium (d)	Kriterium (d)	Kriterium (d)
Kriterium (e)	Kriterium (e)	Kriterium (e)	Kriterium (e)	Kriterium (e)

Die Kriterien (a) bis (e) bedeuten:

Definitionskriterien für die alternativen Produktionssysteme

a	Maschinentyp (Hersteller/Marke, Typ, Variante)
b	Maschinenformat bzw. Maschinengröße
c	Maschinenkonfiguration (Anzahl und Art der Stationen, Module usw.)
d	Wesentliche Ausstattung zur Erzielung bestimmter Leistungswerte, u.a. für Rüstzeiten und die Verarbeitungsgeschwindigkeit
e	Besonderheiten der System- und Verfahrenstechnik

Nun sind die *alternativen Produktionssysteme* ermittelt, und gegebenenfalls wird aus der Gruppe der Kandidaten eine Auswahl getroffen. Es folgt dann die Erfassung ihrer Daten, darunter Maschinendaten, Personalbesetzung, Kaufpreis, Anschlusswerte, Verbrauchswerte, Leistungswerte und viele weitere. Teilweise lassen sich diese Informationen mit schneller Hand aus dem Internet entnehmen, andere sind dagegen nur schwer und umständlich zu erhalten. Hier ist gegebenenfalls mit plausibilisierten Schätzwerten oder generischen Werten zu arbeiten (allgemeine Erfahrungswerte). Dies betrifft auch die schwierigen Teile der Datenerhebung für Wartung/Service, Verschleißteile, Stillstandszeiten, technische Verfügbarkeit, Ausschussquote/Gutware und anderes mehr. Hier sei der Hinweis erlaubt, dass die Erfassung dieser Daten Teil der Wettbewerbsbeobachtung ist, die wir in Kapitel 2.3 behandelt haben. Es wird empfohlen, die Erfassung der Wettbewerbsdaten nicht als projektbezogene Einmalaufgabe zu organisieren, sondern diese vor dem Hintergrund immer schnellerer Neuentwicklungen als Funktion *dauerhaft* und *permanent* zu leisten.

Sofern es sich in der Studie um einen Vergleich mit einer Bestandsmaschine handelt, können deren Maschinen-, Leistungs- und Verbrauchsdaten auch vom Kunden beigesteuert werden, der diese in der Regel schnell zur Hand hat.

Ein Wort noch zur Erhebung des *Kaufpreises* der alternativen Produktionssysteme. Es ist besondere Vorsicht geboten, aus einer Vielzahl von unterschiedlichen Informationen zum Kaufpreis einfach nur den rechnerischen Mittelwert zu nehmen, bevor nicht klar ist, was er beinhaltet. Er muss auf zweifache Weise für seine Verwendung in der Wirtschaftlichkeitsrechnung geprüft werden. Die erste Prüfung bezieht sich auf die technischen Inhalte: Da viele Hersteller Wert auf Differenzierung bei der Preisgestaltung legen, definieren sie ihre Standardausstattung und Sonderausstattung bewusst anders als der Wettbewerb. Das muss herausgefiltert werden. Es ist also zu gewährleisten, dass die Kaufpreise so ermittelt sind, dass sie zwischen allen Herstellern der alternativen Produktionssysteme *identische Inhalte*, also identische Maschinengruppen, -aggregate, -einrichtungen und Zubehöre, einschließen. Der zweite Teil der Prüfung fokussiert sich auf Nebenleistungen des

Maschinenkaufs, unter anderem Verpackung, Versand, Versicherung, Einbringung, Montage, Inbetriebnahme, Abnahme, Personalschulung, Servicevertrag und vieles mehr. Einige Hersteller schließen Teile dieser Leistungen in den Kaufpreis ein, andere machen daraus separate Positionen. Im Sinne einer akkuraten Ausgangsbasis für den Wirtschaftlichkeitsvergleich sind also die Kaufpreise der Hersteller bezüglich ihrer Ein- und Ausschlüsse von Nebenleistungen zu vereinheitlichen.

Wir stellen fest, dass die Aufgabenstellung für Schritt 2 von Produktmarketing geleistet werden kann, da diese auf den eigenen Vorleistungen aufsetzen (*Wettbewerbsvergleich*, Kapitel 2.3). Die Ergebnisse werden dann der durchführenden Partei für die Studie zur Verfügung gestellt.

Schritt 3

Nach Bewältigung der oben gestellten Aufgabe, die Definition und Datenerhebung zu den alternativen Produktionssystemen, die untersucht werden sollen, folgt nun Schritt 3, die Ermittlung der Platzkosten und der Maschinenstundensätze. Auch diese setzen zunächst einen Datenpool voraus, der erhoben werden muss, in diesem Fall direkt beim Kunden, denn es geht um *seine* Betriebsdaten. Erforderlich sind Daten seiner Finanzierung (Kapitalkosten), seine Abschreibungsperioden, sein Arbeitszeitmodell, die Stunden-Kapazität des zu untersuchenden Arbeitsplatzes sowie seine spezifischen Kosten für Personal, Energie, Wartung und Reparatur, Raummiete, Raumtechnik und Versorgungsmedien sowie seine Zuschlagssätze. Die Platzkostenrechnung nimmt den Arbeitsplatz auf, in den die Neumaschine unter Zugrundelegung der betrieblichen Organisation und Kostenstruktur des Kunden platziert werden soll. Diese Aufgabe übernimmt der Dienstleister, der hierfür vertrauliche Informationen seines Mandanten benötigt.

Mit der Platzkostenrechnung und den sich daraus ergebenden Maschinenstundensätzen entsteht ein erstes Ranking zwischen den alternativen Produktionssystemen. Ein zweites Ranking ergibt sich, wenn die Maschinenstundensätze mit der Kapazität der alternativen Produktionssysteme in ein mathematisches Verhältnis gesetzt werden.

Schritt 4

Schritt 4 ist nun die Kalkulation der „dominanten Auftragstypen" (siehe Schritt 1) auf der Basis der in Schritt 3 ermittelten Maschinenstundensätze der alternativen Produktionssysteme (siehe oben). Diese Kalkulation bezieht sich zum einen auf die Herstellkosten für die einzelnen Auftragstypen, zum anderen auf deren *Herstellzeiten*. Letztere, die Herstellzeiten, sind ein neues Element in unserer Wirtschaftlichkeitsbetrachtung; zu diesen hat die *standardisierte* Wirtschaftlichkeitsrechnung bisher keine Aussagen gemacht. Die Herstellzeiten haben für den Kunden großes Potenzial, denn sie können für ihn zu einem Unterscheidungskriterium im Markt werden – oder anders ausgedrückt: zu einem Marketing- und Vertriebsinstrument, wenn es ihm gelingt, die Herstellzeiten mit Hilfe der Neuinvestition so stark zu senken, dass durch die neue Lieferschnelligkeit ein wesentliches Kundenbedürfnis befriedigt wird. Dies ist streng genommen kein Wirtschaftlichkeitsargument mehr, sondern ein Geschäftsargument, welches von Produktmarketing in der Außenkommunikation einzusetzen und zu verstärken ist.

Schritt 4 führt also zur Kalkulation von Herstellkosten und Herstellzeiten für die definierte Produktstruktur des Kunden, also für die dominanten Auftragstypen. Aus dieser Kalkulation, die analog für *alle* alternativen Produktionssysteme der Studie durchgeführt wird, ergibt sich in der Folge ein groß angelegtes Tabellenwerk, das nach den Produktionssystemen und in den nachfolgenden Ebenen nach Dynamisierungskriterien geordnet ist – zum Beispiel nach Beschäftigungsgrad (Anzahl Arbeitsschichten), nach Auftragstypen, nach Losgrößen und anderes mehr. Die Tabellenwerke haben jetzt einen finalen Aussagewert, da in Schritt 4 *alle* Berechnungsschritte durchgeführt und alle Größen eingeflossen sind. Ebenso ist das aus den Tabellenwerten generierte Ranking der Produktionssysteme final. Aber nicht nur das finale Ranking ist jetzt ersichtlich, sondern auch der Schnittpunkt, ab welchem eines der Produktionssysteme in seiner kostenmäßigen Vorteilhaftigkeit von einem anderen System übertroffen wird. Die Schnittpunktanalyse legt dabei offen, an welcher Stelle der Dynamisierungsskala der Schnittpunkt zwischen zwei konkurrierenden Systemen liegt, beispielsweise bei welcher Losgröße, bei welchem Auftragstyp, bei welchem Beschäftigungsgrad.

Schritt 5

Aus dem nachfolgenden Schritt 5 folgen nun weitere betriebswirtschaftliche Kennwerte, insbesondere die Kapitalrendite und die Amortisationsdauer. Hierzu sind aus Schritt 4 die (kalkulatorischen) Herstellkosten *pro Jahr* zu ermitteln sowie in einer separaten Rechnung der (kalkulatorische) Gesamterlös *pro Jahr*. Für letzteres, den Markterlös, werden Marktpreise für die in Schritt 1 definierten dominanten Auftragstypen benötigt, Marktpreise, die entweder vom Kunden (der die Studie in Auftrag gibt) übermittelt werden, oder Preise, die neutral erhoben sind (zum Beispiel von Verbänden, Instituten oder Dienstleistern). Aus der Gegenüberstellung von Jahresgesamtherstellungskosten und Jahresgesamterlös ergibt sich idealerweise ein Jahresgesamtüberschuss. Dieser ist dem eingesetzten Kapital gegenüberzustellen, das sich wie folgt errechnet: Kapitaleinsatz am Beginn der Periode (Geschäftsjahr) abzüglich dem kalkulatorischen Restwert der Maschine am Ende der Periode (Geschäftsjahr). Bei der Kapitalrendite wird also der Gesamtüberschuss pro Jahr dem Kapitaleinsatz gegenübergestellt. Für die Errechnung der Amortisationsdauer wird dann anhand des Jahresüberschusses kalkuliert, wie viele Jahre es planerisch dauern wird, bis der Überschuss (kumuliert) die Anschaffungskosten einschließlich aller Nebenkosten abgetragen haben wird und ab wann der Betrieb folglich in die Gewinnzone eintritt.

Die Kapitalrendite und Amortisationsdauer sind entscheidende Kennzahlen für Geschäftsführer, kaufmännische Leiter, Controller und Banker, also jenem Personenkreis, der für die Finanzierung des Investitionsobjekts und seinen wirtschaftlichen Erfolg verantwortlich ist.

In der nachfolgenden Tabelle werden noch einmal die wesentlichen Schritte einer Wirtschaftlichkeitsstudie festgehalten.

Aufbau einer individualisierten Wirtschaftlichkeitsstudie

Schritt	Maßnahme
1	Die Produktstruktur des Kunden („Jobanalyse")
	Analyse der Auftragsstruktur des Kunden, Herausfiltern der typischen („dominanten") Endprodukte/Auftragsgruppen mit Eignung und Bestimmung für die Neumaschine
	Reduzierung auf eine Handvoll typischer („dominanter") Endprodukte/Auftragstypen
	Definition der ausgewählten dominanten Auftragstypen nach den Kriterien Physische Beschaffenheit und Ausgestaltung des Werkteils Physische Abmessung des Werkteils Losgröße für das Werkteil.
2	Die alternativen Produktionssysteme
	Analyse und Auswahl der Maschinenhersteller und alternativen Produktionssysteme (Maschinentypen), die sich für die unter (1) definierten dominanten Auftragstypen ideal eignen.
	Definition der alternativen Produktionssysteme nach den Kriterien - Maschinentyp (Hersteller/Marke, Typ, Variante) - Größe des Maschinenformats bzw. Maschinengröße - Maschinenkonfiguration (Anzahl und Art der Stationen, Module usw.) - Wesentliche Ausstattung zur Erzielung bestimmter Leistungswerte, u.a. für die Rüstzeiten und die Verarbeitungsgeschwindigkeit - Besonderheiten der Systemtechnik, Verfahrenstechnik.
	Erstellung eines Datenpools für die alternativen Produktionssysteme - Kaufpreis/Anschaffungskosten – Listenpreis – inklusive oder exklusive Transport, Verpackung, Versicherung, Inbetriebnahme, Abnahme, Personalschulung, Bauten, Versorgungstechnik, Umweltschutz - Maschinen- und Leistungsdaten - Anschlusswerte und Verbrauchswerte - Kosten für Wartung/Service, Ersatz- und Verschleißteile - Technische Verfügbarkeit, Ausschuss-/Gutwarenquote - Abweichende Personalbesetzung und andere systembedingte Besonderheiten.

3	Die Platzkostenrechnung für die ausgewählten Produktionssysteme aus (2)

Erfassung der Betriebsdaten des Kunden, u.a.

- Kapitalkosten, Abschreibungsperiode, Arbeitszeitmodell, Kapazitäten, Personalkosten, Energiekosten, Raumkosten, Zuschläge

Ermittlung Maschinenstundensatz

Darstellung Maschinenstundensatz versus kalkulatorischer Ausstoß.

4	Herstellkosten und Herstellzeiten für die Jobstruktur des Kunden aus (1)

Tabellarische Werke mit Einzelwerten gegliedert nach (u.a.)
- Maschinentypen
- Endprodukt/Auftragstyp
- Beschäftigungsgrad
- Losgrößen

Rankings: Leistungsbezogene Rangfolge der alternativen Produktionssysteme nach Herstellkosten und Herstellzeiten

Schnittpunktanalyse: Ab welchem Punkt in einer dynamisierten Wertereihe springt die betriebswirtschaftliche Vorteilhaftigkeit von einem auf den anderen Maschinentyp über?

5	Die Wirtschaftlichkeit

Ermittlung pro Maschinentyp

- Jahresgesamtherstellungskosten
- Jahresgesamterlös
- Jahresgesamtüberschuss
- Errechnung von Kapitalrendite und Amortisationsdauer

Die *individualisierte Wirtschaftlichkeitsrechnung* ist ein aufwändiges Projekt. Als fertiges Produkt erscheint es wie ein *Sales Tool* (siehe Kapitel 6.3), sie ist aber weit mehr als das. Sie dient nicht nur dem Verkäufer für die Sales Promotion gegenüber dem Kunden, sondern sie dient dem Käufer mindestens gleichermaßen zur Absicherung seines Investitionsvorhabens, und in anderen Fällen – wenn es nicht zum Kauf kommt – erhellt sie seinen Horizont bezüglich der Struktur seines Unternehmens. Sie kann als Einstieg in eine Unternehmensberatung betrachtet und genutzt werden. Individualisierte Wirtschaftlichkeitsrechnungen sind analytische Werke zur Standortbestimmung und Zielbeschreibung eines Unternehmens, die gleichermaßen mit anonymisierten Daten des Marktes, zum Beispiel Verbandsdaten, durchgeführt werden können oder mit konkreten Kundendaten zu dessen Bestandsmaschinen oder mit den Daten des Maschinenherstellers zum geplanten Neuprodukt. Mit der individualisierten Wirtschaftlichkeitsrechnung sind Analysen und Vergleiche in alle Richtungen möglich, auch über die hier aufgezeigten hinaus.

Aber so rechnerisch exakt eine *individualisierte* Wirtschaftlichkeitsrechnung auch ist, so logisch aufgebaut und so zwingend ihre betriebswirtschaftlichen Ableitungen auch sind, einen springenden Punkt gibt es, und er wurde bereits genannt: die *Zukunftskomponente*. Wie gesehen, basiert die individualisierte Wirtschaftlichkeitsrechnung auf einer Reihe von Prognosen zum Einsatz des Produktionsmittels, Prognosen, die weitgehend statisch, also unverändert über die gesamte Zeitachse der wirtschaftlichen Betrachtung zugrunde gelegt werden. Bei diesen Prognosen wird unterstellt, dass die in der Studie angenommene Jobstruktur so und in dieser Form über alle Jahre des Einsatzes bleibt, dass die Kostenstruktur so bleibt, die Kapazitätsauslastung so bleibt, die Erlössituation so bleibt und so weiter. Natürlich ist das in dem dynamischen Geschäftsumfeld von heute auf die ferneren Jahre hin gesehen weitgehend unrealistisch. Deshalb ist die Wirtschaftlichkeitsrechnung zwar einerseits das bestmögliche Instrument zur Absicherung einer Investition, andererseits wird es ohne eine gute intuitive Abschätzung des zukünftigen Geschäftsverlaufs nicht gehen. Mit anderen Worten, ein höher leistungsfähiges Neuprodukt muss nicht nur technologie-, kosten- und finanztechnisch betrachtet werden, sondern ebenso intensiv vertriebs- und markttechnisch. Hierzu hat Produktmarketing intelligente Vorschläge zu unterbreiten, um der Investitionsbereitschaft des Kunden Nahrung zu geben. Und dann sollte die Wirtschaftlichkeitsrechnung in verschiedenen Szenarien angelegt werden, Worst Case, Best Case, Realistic Case.

Die Erstellung von kundenspezifischen, individualisierten Wirtschaftlichkeitsrechnungen kann eine hohe Komplexität annehmen, je nach gewünschtem Modell der Studie und je nach Anzahl der gewünschten Vergleichsszenarien. Diese Arbeit ist Spezialisten vorbehalten und nicht oder nur bedingt durch Produktmarketing selbst zu leisten, ausgenommen Schritt 2 in der obigen Auflistung.

Im Gegensatz zu den individualisierten Studien kann jedoch festgehalten werden, dass die *standardisierten* Produktivitäts- und Wirtschaftlichkeitsrechnungen in der *ausschließlichen Verantwortung* von Produktmarketing liegen, indem es Modellausschnitte definiert, die typisch und repräsentativ für die betreffenden Zielsegmente sind, und diese nach den dargelegten Schemata in Kapitel 4.1 und 4.3 durchrechnet und visualisiert.

4.5 Die Qualität

Wir kommen zu einer Reihe von Nutzenvorteilen, die wir *sekundäre* Nutzenvorteile nennen wollen, weil sie eine dominante zweite Ebene haben und nicht immer die wichtige und ausschlaggebende erste. Diese erste Ebene ist die der Wirtschaftlichkeit. Die zweite Ebene ist eine rein faktische, die für sich selbst steht, losgelöst von Wirtschaftlichkeitsaspekten. Ziel ist es also, sekundäre Nutzenvorteile in primäre umzuwandeln. Das gilt für alle nachfolgenden Nutzenarten.

Wenden wir uns als erstes der Qualität zu. Qualität ist ein vielschichtiger Begriff, der in Zeiten von ISO 9001 eine Abstrahierung erfahren hat in dem Sinne, dass er inzwischen auf alle Unternehmensprozesse bezogen wird, die am Ende zu einem Produkt führen, das hohe und höchste Kundenzufriedenheit verspricht. Das ist ein sehr guter intellektueller Ansatz, aber hier wollen wir den Begriff Qualität in seinem ursprünglichen Sinne verwenden, nämlich die Erzeugnisqualität (Produktqualität). Dabei ist mindestens vierfach zu unterscheiden: optisch-sinnliche Qualität des Produkts versus funktionale Qualität – und Premium-Qualität versus massentaugliche Qualität (*good enough quality*). Man kann eine fünfte, sechste und siebte Kategorie anfügen: die (einmalige) Lieferqualität, die Wiederholqualität und die Langzeitqualität.

Es ist vorauszuschicken, dass das Denken in Qualität und das Streben nach hoher Qualität aus der alten Handwerkstradition heraus entstanden ist, in der diese Haltung eine Gesinnung, ein Ethos, war. Das Qualitätsstreben bestimmte den Alltag und stand (gefühlt) über dem Wirtschaftlichkeitsstreben. Diese Haltung herrscht teilweise auch heute noch vor, indem der einzelne Betrieb eine grundsätzlich hohe Qualität anstrebt (Betonung auf *grundsätzlich*), unabhängig davon, ob ein Potenzialkunde daran interessiert und bereit ist dafür zu bezahlen. Diese Haltung weicht aber zunehmend auf. Im Zuge der Industrialisierung der Branchen entsteht ein neues Qualitätsdenken, das funktional strukturiert ist. Der dahinter liegende Gedanke ist: Welches Qualitätsniveau ist gut *wofür*? Also: gut für welchen Zweck? Qualität gilt mehr und mehr als funktionsgebunden. In diesem Sinne ist Qualität gestuft zu definieren, und die Qualitätsstufen den Marktsegmenten zuzuordnen. Dadurch öffnet sich der Blick für Marktpotenziale. Anders ausgedrückt: Fokussiert sich der Käufer mit einer Maschineninvestition auf eine höhere Qualitätsstufe, wird es ihm vermutlich möglich sein, ein neues zusätzliches Marktsegment in Angriff zu nehmen und ein erweitertes Geschäftsvolumen zu generieren. Gleichzeitig öffnet sich der Blick für neue Erlöspotenziale, denn Qualitätsstufen differenzieren sich nicht nur nach technischen und nach Anwendungskriterien aus, sondern auch nach Marktpreisen: mehr Volumen also und bessere Preise. Das ist der Brückenschlag zwischen Qualität als verbal zu beschreibendem Faktum und seiner wirtschaftlichen Relevanz. Diese Diskussion ist mit dem Investor zu führen.

Produktmarketing identifiziert für den neuen zu vermarktenden Maschinentyp alle qualitätsbeeinflussenden Faktoren – inklusive der qualitätssichernden – und beschreibt sie hinsichtlich ihrer Wirkung. Dem liegt zugrunde, dass bekannt ist, welche Qualitätskriterien der Kunde anlegt, und zwar typischerweise im Zielsegment der Neumaschine. Premium-Qualität ist trennscharf von allgemeiner Massenqualität zu halten, zu verbalisieren, zu beschreiben, zu veranschaulichen und als Vermarktungschance darzustellen. Gleiches gilt für optisch wahrnehmbare Qualität und funktionale Qualität, wobei erstere eher universell ist und leicht zu beschreiben, letztere dagegen eher schwierig, da abhängig von Branche und Abnehmerfeld.

Dabei ist die Qualitätsbetrachtung im Sinne der Konstanz noch einmal zu differenzieren: Qualität „nur" im einzelnen produzierten Stück – oder Qualität über eine Losgröße hinweg – oder Qualität über Perioden hinweg – oder Qualität über die gesamte Lebensdauer der Maschine hinweg – oder Qualität über eine Maschinengeneration hinweg (wichtig für Kunden mit Maschinen desselben Herstellers, aber unterschiedlicher Baujahre). Der Fokus liegt dabei eben nicht nur auf Qualität im einzelnen Stück, eine triviale Anschauung, sondern auf Serienprodukten und Wiederholungsaufträgen, die zu unterschiedlichen Zeiten über den Lebenszyklus der Maschine und über den Maschinenpark des Produktionsbetriebs hinweg gefertigt werden. Hier ist Qualitätskonstanz gefordert. Die Qualitätsdiskussion mit dem potentiellen Kunden kann also sehr nuanciert geführt werden – und am Ende besteht die Kunst darin, die angedienten Sachargumente im Sinne von *mehr Geschäftsvolumen*, *besseren Preisen* und *weniger Reklamationen* zu quantifizieren. Hier zeigt sich erneut, wie wichtig die Aufgabe der Marktsegmentierung ist (Kapitel 2.2) und wie wichtig die Kenntnis ihrer Spezifika.

Eine gewisse Schwierigkeit mag darin liegen, dass Qualitätsunterschiede beim Kunden, also dem Maschinenkäufer, oder bei dessen Kunden, also den Endkunden, nur sehr schwer erkannt und daher preislich kaum honoriert werden. Hier hat Produktmarketing alle Register zu ziehen, Qualitätsunterschiede zu beschreiben und diese mit dem Hilfsmittel von Produktionsmustern – echten oder speziell erstellten – praktisch zu demonstrieren. Es ist absolut wichtig, diesen Nachweis zu erbringen, damit das Nutzenargument „Qualität" seine angestrebte Wirkung entfaltet und diese die Preiswürdigkeit der Neumaschine unterstreicht.

In einem vorhergehenden Kapitel (4.1) haben wir über das Thema Kapazität sinniert und darüber nachgedacht, wie willig oder unwillig ein potentieller Kunde die Mehrkapazität in Kauf nimmt, die er sich mit der Investition einer neuen Maschine mit höherer Produktivität „ins Haus holt". Das Thema Qualität mag hierfür eine Lösung sein, indem sich für den Kunden die Chance eröffnet, in ein neues höheres Marktsegment aufzusteigen und an einem vergrößerten Zielmarkt teilzunehmen, der noch dazu das Potenzial besserer Preise für das erzeugte Produkt besitzt. Eventuell sind dafür Ausstattungsergänzungen an der Neumaschine erforderlich, ein Anreiz für den Hersteller und Verkäufer, so dass aus dieser Situation im Ganzen eine Win-win-Situation mit dem Kunden werden kann.

In diesem Sinne wirkt Qualität nicht nur wie ein Baustein der Wirtschaftlichkeitsrechnung, sondern wie ein Geschäftsmodell. Das ist es auch. Da aber die Wirtschaftlichkeitsrechnung zur Erreichung ihres Ziels der Stückkostensenkung *zwingend* die Auslastung der Mehrkapazität braucht, die durch die höhere Produktivität der Neumaschine geschaffen wird, wirkt „Qualität" direkt auch auf die Wirtschaftlichkeit des Produktionsmittels und wird so zu einem *primären* Nutzenargument.

4.6 Anwendungen, Applikationen, Veredelungen

Ähnlich wie das Thema Qualität lässt sich der Komplex Anwendungen, Applikationen, Veredelungen betrachten. Auch er gehört in die Feindefinition der Zielsegmente des Herstellers hinein, insbesondere, welche Anwendungen, Applikationen und Veredelungsarten dort typisch sind und welche davon „inline" oder in einem vom Hauptprozess getrennten Verfahren ausgeführt werden („offline").

Zur Begrifflichkeit von Applikation: Häufig werden Applikation und Anwendung synonym verwendet, ebenso wie Anwendung und Verfahrenstechnik. Und dann gibt es noch die Veredelung. Zwischen diesen vier Begriffen gibt es in der Literatur und in der täglich praktizierten Fachsprache keine Trennschärfe.

Unter Verfahrenstechnik betrachten wir eine über die Einzelmaschine hinausgehende Kette von aufeinander aufbauenden Fertigungsschritten, die im Einzelfall manuell, handwerklich, halbautomatisch oder vollautomatisch ablaufen können, jedoch mit zwischenzeitlicher Umhebung des Werkstoffs oder der Werkteile von einer Maschine (Aggregat) in die nächstfolgende. Diese Auslegung trifft sehr stark auf Unternehmen zu, die nach dem Werkstattprinzip arbeiten. Im Zuge der Entwicklung des Maschinenbaus in die Sphären des komplexen, umschaltbaren Multi-Prozess-Anlagenbaus hinein spricht man aber auch dort von Verfahrenstechnik, wenn die Prozesse in einer integrierten Anlage stattfinden und alle Materialströme durch sie hindurchfließen (Fließprinzip).

Der Begriff Anwendung ist dagegen auf einer unteren, konkreteren Ebene zutreffend. Dabei stellen wir uns eine einfache oder auch komplexere Maschine vor mit einer Anzahl von Stationen, Aggregaten und Zubehören, von denen je nach Endprodukt, das gefertigt werden soll, eine bestimmte Anzahl von Aggregaten und bestimmte Typen aktiviert oder deaktiviert werden. Als eine Variante dazu ist auch vorstellbar, dass bestimmte Einsatzteile in der Maschine für eine bestimmte Anwendung im Rüstprozess ausgebaut und gegen andere Einsatzteile getauscht werden. Zusätzlich wird unter Anwendung der Bezug zu einem bestimmten Werkstoff oder Werkteil verstanden, was dem Begriff Anwendung eine größere Nähe zu einem bestimmten Endprodukt oder einer Produktgattung gibt. Verfahrenstechnik ist also der weiter gefasste Begriff, Anwendung der enger gefasste.

Unter Applikation und Veredlung werden Prozesse verstanden, die auf das Werkteil (inline oder offline) ein Medium fest auftragen oder anbringen und dort etwas Bleibendes hinterlassen, das im Auge des Betrachters oder für den Nutzer eine Besonderheit darstellt, etwas Auffallendes oder Ausgefallenes, etwas, das Aufmerksamkeit erzeugt oder eine Funktion hat. Das kann Glanz sein, Oberflächenstruktur, eine besondere Glätte, Mattheit oder Härte, ein Gold oder Silber, ein Oberflächen-, Korrosions- oder Reibschutz, ein besonderer Farbton, eventuell fluoreszierend, oder das Anbringen eines Teils, eines Aufklebers, eines Anhängers, eventuell ein Stück Folie, ein Hologramm, ein Störer, ein Muster. Applikation ist der weiter gefasste Begriff, Veredlung dagegen der enger gefasste, indem letzterer sich *nur* auf die Gruppe der ästhetisch-sinnlich wirksamen Applikationen bezieht und nicht auf die technisch-funktionalen.

Seit Jahrzehnten sehen wir, wie Endprodukt-Märkte sich verändern und wie sie sich dort ausdifferenzieren, wo sie früher homogen waren. Heute sehen wir zudem in weiten Teilen eine qualitätsbezogene Bipolarisierung in dem Sinne, dass es auf der einen Seite einen Massenmarkt gibt, der vordergründig „nur" standardmäßige Qualitäts- und Ausstattungsmerkmale verlangt, und auf der anderen Seite den Premium-Markt mit seinen hochveredelten Konsum- und Industrieprodukten. Maschinen- und Produktehersteller liebäugeln mit letzteren, weil diese ein Entrinnen aus preisdiktierten Märkten und eine Teilhabe an imageträchtigen Segmenten mit höherem Erlöspotenzial versprechen.

Viele dieser Applikationen und Veredelungen werden in Offline-Prozessen ausgeführt, also in Geräten, Maschinen und Arbeitsgängen *getrennt* vom Hauptprozess und von der Hauptmaschine. Sie erzeugen damit hohe Kosten. Ziel ist es dagegen, möglichst viele Wertschöpfungsstufen in einer einzigen Maschine oder Anlage zu vereinigen, um die Stückkosten und die Herstellzeiten zu senken: Inline-Prozesse. Die Vorteile von Inline-Prozessen liegen auf der Hand: nur eine Maschine, nur eine Bedienkraft (oder Team), nur einmal Rüsten, kein Umheben der Werkteile und anderes mehr. Die genannten Vorteile liegen auf der Hand, sie sind aber nicht zwingend. Entscheidend für die Wirtschaftlichkeit von Inline-Prozessen ist die Auslastungsquote der Zusatzaggregate, die in der Hauptmaschine zur Realisierung von Applikationen vorgehalten werden. Denn diese Zusatzaggregate produzieren auch bei Nichtbenutzung Abschreibungskosten, Raumkosten, Servicekosten, Energiekosten. Im Übrigen ist auch die Frage zu klären, inwieweit die Rüstzeiten und Maschinenlaufleistungen durch den Inline-Prozess beeinträchtigt werden und inwiefern diese Beeinträchtigung auch bei Nichtnutzung der Zusatzaggregate eintritt. Drittens ist zu klären, wie Qualitätsparameter in einem Inline-Prozess eventuell beeinträchtigt werden. Das Thema der gegenseitigen Beeinflussung von Leistungs- und Qualitätswerten in einer komplex konfigurierten Produktionsmaschine ist tiefgründig. Es benötigt eine hundertprozentige Durchdringung und einen gesteuerten Bewusstseins- und Abwägeprozess beim Kunden, den Produktmarketing zu moderieren in der Lage ist.

Wir kommen zurück auf die Kernfrage dieses Kapitels, die Nutzenargumentation. So lange sich der Hersteller darauf konzentriert, nur und ausschließlich die technologischen Aspekte seiner Applikationsmodule zu präsentieren, hält er sich „nur" im Bereich der *sekundären* Nutzenvorteile auf. Letztere sind wichtig, aber sie schöpfen das mit ihnen verbundene Überzeugungspotenzial nicht aus. Die vollständige Nutzung tritt erst dann ein, wenn der Brückenschlag gelingt zwischen den Applikationsmodulen und einem Geschäftsmodell, ähnlich wie wir es im vorherigen Absatz über die Qualität ausgesagt haben. Ziel muss es sein, dem Kunden einen Weg aufzuzeigen, wie er in neue, andere und höhere Marktsegmente aufsteigen kann, Segmente, die das Potenzial besserer Verkaufserlöse für besser ausgestattete

Endprodukte haben, wie sie durch die Applikationstechnik entstehen. Erst wenn dies gelungen ist, stellt sich die Frage nach einer Inline- oder Offline-Lösung. Sie ist nur dann zu beantworten, wenn ein Konzept und eine Zielvorstellung vorliegen, welchen Anteil die höherwertig ausgestatteten Endprodukte an der Gesamtproduktion haben werden. Es lohnt sich, diese interessante Fragestellung mit dem Kunden auszuloten.

4.7 Ergonomie und Arbeitssicherheit

Ein weiterer Faktor, Nutzen und Differentiator zum Wettbewerb ist die Ergonomie am Arbeitsplatz und die damit verbundenen Aspekte der Arbeitserleichterung und der Arbeitssicherheit. Die Ergonomie hatte in der Vergangenheit einen großen Einfluss auf die Produktivität am Arbeitsplatz, solange die maschinentechnischen Prozesse noch sehr handwerklich, später halbautomatisch waren. Die Laufwege zu den Stationen, das Raumangebot zwischen den Aggregaten, das Ausweichen bei hervorstehenden Elementen, die Erreichbarkeit bestimmter Schrauben und Muttern, die Gängigkeit von Handrädern, der Stellweg des Hebels, die Überwindung von Strammheiten und Trägheitsmomenten, die erzwungene ungünstige Körperhaltung – alle diese Faktoren kosteten Zeit, waren körperlich belastend und gefährlich und beeinflussten die Einsatzfreude und die Lust des Maschinenpersonals an zügiger Arbeit – ein Produktivitätsfaktor. Ein zweiter waren Ausfallzeiten des Personals wegen Krankheit und Arbeitsunfällen infolge der ergonomisch misslichen Umstände.

Heute finden viele Produktionsprozesse vollautomatisch und sogar vollgekapselt statt, und dadurch fallen viele der früheren ergonomischen Nachteile weg. Aber es kommen neue hinzu, insbesondere an der Schnittstelle zwischen Mensch und Maschine, am Maschinenleitstand. Hier operiert der Maschinenführer an großen Schalttafeln und Displays oder an Bildschirmständen, an denen er Voreinstellungen, Datenübernahmen aus Vorstufe und Büro, Einrichte- und Produktionsprozesse, Zu- und Abschaltung von Aggregaten und vieles mehr anwählt und kontrolliert. Häufig sind Maschinen mit Produktionsüberwachungssystemen ausgestattet, die das einzelne Produkt entweder einzelstückweise oder stichprobenweise prüfen, und zwar vollelektronisch im Regelungs-Loop oder halbautomatisch durch Bedienereingriff mittels Visualisierung am Bildschirm. Der Maschinenführer muss hier am Leitstand einen Prozess bewältigen, der in hoher Geschwindigkeit, mit hohen Anforderungen an die Qualität und in einem engen, standardisierten Zeitraster abläuft. Es versteht sich von selbst, dass diese Arbeit höchste Konzentration erfordert und diese Konzentration über sieben bis acht Stunden am Tag eine enorme mentale Kraftanstrengung bedeutet – mit entsprechenden Auswirkungen auf die Produktivität der Arbeit.

Hier ist feststellbar, dass Leitstand-Designs in Bezug auf Größe, Farbe, Beleuchtung, Logik, Arrangement der Bedienknöpfe und bezüglich der grafischen Oberfläche der Bildschirme stark differieren. Während es in der ersten Generation der digital gesteuerten und mit Leitstand ausgestatteten Maschinen und Anlagen ein Ehrgeiz vieler Hersteller war, die Technologie selbst zu entwickeln und sie in den Mittelpunkt der werblichen Darstellung zu rücken, gibt es heute gute Gründe, am Markt verfügbare, also extern entwickelte Steuer- und Regelsysteme zu integrieren, die eng an die Empfehlungen der anerkannten Arbeitswissenschaften angelehnt sind. Diese Systeme sorgen dafür, eine Bedien-Ergonomie im Betrieb nach dem neuesten Stand der Erkenntnisse zu implementieren, die Ausbildung an der Maschine zu vereinfachen, die Hemmungen vor Neuem zu nehmen und bei Mehrmaschinenbetrieb und gemischten Maschinenparks einen schnellen Personalwechsel ohne großes Risiko durchzuführen. Aus dem Gesagten ergibt sich eine Vielzahl von potentiellen Nutzenargumenten für Produktmarketing.

Diese Empfehlung wendet sich aber zunächst an die betroffenen Ingenieure und Konstrukteure im Bereich F+E, nicht an Produktmarketing. Forderungen der oben genannten Art gehören in das Pflichtenheft einer Neumaschinenentwicklung. Aber Produktmarketing ist dazu aufgerufen, die diesbezüglichen Anforderungen im Lastenheft und die später realisierte Steuerungstechnik im Neuprodukt genau nach den oben beschriebenen Kriterien zu prüfen – oder, falls nicht möglich, eine arbeitswissenschaftliche Expertise von dritter Seite einzuholen. Vor dem Hintergrund des herrschenden Facharbeitermangels in Deutschland und Europa wächst in den Betrieben Stück um Stück humanes Führungsverständnis zum Wohlbefinden und zur Unversehrtheit von Mitarbeitern. Es ist nicht zuletzt für Produktmarketing keine falsche Einstellung, auf der Suche nach triftigen Nutzenvorteilen die Gruppe der Menschen im Blick zu haben, die künftig jeden Tag der Arbeitswoche und jede Stunde eines langen Arbeitstages an dieser Maschine stehen und sich bemühen, unter dem Druck einer getakteten Fertigung das Maximale aus ihr herauszuholen.

Zum Thema Ergonomie gehören noch andere Bereiche als der Bedienkomfort und der Unfallschutz. Ein weiterer wichtiger ist der Gesundheitsschutz und die Minderung der Exposition gegenüber Emissionen, worunter Hitze, Kälte, Lärm, Geruch, Dämpfe, Dünste, Schadstoffe, Staub, Vibrationen, Schläge, Strahlung und anderes mehr verstanden werden. Sicher, der allgemeine Arbeitsschutz nimmt sowohl über die internationale als auch über die Landesgesetzgebung und seine Exekutivorgane einen großen Einfluss und setzt Grenzen, die für den Maschinenhersteller bindend sind, aber innerhalb dieses Rahmens gibt es Gestaltungsspielraum für technische Lösungen, angestrebte Ziele, Wettbewerbsvorsprung und Nutzenargumente. Dieser ist konstruktiv zu nutzen und von Produktmarketing kommunikativ aufzubereiten.

4.8 Ökologie und Umwelt

Für Ökologie und Umwelt gilt analog, was schon für Ergonomie und Arbeitssicherheit gesagt wurde: Es gibt Gesetze und Verordnungen, die dem Maschinenbau einen Rahmen vorgeben und über deren Einhaltung Institutionen wachen. Was auch immer bei der Neuentwicklung einer Maschine oder Anlage entwickelt wurde, um die einschlägigen Gesetze und Verordnungen zu befolgen, dient zunächst nicht wirklich als Nutzenargument in der Außenvermarktung, sondern schlicht der Erfüllung staatlicher Vorgaben, ohne die der Maschinenhandel nicht möglich wäre. Mehr als ein Hygienefaktor für den Vertriebsprozess ist dies nicht, so lange nur die gesetzlichen und behördlichen Vorschriften erfüllt werden. Erst wenn sie in einem bedeutenden Maße übererfüllt werden, beginnt der Effekt der vermarktungsfähigen Vorteilhaftigkeit.

Wir stehen vermutlich vor einer politischen Zeitenwende, deren Wendepunkt der Klimaschutz beziehungsweise das erstarkende politische Bewusstsein für ihn ist. In Deutschland, dem Land des Maschinen- und Anlagenbaus, brechen sich grüne Politik und grünes Bewusstsein Bahn, generell gesprochen (nicht zwingend parteipolitisch). Diese Politik fordert massive gesetzgeberische Initiativen zur Verringerung der atmosphärischen Belastungen. Auch wenn diese Forderung in erster Linie an die Energiewirtschaft und an die Fahrzeugindustrie gerichtet ist und in zweiter an die Hersteller von Haus- und Wärmetechnik, so stellen die betrieblich-industriellen Produktionsprozesse einen dritten Ring von umweltbelastenden Emittenten dar, so dass der Zeitpunkt nicht mehr weit entfernt scheint, an dem diese politische Forderung in eine neue Generation von Gesetzen und behördlichen Vorschriften mündet, die dann einen starken Einfluss auf die Neuentwicklung von Maschinen und Anlagen haben werden. Vor diesem verschärften Szenario bleibt aber das oben Gesagte weiter gültig: Erst wenn die behördlichen Auflagen von einem Hersteller in einem bedeutenden Maße übererfüllt werden, beginnt der Effekt der Vorteilhaftigkeit in der Produktkommunikation. Dieser Punkt, die Übererfüllung behördlicher Auflagen, mag für den Maschinenhandel in Deutschland erst einmal in weite Ferne zu rücken, da sie im internationalen Vergleich eine hohe Hürde darstellen, aber für den Vertrieb in die Exportmärkte eröffnen sich den deutschen Maschinenbauern, getrieben durch eine scharfe inländische Gesetzgebung, große Chancen auf den Einsatz und die Wirksamkeit starker ökologiebezogener Nutzenargumente.

Schon heute – in der Periode *vor* der Zeitenwende – kann Produktmarketing an dieser Stelle Nutzen stiften, nämlich dann, wenn es darum geht, dem Kunden bei der Inanspruchnahme von Fördermitteln zu helfen, die der Staat für umweltfreundliches Industrieverhalten auslobt. Noch steht dahinter die staatliche Maxime, anstatt mit Verboten das Verbraucherverhalten mit Anreizsystemen zu lenken. Zu diesen Anreizsystemen gehören finanzielle Förderprogramme, die in Deutschland meist von der Bankengruppe *KfW (Kreditanstalt für Wiederaufbau)* verwaltet werden. Damit der Kunde einen entsprechenden Antrag bei der KfW stellen kann, sind technische Aussagen zur geplanten Investition zu machen. Hier bietet Produktmarketing proaktiv Hilfe an, indem es die geforderten Fakten bereithält und diese dem Kunden auf Anfrage zuleitet.

Umweltschutz, Klimaschutz, Gesundheitsschutz sind große Gegenwarts- und Zukunftsthemen. Gleichzeitig sind sie hochrelevante Gesellschaftsthemen. Nur Unternehmen, die im Ganzen die Unterstützung von Politik und Gesellschaft bekommen, werden zukünftig erfolgreich am Markt agieren können. Je mehr diese Themen im politisch-gesellschaftlichen Diskurs Fahrt aufnehmen und je mehr öko-technische Lösungen die Hersteller dem Nutzerkreis ihrer Anlagen anzubieten in der Lage sind, umso mehr bietet sich Produktmarketing ein breites und wachsendes Feld zur Entwicklung kraftvoller, überzeugender Nutzenargumente.

5 Von den Grundlagen zu den Kommunikationsprodukten

Zusammenfassung: Während die Grundlagen aus Kapitel 2 und die Nutzenargumente aus Kapitel 4 zunächst interne Dokumente, also Zwischenprodukte, darstellen, geht es jetzt in den Kapiteln 5 und 6 konkret um die Kampagne im Zusammenhang mit der Markteinführung des Neuprodukts. Diese ist in Kapitel 3 in Form der Agenda vorkonzipiert. In diesem Abschnitt wird der Fokus zunächst auf das Hauptkommunikationsmittel, die Verkaufsinformation *(Sales Information Letter)*, gelegt, welche zusammen mit der Preisliste die Hauptverbindung zwischen dem Stammhaus mit seinen Linienfunktionen und der Außenorganisation in den Absatzmärkten darstellt. Die Verkaufsinformation ist die „Mutter" aller weiteren nachfolgenden und flankierenden Kommunikationsmittel.

5.1 Kommunikationsblöcke strukturieren

Produktmarketing ist vom Wesen her eine Projektaufgabe. Auch wenn wir dies explizit für die Wettbewerbsanalyse und die Marktsegmentierung ausgeschlossen haben (hier empfiehlt sich eine regelmäßige, mindestens einmal jährliche Überprüfung des vorhandenen Datenpools), so stehen doch die vielen anderen Aufgaben von Produktmarketing immer im Zusammenhang mit dem Projekt einer Markteinführung (Produkt-Launch), gegebenenfalls auch mit einem *Relaunch* (siehe später in Kapitel 7). Projektarbeit also.

Legen wir jetzt für den weiteren Gang dieses Buches zugrunde, dass ein solches Projekt immanent ansteht: Ein neuer Maschinentyp soll in den Markt eingeführt werden. Das ist die aktuelle Aufgabe. Hierfür sind bestimmte Grundlagen erbracht (siehe Kapitel 2), darunter die Funktions- und Merkmalsbeschreibung des neuen Maschinentyps (aus F+E), die Zielsegmentbeschreibung, die Produktpositionierung gegen den Wettbewerb, die Feldtesterprobung und die Agenda. Letztere übernimmt Auszüge und Schwerpunktaussagen aus den anderen Grundlagen und fügt – nach eingehender Abstimmung mit den relevanten Abteilungen – vertriebs- und marketingstrategische Konzeptüberlegungen hinzu, eventuell auch servicetechnische. Und es liegt ein weiteres Ergebnis vor: die Nutzenargumentation. Alle aus der Funktionsbeschreibung ersichtlichen Besonderheiten, Alleinstellungs- und Avantgardemerkmale wurden herausgefiltert, gegen den Wettbewerb gestellt und gewichtet, auf Relevanz für das Zielsegment geprüft und schließlich in eine schlüssige Nutzenargumentation eingebaut, verbal-qualitativ und rechnerisch im Form einer standar-

https://doi.org/10.1515/9783110671285-005

disierten Wirtschaftlichkeitsrechnung. Das sind die Grundlagen. Sie müssen vollständig und in sich tief und stimmig ausgearbeitet und abgestimmt sein, bevor es an die nächste Aufgabenstellung geht, die Erstellung der Kommunikationsprodukte.

In der Prioritätenliste der Kommunikationsprodukte an vorderster Stelle steht ein Brief für die Mitarbeiter an der Verkaufsfront. Nennen wir diesen Brief einfach „Verkaufsinformation". Der Brief hat nur einen geringen formalen Anspruch, er lebt von seinem Inhalt, seiner Aktualität und seiner Steuerungsfunktion im Vertrieb. Ziel ist die Erstellung eines Grundtextes, der das neue Produkt, also den neuen Maschinentyp, charakterisiert, definiert und abgrenzt, und dies maschinen-, verfahrens- und steuerungstechnisch. In einem zweiten Ring geht es um mögliche Anwendungen, um typische Endprodukte und Endkunden, und dort eingebettet um technische Lösungen, die das Neuprodukt, die Maschine, genau dafür mitbringt. In einem dritten Ring werden bestimmte Merkmale des Neuprodukts herausgearbeitet, die sich aus der Wettbewerbsanalyse ergeben, Überlegenheitsmerkmale, die das Produkt auszeichnen. Und im vierten Ring, dem anspruchsvollsten, geht es um die Benennung von Leistungswerten und Leistungsniveaus, um Belege und Begründungen dafür und um die Darstellung des Investorennutzens.

Ein Aufbau in vier Ringen also. Ein solcher Textentwurf gelingt nicht aus dem Stand und ist nicht sogleich erledigt und verfügbar, denn es gibt Implikationen und Risiken, die mit Falschdarstellung verbunden sind, und diese müssen unter allen Umständen vermieden werden, daher sind viele Abstimmschritte und Rückversicherungen nötig, um eine gute Marktkommunikation zu gewährleisten.

Über die weiteren Kapitel und nachfolgenden Seiten wird erkennbar werden, dass textlich-kommunikativ bei einer Markteinführung drei Wege beschritten werden. Erstens, es braucht einen Grundtext für die Neumaschine, wie oben dargestellt. Zweitens werden davon Abstracts benötigt, also Kurzformen. Drittens gibt es auch den Bedarf für Langformen. Also: Grundform, Kurzform, Langform. Es wird deutlich werden, wie nun, da Produktmarketing in seine entscheidende Phase tritt, technische, betriebswirtschaftliche und sprachliche Kompetenzen gefordert sind, den Anforderungen einer intelligenten und erfolgreichen Vermarktungsarbeit zu genügen.

5.2 Die Verkaufsinformation

Die textliche Grundform – also ein Text mittlerer Länge mit hohem Informationsgehalt – stellt die Verkaufsinformation dar *(Sales Information Letter)*.

Die Verkaufsinformation ist *der* Informationsbrief für die Mitarbeiter an der Schnittstelle zum Markt – also für die Geschäftsleitung sowie für die Vertriebs-, Service- und Marketingabteilungen im Stammwerk und in der internationalen Marktorganisation. Er dient zu ihrer umfassenden Ausstattung mit relevanter Information über das Neuprodukt. Er ist kompakt und sachlich-verbindlich geschrieben und verwendet keine Werbesprache. Auch die Aufmachung ist nicht werblich, sie verzichtet auf Schmuckwerk und beschränkt sich auf Bild-, Strich- und Funktionszeichnungen. Warum der Verzicht auf Zierwerk? Weil es bei diesem Informationsbrief um schnelle, unkomplizierte Aufnahme im Verteilerkreis geht und um Klarheit der Aussage. Da hilft Sachlichkeit.

Die Verkaufsinformation ist nicht nur als Sofortlektüre für den genannten Zielkreis angelegt, sondern sie dient auch als Nachschlage- und Referenzwerk für spätere Bedarfsfälle. Daher ist sie in ein IT-technisch organisiertes Ablagesystem mit Referenznummerierung und Schlagwortregister zu integrieren und der exklusive Zugang zu regeln (*Intranet*, siehe Kapitel 6).

Die Verkaufsinformation ist mit der Preisliste zusammen das Hauptkommunikationsmittel zwischen Stammhaus (Technik/Vertrieb) und der Marktorganisation. Sie dient dem Wissensaufbau für die Kundenberatung, für die Kundenpräsentation, die Kundenevents und für die Verkäuferseminare.

Nachfolgend befassen wir uns mit dem Aufbau der Verkaufsinformation, mit den einzelnen Kapiteln, ihren wesentlichen Informationspunkten und einigen Hinweisen und Besonderheiten.

Der Informationsbrief beginnt mit einer Einführung, wir nennen sie „Thema". Sie dient zur ersten Orientierung des Lesers – gemeint ist der Kontext, die Einbettung und die Wirkrichtung des Neuprodukts, zum Beispiel die Verbesserung der Qualität oder der Produktivität oder des Komforts – oder eine neue Anwendung – oder die Schließung einer bisherigen Lücke. Hier ist als erstes das Zielsegment zu nennen und auch, ob es sich im Wettbewerbsfeld um ein Erstprodukt oder ein Folgeprodukt handelt. Orientierung kann auch geben, wenn man sich auf das Vorgängerprodukt bezieht, dieses kurz skizziert und dessen frühere Erfolge heraushebt. Hauptsache: kurz und knapp!

Im zweiten Kapitel „Lösung" wird das Neuprodukt benannt (vollständiger Produktname) und hinsichtlich seiner Produktstruktur und seiner logischen Einreihung beschrieben, also: Kernprodukt, Variante, Serien- und Sonderausstattung (gegebenenfalls Auszüge). Hier finden sich weitere Informationen, darunter die Bestellnummer, der Verkaufsstart, die Lieferzeit sowie der Hinweis, ob es als Serienprodukt oder als projektorganisiertes Einzelprodukt gehandhabt wird. Ebenso sind eventuelle Ausschlüsse von Optionen zu nennen oder Leistungseinschränkungen im Vergleich zum Hauptprodukt, falls vorhanden. Hat das Stammwerk Empfehlungen zur Konfiguration mit Optionen, die sich günstig auf Leistung oder Komfort auswirken, so sind diese aufzuführen, ebenso ihre spätere Nachrüstmöglichkeit, wenn gegeben. Ob Preise genannt werden, ist abhängig von der Preispolitik des Unternehmens: Wenn es regional, periodisch oder aktionsbasiert stark differenziert agiert, erscheint es sinnvoll, die Preislage des Produkts nur anzudeuten, zum Beispiel als Prozentwert gegenüber dem Vorgänger- oder Wettbewerbsprodukt, und ansonsten auf die gültigen Preislisten zu verweisen.

Im dritten Kapitel „Technik" wird das Neuprodukt bezüglich seiner Merkmale und Funktionalität beschrieben, am besten entlang dem Materialstrom durch die Maschine oder in der Reihenfolge eines typischen Bearbeitungsprozesses. Soweit erforderlich oder förderlich, können in diesem Kapitel Schnittbilder und Diagramme zur Veranschaulichung eingesetzt werden. Auch hier gilt: maßvoll. In diesem Kapitel ist darauf zu achten, dass sich die Verkaufsinformation primär an Mitarbeiter des Vertriebs/Verkaufs wendet, die häufig *keine* Konstrukteure sind und auch nur selten Ingenieure. Es ist also auf eine sparsame Technikbetonung zu achten, die nur so weit gehen soll, eine Verständnisgrundlage für die Besonderheiten und Neuheiten zu geben. Wenn möglich und sinnvoll, sind Konstruktionsprinzipien zu benennen, die im Programm des Herstellers bereits durchgängig vertreten sind und einen Nutzenvorteil haben. Das schafft Vertrauen. Überhaupt erleichtert man dem Vertrieb die Memorierbarkeit der Verkaufsinformation, indem man Identisches und Ähnlichkeiten zu existierenden Lösungen als identisch und ähnlich darstellt.

Das vierte Kapitel „Nutzen" führt ganz in die Kompetenztiefe von Produktmarketing. Es wird nach dem Anwendungsspektrum und dem Anwendernutzen des Neuprodukts gefragt (siehe Kapitel 4). Gegebenenfalls liegt eine *Nutzenhierarchie* vor, also ein Hauptnutzen und davon abgeleitete Nebennutzen. Hier ist der Einstieg über das Zielsegment zu finden, in dem typische Endprodukte und Applikationen genannt sind, um dann den Nutzenvorteil aus den technischen Lösungen heraus zu entwickeln. Die Nutzenarten sind nicht beliebig, sondern konzentrieren sich auf die folgenden: Produktivität, Einsparungen, Wirtschaftlichkeit, Qualität, Anwendungen und Applikationen, Ergonomie, Umwelt (siehe Kapitel 4). Besonders verkaufswirksam ist es, wenn Einzelargumente zu einem Argumentationsblock gruppiert werden und dieser Block dann in nur eine der Nutzenkategorien fällt, zum Beispiel in „Qualität" oder in „Produktivität". Aber auch der gegenteilige Aspekt zum Nutzen – etwaige Einschränkungen – sind hier aufzunehmen, wenn zum Beispiel ein Aggregat (Option) eigene Rüstzeiten beansprucht, die nicht parallel zum Hauptrüstgang stattfinden, sondern sich aufaddieren.

Die Verkaufsinformation wäre unvollständig ohne den Vergleich mit den Wettbewerbsprodukten, das fünfte Kapitel. Sofern das Neuprodukt über ein Alleinstellungsmerkmal verfügt, eine seltene und glückliche Fügung, sollte dieser Umstand gleich vorne beim Kapitel „Thema" zum Ausdruck kommen. Umgekehrt gilt, dass bei einem späten Folge- oder Me-too-Produkt dieses eher beiläufig erwähnt wird. Die Vermarktung eines solchen Folge- oder Me-too-Produkts darf aber nicht als Büßerprodukt missverstanden werden, das keiner Beachtung und keines kommunikativen Aufwandes würdig ist, im Gegenteil: Es verdient eine ebenso ernste und professionelle Behandlung wie das Neuprodukt mit Alleinstellungsmerkmal. Und wenn es nicht anders geht, müssen C-Attribute des Produkts aggregiert und verbalbildlich zu B- oder A-Attributen hochstilisiert werden. Oder man findet Merkmale und verbundene Vorteilsargumente, die zwar für das Zielsegment nicht zentral relevant sind, aber das Produkt anderweitig schmücken. Es ist die legitime Aufgabe – ja die Pflicht –, die Produktmarketing auferlegt ist, mögliche Produktdefizite durch Fokusverlagerung abzumildern.

Die Verkaufsinformation, der Informationsbrief, kann je nach Situation mit weiteren wertvollen Hinweisen ergänzt werden, zum Beispiel wenn es Besonderheiten zur Verkaufsabwicklung oder zum Service gibt, wenn bereits Referenzinstallationen und -kunden ausgewählt wurden, ebenso wenn es Demo-Exponate gibt und baldige Messen für die Erstpräsentation anstehen und vieles mehr.

Sofern Wirtschaftlichkeitsrechnungen schon vorliegen, sind sie natürlich für die Verkaufsinformation höchst willkommen. Auch hier gilt aber der Grundsatz der Beschränkung auf das Notwendige, insbesondere auf den *einen* repräsentativen Standardfall, alles andere ist ausufernd und wird mit anderen Medien vermittelt. Da die Wirtschaftlichkeitsrechnungen auf Leistungswerten basieren, die vielleicht erst noch großflächig und im Langzeitbetrieb ermittelt werden, kann dieser Stoff in einer späteren Verkaufsinformation nachgeschoben werden. Es ist in diesem und in anderem Zusammenhang sprachlich darauf zu achten, dass auf Feldern, die noch unter Beobachtung stehen, der sprachliche Ausdruck nicht absolut gewählt, sondern mit dem Hinweis auf eine gegebene Wahrscheinlichkeit relativiert wird. Eine Absolutsetzung kann dann immer noch später erfolgen.

Im letzten Kapitel werden Hinweise gegeben, auf welche Weise das Stammwerk die Markteinführung unterstützt, mit welchen Kommunikationsprodukten (Medien), mit welchen Veranstaltungen (Events), mit welchem personellen Einsatz und mehr.

Die Verkaufsinformation, wie oben dargestellt, ist die Grundform eines Textes zur Beschreibung des Neuprodukts. Es ist auf sprachliche Klarheit und Knappheit im Ausdruck zu achten, damit keine endlos langen Dokumente entstehen, da diese die Lese- und Aufnahmewilligkeit des Zielkreises herabsetzen und ebenso die Memorierbarkeit der Inhalte.

Gliederung einer Verkaufsinformation (Sales Information Letter)

Kap	Schwerpunkt
1	Thema
	Kontext, Zielsegment, Besonderheit, Erstfall, Alleinstellung
2	Lösung
	Produktcluster, kaufmännische Aufbereitung mit Bestellnummer, Lieferzeit usw.
3	Technik
	Technische Merkmale (Auszug, Konzentration auf Wesentliches)
4	Nutzen
	Nutzenvorteile wirtschaftlicher und/oder funktionaler Art (Auszug)
5	Wettbewerb
	Deltabeschreibung, Heraushebung der eigenen Vorteile
6	Besonderheiten, Aktuelles
	Erstpräsentation, Messe, Exponat, Support vom Stammwerk...

Neben der Grundform gibt es aber auch die Kurzform und die Langform. Die Kurzform der Neuproduktbeschreibung wird in allen Großverzeichnissen, in vertriebs- und servicetypischen Dokumenten und auf der Homepage benötigt. Vertriebstypische Verzeichnisse und Dokumente sind die Preisliste, der Angebotstext, der Auftragsbestätigungstext, der Lieferschein- und der Rechnungstext. Diese Dokumente, die in der Praxis vom Vertrieb selbst verwaltet und in IT-Datenbanken aufbereitet werden, bedienen sich der Kurzdarstellung des Neuprodukts, um diese Dokumente kompakt zu halten und sie nicht durch zu starke Detaillierung verwaltungstechnisch umständlich und juristisch angreifbar zu machen. Dasselbe trifft auf den Service zu. Dieser ist betroffen, wenn es darum geht, für Neu- und Stammprodukte Dienstleistungen wie Transport, Montage, Inbetriebnahme, Wartungen, Ersatzteile und anderes mehr anzubieten.

Auch im Corporate Marketing gibt es Fälle und Einsatzgebiete, in denen die Kurzform Anwendung findet, zum Beispiel auf der Website oder im Rahmen von Ankündigungen und Einladungen für Messen, Openhouses und Events anderer Art. Ebenso kann es sinnvoll sein, einen Produktsteckbrief zu erstellen, der als Flyer den Briefsendungen beigelegt wird oder in einem Ständer neben einer Demomaschine zum Mitnehmen vorgehalten wird. Der Produktsteckbrief ist die kurzgefasste und kompakt gehaltene Beschreibung eines Industrieprodukts und ein kostengünstiges *Giveaway* (Streuprodukt). Kurz und kompakt bedeutet selektiv, stichpunktartig, ohne verbale Ausschmückung, mit kurzen Satzstrukturen und gegebenenfalls mit nur einem Bild oder einem Diagramm. Sinnvolle Kategorien sind eine auf wenige Punkte beschränkte Produktskizze, die Benennung der Leistungs- und Komfortklasse, drei bis vier herausragende technische Merkmale, die damit verbundenen Kundennutzen, die wichtigsten Applikationen (Anwendungen).

Die Kurzform muss also sein, aber sie entsteht nicht durch oberflächliches Streichen überflüssig erscheinender Textpassagen im Grundtext. Es müssen beim Einkürzen des Grundtextes mit einem hochentwickelten Gespür für den Kunden relevante Aussagen getroffen werden, die der Grundtext mit seinen maschinentechnischen, anwendungsbezogenen, wettbewerbs- und nutzenorientierten Darstellungen vorformuliert hat – aber nun in stark kondensierter sprachlicher Form. Dabei muss auf die vollständige inhaltliche Klarheit des Kondensats geachtet werden, die umso gefährdeter ist, je kompakter die Aussageform gehalten wird. Und ebenso ist der Text, so kurz wie er gestaltet ist, juristisch brisant: Er stellt ein Leistungsversprechen dar.

Aufbau eines Produktsteckbriefs (Kurzform)

Produktname	
Produktbild	(Vollbild oder gegebenenfalls Bildgruppe oder -montage)
Formatklasse (Größenklasse)	
Leistungsklasse	

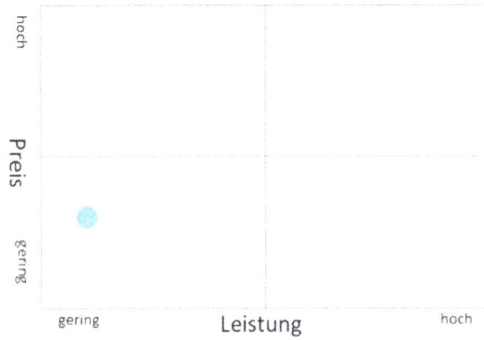

Einsatzbereich	(Marktsegmente)
Produktbeschreibung	(Merkmale)
TOP 3-Features	
TOP 3-Kundennutzen	
Stärken-/Schwächenprofil	(nur bei interner Verwendung)

6 Der Produkt-Launch

Zusammenfassung: In den nachfolgenden Ausführungen geht es um die detaillierte Ausarbeitung und Ausformulierung aller produktbezogenen Kommunikationsprodukte der Kampagne (Produkt-Launch), um ihre Entstehung und Abstimmung mit anderen Abteilungen des Unternehmens, um ihre Grundsätze und Erfolgsfaktoren und um das Management der Kampagne im Sinne der inhaltlichen und zeitlichen Zielerfüllung. Dabei wird ersichtlich, dass Produktmarketing eine Zulieferfunktion für den Vertrieb und das Corporate Marketing innehat, es aber auch eine eigene Rolle in der praktischen Umsetzung der Kampagne spielt. Grundsätzlich umfasst die Kampagne einfache Informationsmittel im Desktop-Publishing-Verfahren, Print-Produkte, elektronische Medien, „reale" Objekte (tangibles) und Live-Acts.

6.1 Übersicht der Kommunikationsmittel für den Produkt-Launch

Mit der Verkaufsinformation (*Sales Information Letter*) haben wir den Product Launch eröffnet, ein Projekt, das nun weiter aufgefächert wird. Wir greifen zurück auf unsere Agenda in Kapitel 3. Sie ist unser Programmheft für die Realisierung vieler verschiedener Kommunikationsaufgaben, die nachfolgend in alphabetischer Reihenfolge und ohne weitere Gruppierung oder Zuordnung aufgelistet sind:

- Application Sheet
- Branding/Nomenklatur
- Computeranimation, Bewegtanimation
- Demo-Exponat
- Direct Mailing
- E-Medien (elektronische Medien)
- Fachartikel
- Firmenorgan (Hauszeitschrift, Kundenzeitschrift)
- Intranet
- Live-Acts/Live-Präsentationen/Kundenpräsentationen
- Maschinenkonfigurator
- Maschinenpreisliste
- Maschinentext für Angebotsschreibung und Auftragsbestätigung
- Messe und Ausstellung
- Newsletter für die Marktorganisation (Erfolgsgeschichten)
- Openhouse, Technologieforum (Hausmesse)
- Powerpoint-Präsentation

https://doi.org/10.1515/9783110671285-006

- Presseinformation
- Pressekonferenz
- Produktanzeige
- Produktbilder
- Produktbroschüre und -flyer
- Produktfreigabe
- Produktgrafik 2D, 3D
- Produktmuster
- Produktpositionierung gegen Wettbewerb
- Produktpräsentation
- Produktseminar
- Produkttechnische Kundenberatung
- Produktvideo und Teaser
- Referenzkundenliste
- Rüstzeitenmodell
- Sales Booklet
- Scribble
- Seminar-Einrichtung/Akademie
- Sprachregelung
- Storyboard
- Technikerheft
- Verkaufsinformation (Sales Information Letter)
- Vertriebsseminar
- Website/Firmenportal
- Wettbewerbsanalyse
- Wirtschaftlichkeitsrechnung

Die vorstehende Liste ist ein theoretisches Maximum, aber sie ist weder für den Augenblick noch für die Zukunft fest und vollständig. Die Kommunikationsbedarfe von Vertrieb, Service, Marktorganisation und Corporate Marketing wechseln über die Jahre, und die Kommunikationsindustrie bietet stets Neues an, das sich auszuprobieren lohnt. Und auch von Produktmarketing gibt es immer wieder neue Ansätze, wie wir noch später am Beispiel von VAP *(Value Added Production)* sehen werden.

Mit der Agenda und den oben genannten Vorprodukten im Rücken (Kapitel 2 bis 5) ist Produktmarketing nun bereit zur Erstellung hochwertiger Kommunikationsbeiträge und zur Einsteuerung dieser Beiträge in eine Kampagne. Diese Kampagne nennen wir Produkt-Launch (Produkt- oder Markteinführung), und auf diesen bewegen wir uns jetzt in Kapitel 6 zu. Der Produkt-Launch ist die Startphase der operativen Vermarktung eines Neuprodukts, bei dem es um viele verschiedene Kommunikationsprodukte geht, die von diversen Abteilungen des Unternehmens für unterschiedliche Zielgruppen zu unterschiedlichen Zeitpunkten und je nach Phase im Kundenprojekt eingesetzt werden. Die Kriterien für einen guten Produkt-Launch sind diese: vollständige Erfüllung der Agenda, Exzellenz in der Ausführung der Kommunikationsprodukte und -aktionen im Sinne einer sprachlich-inhaltlich überzeugenden, wahrheitsgetreuen, wettbewerbs- und zielsegmentorientierten und positiv formulierten Produktdarstellung – und das stimmige Timing. Der Produkt-Launch ist ein zeitlich befristetes Projekt, bei dem alle Räder, die inhaltlichen und die zeitlich bestimmten, eng ineinandergreifen. Der Produkterfolg hängt eng mit der Perfektion zusammen, mit welcher der Produkt-Launch abläuft. Bei Misslingen wird es in der Regel keine zweite (gleichwertige) Chance geben.

6.2 Die Produktfreigabe

Ausgangspunkt für den Produkt-Launch ist die *Produktfreigabe* des Unternehmens. Es ist zu unterscheiden zwischen der Produktionsfreigabe für den Prototyp, die Erstserie, den Demobetrieb, den Vertrieb und die Serienfertigung. Das mit Unterschriften besiegelte Dokument dient nun als Grundlage für weitreichende Planungen, die eng aufeinander abgestimmt sind, damit der Produkt-Launch ein gesamtunternehmerischer Erfolg wird. An ihm wirken die Bereiche Konstruktion/F+E, Einkauf, Produktion/Montage, Vertrieb und Service sowie Produkt- und Corporate Marketing mit. Da jede dieser Funktionen Eigeninteressen hat und insofern „Partei" ist, lohnt es sich, eine eher neutrale Partei den Prozess der Freigabe leiten zu lassen. Dies können je nach Vorhandensein das Produktmanagement oder das Produktmarketing sein.

Die Verkaufsfreigabe ist ein Hoheitsdokument des Unternehmens, und die damit verbundenen Pflichten sind nach allen Seiten bindend.

6.3 Bild und Grafik

Es versteht sich von selbst, dass heute in der gesamten – und nicht nur in der marketingbasierten – Unternehmenskommunikation der Einsatz von professionellem Bildmaterial ein Muss ist. Von diesem Absolutheitsanspruch kann nicht abgewichen werden. Wir leben in einer Mediengesellschaft, und Menschen, egal ob privat oder dienstlich, sind optisch-visuell an gutes Design und gute Bildsprache gewöhnt. Jede Unterschreitung des geltenden Standards führt unweigerlich zur Minderbeurteilung oder sogar zur völligen Missachtung des dargestellten Inhalts. Hier darf also nicht gespart werden.

Bilder vermitteln Inhalte, und sie schaffen Atmosphäre. Letzteres ist Aufgabe von Corporate Marketing, nämlich der zielgerichtete Einsatz von Bild und Grafik zur Erzeugung von Stimmung und Klima zur Unterstützung der Botschaften, die das Unternehmen in Verbindung mit seinen Firmenwerten nach innen und außen senden will. Die Generierung von Bild und Grafik zum Transport von Produktinformation ist dagegen die Aufgabe von Produktmarketing. Dabei geht es nicht wirklich um die Durchführung von Fotografie, sondern um deren Vorgabe, um das Lastenheft für das Shooting und für den künstlerischen Entwurf. Das Bild-Lastenheft beschreibt das gewünschte Umfeld eines Produkts (Setting), das Produkt im Sinne seiner modularen Zusammensetzung (zum Beispiel Maschinentyp und -konfiguration) und den gewünschten Bildausschnitt (Totale, Front- oder Aufsicht, Detailausschnitt). Das Bild-Lastenheft gibt Auskunft, ob das Shooting mit oder ohne Personal stattfindet, wie das Verrichten einer bestimmten Aufgabe zu inszenieren ist (zum Beispiel das Rüsten, das Waschen oder der Formwechsel), was genau an oder auf der Maschine zu sehen ist (zum Beispiel Werkstücke) und anderes mehr. Ziel ist es, alle bedeutsamen Nutzenargumente in einem Bild zu veranschaulichen.

Unter „Bild" wird meistens eine farbige Fotoabbildung verstanden, aber das heißt es nicht zwingend. Bild kann auch Grafik sein, Strichzeichnung, Piktogramm, Comic, Schnittbild, 2D, 3D – und kann schwarzweiß oder monochromatisch sein. Bild kann für elektronische Medien auch Bewegtbild sein, also ein kleiner Videofilm oder eine Animation, um zum Beispiel einen Rüstvorgang in Echtzeit zu zeigen, eventuell begleitet von einer mitlaufenden Uhr – oder die besonders gute Ergonomie bei der Verrichtung bestimmter Bedienvorgänge.

Wichtig sind die funktionalen Inhalte, die transportiert werden sollen, also eine klare Bildsprache, möglichst entschlackt von nicht relevanten Elementen, ein scharfes Bild, eine inszenatorische, fokusgebende Beleuchtung, die das Auge lenkt, in einem Format passend zur Bedeutung des Inhalts und mit einer Auflösung passend für Print und in einem produktgemäßen Farbklima, also für den Maschinenbau in der Regel kühl und nüchtern. Bei Bildern dieser Gruppe gilt: Anwendung von Spezialeffekten möglichst sparsam und pointiert.

Auch wenn das Shooting selbst von Profis gemacht wird, empfiehlt es sich für Produktmarketing, die Bildidee zur Veranschaulichung seiner Nutzenargumente nicht nur im Bild-Lastenheft zu vermerken, sondern selbst und mit eigenen Mitteln – Digitalkamera – Fotos zu machen, diese auszudrucken und mit Kommentaren zu versehen. Diese Vorlage gibt dem Profifotografen eine verbindliche Vorlage. Auf diese Weise wird sehr viel Abstimmungsaufwand und Nacharbeit vermieden.

Generell gilt, dass wir in einer medial übersättigten Welt leben. Aus diesem Grund will der Einsatz von Medien – also Bild, Grafik, Video, Print, Non-Print – sehr genau überlegt sein. Die Antwort auf die Übersättigung ist nicht das Gegenteil, also möglichst wenig von allem, sondern genau das Richtige – Maß und Inhalt gleichermaßen.

Die Aufgabe von Produktmarketing besteht also aus der Initiierung, Vorbereitung und Definition eines Produkt-Fotoshootings. Sie schließt ferner die Begleitung und Kontrolle der vorgabegerechten Durchführung ein sowie die Steuerung einer eventuellen Nachbearbeitung (Ausschnitt, Farbe, Klima, Schärfe, Effekte und so weiter). Zu seiner Aufgabe gehört auch das Bildarchiv, also die Verwaltung der Produktbilder in einer Datenbank mit Verschlagwortung zur schnellen Wiederauffindung. Hieraus bedient sich das Produktmarketing zur Erzeugung seiner Kommunikationsprodukte.

Die Durchführung des Shootings läuft sinnvollerweise über Dienstleister (intern oder extern), die den Stil des Hauses kennen, also den gewünschten und schon oft praktizierten Bild- und Darstellungstyp, das Spielen mit der Totalen und dem Detail, das Farbklima, den Grad der Nüchternheit, Datenformate, Software-Werkzeuge und anderes mehr.

Fotografie-Checkliste

Bildtitel/Motiv/Thema	
Ort des Shootings	
Datum des Shootings	
Name des Fotografen	
Aktions-/Fotonummer	
Bildauflösung	
Verwendungszweck	z.B. Anzeige, Broschüre, Mailing, Präsentation, Flyer
Anlass des Shootings	z.B. Messepräsentation
Bildbeschreibung	z.B. Namen und Funktion von abgebildeten Personen bzw. Name der Maschine bzw. des Maschinen- und Ausstattungsdetails
Produktbereich	
Auftraggeber	
Briefinggeber/Fotoregie	

Anders verhält es sich mit der Vorbereitung von Grafik, Strichzeichnung, Piktogramm, Comic, Schnittbild, 2D, 3D oder Composite (Bildmontage). Diese Produkte sind anspruchsvoller und bedürfen einer Idee, die am besten als Scribble angelegt wird, also eine grobe Handzeichnung, ergänzt um eine schriftliche Beschreibung oder mündliche Erklärung. Statt eines Scribbles können auch Bildmuster früherer Produktionen vorgelegt werden, die das Gewünschte typgleich oder ähnlich zeigen. Eventuell existieren bereits Digitalbilder in einem offenen Format, von denen bildgrafisch ausgegangen werden kann, so dass die Arbeit nicht bei null anfangen muss.

Für Bewegtbild-Produkte, darunter Videofilme, Computer-Animationen, Teaser und andere, ist die Idee mit Hilfe eines Storyboard zu umreißen und gegebenenfalls mit einem Drehbuch zu ergänzen. Das Storyboard ist das kurzgefasste Konzept- und Inhaltsbuch. Es beschreibt den Typ Film, Zweck und Ziel seines Einsatzes, das Setting, die Handlungsfolge, die handelnden Personen, den Einsatz besonderer Effekte (zum Beispiel Zoom, Spotlight, Musikunterlegung) und Besonderheiten. Später wird ein Drehbuch erstellt und beigefügt, das ausgearbeitete Dialoge enthält.

Produktmarketing muss nicht zwingend Auftraggeber des Dienstleisters sein, diese Aufgabe übernimmt häufig auch das Corporate Marketing, in dessen Verantwortung das Corporate Design liegt, das optisch-sinnliche Erscheinungsbild des Unternehmens, seiner Personen, Produkte, Aktivitäten und so weiter. Jedoch ist sicherzustellen, dass Produktmarketing bei *produktbezogenen Bildaufnahmen* die entsprechenden Bildvorgaben, Scribbles, Inszenierungsvorschläge, Storyboards und Drehbücher einbringt und die Ergebnisse kontrolliert, also auf ihr optimales Ergebnis hin prüft.

6.4 Sales Tools – Werkzeuge für den Maschinenvertrieb

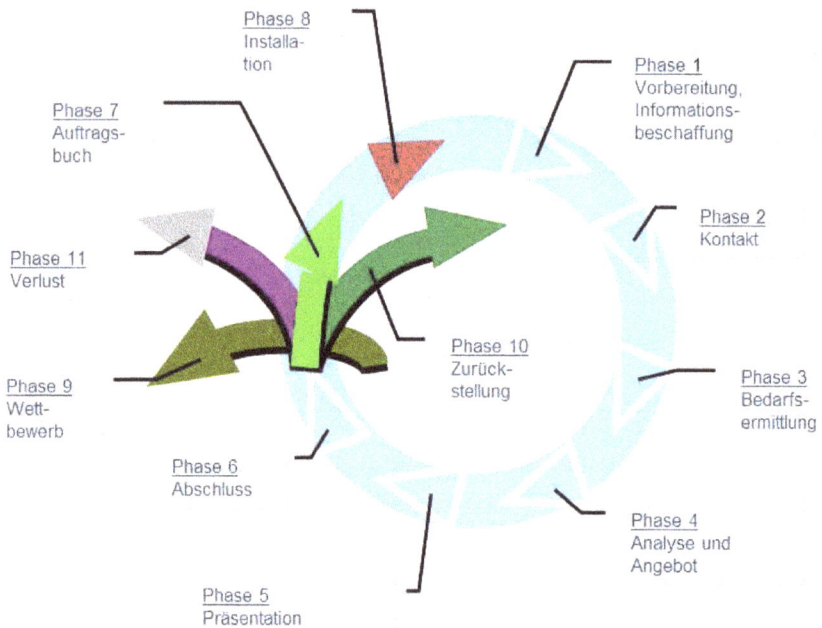

Abb 15: Stilisierte Darstellung[1] des Vertriebszyklus, wie er unter anderem im Maschinenhandel praktiziert werden kann.

Wir haben im bisherigen Text schon mehrfach den Begriff *Sales Tools* verwendet, ohne ihn detailliert zu kennen. *Sales Tools* ist eine geläufige Bezeichnung für die Kommunikationsprodukte von Produktmarketing und anderer Autoren, die für den

---

1 Es gibt in der Fachliteratur verschiedene Darstellungen des Vertriebszyklus. Die hier verwendete stammt von MAN Roland Druckmaschinen AG, Offenbach.

Einsatz im Kundenprojekt, also für den Vertrieb und Verkauf gedacht sind. Sie haben die Aufgabe, den Verkäufer in der Kommunikation wesentlicher Grundlagen und Argumente zu unterstützen und den Gesamtauftritt des Produkts im Kundennahbereich argumentativ zu vereinheitlichen und positiv zu gestalten.

Je nach Organisationsgrad und Verfügbarkeit einer IT-gestützten Administration mit kompletter Datenvernetzung in alle Bereiche des Unternehmens hinein sind in modernen Vertriebsabteilungen heute folgende Sales Tools existent und in Gebrauch (alphabetische Ordnung):

Sales Tools für Vertrieb und Verkauf (Auszug)	Erstellung und maß-gebliche Mitwirkung von Produktmarketing
Application Sheet (Formular zur strukturierten Aufnahme von Kundenwünschen, insbesondere zu Verfahrenstechniken, Anwendungen oder Applikationen)	X
Maschinentexte für Angebotserstellung, Auftragsbestätigung, Lieferschein und Fakturierung	X
Maschinenpreisliste für Maschinen und Sonderzubehöre	X
Sales Booklet (Schnellübersicht von Daten über eigene und ausgewählte Wettbewerbsmaschinen)	X
Sales Growth Programme (Programm zur Umsatzsteigerung)	X
Software-Programme für Tablet/Notebook/PC-Anwendung	
zur periodischen Absatzplanung	
zum Reporting	
für ein CRM-System (Customer Relationship Management; System zur Speicherung wichtiger Kundendaten inklusive Kundenbesuchsberichte)	
zur Schnelldurchführung einer Kundenauftragsanalyse	
zur Schnelldurchführung von Wirtschaftlichkeitsrechnungen	
zur Definition einer Maschinenkonfiguration	X
Verkaufsinformation	X
Wirtschaftlichkeitsberechnungen (standardisierte)	X
Wirtschaftlichkeitsstudien (individualisierte)	(X)

Zunächst: Produktmarketing ist nicht für *alle* oben gelisteten Tools der final verantwortliche Autor und Sachwalter. Für viele der bezeichneten Aufgaben liefert es Textgrundlagen (Module) und Bildmaterial. Seine primäre Aufgabe ist es, die Text- und Bildgrundlagen unternehmensweit bis zur Freigabe abzustimmen – funktional-technisch, markttechnisch, kaufmännisch, juristisch. Außerdem hat es die Unterlagen stets, insbesondere nach dem Produkt-Launch, aktuell zu halten und je nach Einsatzzweck einzukürzen oder zu verfeinern.

Zur Priorisierung: An erster Stelle stehen die Verkaufsinformation und die Maschinentexte. Letztere dienen – sinnvollerweise in identischer Form – zur Nutzung für die Angebotsschreibung, die Auftragsbestätigung, den Lieferschein und die Rechnungsschreibung. Alle genannten Dokumente werden idealerweise aus demselben Textpool heraus erzeugt. Als zweites Tool ist die Preisliste zu erstellen, wobei die Maschinenpreisliste (also Preisliste der Maschinentypen) eine einfache Tabelle der lieferbaren Konfigurationen ist, während die Preisliste der Sonderzubehöre in der Regel ein relativ umfassendes Werk ist – mit Textmodulen und Bild-Grafik-Material.

Ein wesentlicher Bestandteil der Preisliste ist das Pricing. Dies ist eine Hoheitsaufgabe der Vertriebsleitung, sie stützt sich aber idealerweise auf einen vorausgehenden Prozess, der mit dem Lastenheft beginnt, denn hier ist zu Beginn eines Entwicklungsprojekts bereits ein Rahmen für den Marktpreis gesetzt worden. Die frühe Festlegung dieses Rahmens im Lastenheft ist notwendig, um F+E zur Einschätzung zu befähigen, ob dieser Preisrahmen mit den angestrebten konstruktiven Maßnahmen erreicht und das Produkt voraussichtlich in eine Gewinnzone geführt werden kann. Diese Einschätzung ist wesentlich, denn sie entscheidet über die Aufnahme des Projekts in den Produktentwicklungsplan. Der Preisrahmen für das Neuprodukt ist idealerweise bereits auf den Zeitpunkt des Produkt-Launch hochgerechnet. Wenn nicht, ist er spätestens jetzt anzupassen.

Bevor dies geschieht, legt der Vertrieb den Produktcluster final fest, entscheidet also, mit welchem Inhalt von Standardzubehören der Maschinentyp ausgestattet wird und was folglich als optionales Sonderzubehör gehandelt wird. Sobald der Cluster definiert ist, wird das Preisbild geprüft und festgelegt. Dieser Prozess erfolgt alternativ oder kombiniert auf drei verschiedenen Wegen. Weg 1 ist die Prüfung, ob die im Lastenheft hinterlegten Ziel-Herstellungskosten für das Neuprodukt nach aktuellem Stand gehalten wurden. Weg 2 ist ein alternativer Ansatz, der nicht (nur) kostenorientiert angelegt ist wie Weg 1, sondern *nutzenorientiert*. Es wird hier die Frage nach dem Nutzen gestellt, den das Neuprodukt für den Investor hat – Nutzen im Sinne einer höheren Produktivität, eines erweiterten Zielsegments oder im Sinne bestimmter Einsparungen. Dieser Nutzen lässt sich, wie wir in Kapitel 4 gesehen haben, quantifizieren und nun als Einflussgröße für das Pricing verwenden.

Weg 3 ist ein weiterer Ansatz, der weder kostenorientiert noch nutzenorientiert ist, sondern *wettbewerbsorientiert*. Es wird hier die Frage gestellt, ob das Neuprodukt als Ganzes oder in wesentlichen Teilen ein Avantgarde-Produkt ist und Alleinstellungsmerkmale hat – oder ein frühes Folgeprodukt von einem Wettbewerbsprodukt, das noch wenig verbreitet und nur geringem Wettbewerbsdruck ausgesetzt ist. All das wäre wünschenswert, aber es gibt auch das Gegenteil, Me-too-Produkte und Latecomer; sie müssen in der Regel preistechnisch auf kleiner Flamme gehalten werden.

Die Suche nach den Einflussgrößen für das Pricing ist insofern leicht, als der Wettbewerbsvergleich ja bereits gemacht ist (siehe Kapitel 2.3), ebenso die Positionierung des Neuprodukts im Wettbewerbsfeld und die Nutzenanalyse. Aus diesen drei Vorprodukten macht Produktmarketing jetzt für den Produkt-Launch ein *Sales Booklet*. Das Booklet ist ein weiteres Sales Tool. Es stellt nicht nur einen produkttechnischen Vergleich aller relevanten Wettbewerbsmaschinen zum eigenen Produkt dar, sondern es beinhaltet alle Produktnamen und generischen Beschreibungen des Wettbewerbs zur gleichen, identischen Lösung des eigenen Hauses. Damit erhalten alle Maschinenverkäufer Transparenz und Orientierung.

In Bezug auf das Pricing liefert Produktmarketing Erkenntnisse über den Kundennutzen und die Wettbewerbslage und damit wichtige Grundlagen zur passgenauen Einordnung des Neuprodukts in den Preiskatalog der Stammprodukte. Die finale Entscheidung über den Listenpreis ist der Vertriebsleitung vorbehalten, die noch andere Einflussgrößen berücksichtigen muss, darunter die Frage, welche Zielmarge erreicht, welcher vertriebliche Sonderaufwand eingepreist, mit welchen Preisabschlägen (Rabatten) gearbeitet und welche Preisentwicklung in den Folgejahren zugrunde gelegt werden soll und anderes mehr.

Die Preisliste ist ein komplexes Tool und benötigt für seine Administration ein IT-gestütztes Preislistenmanagement. Dieses regelt die Vergabe der Bestell-/Artikelnummern und wacht über die Kombinatorik aller Maschinentypen, Varianten und Ausstattungsoptionen einschließlich ihrer definierten Ausschlüsse, und es kommentiert einzelne Positionen bezüglich ihrer vertrieblichen Handhabung, ihrer Sinnhaftigkeit und physischen Kombinierbarkeit im Einzelfall. Nicht zuletzt müssen Sprachversionen der Preisliste erstellt und verwaltet werden, eventuell auch Preis- und Währungsversionen. Das Thema wird an dieser Stelle nicht vertieft, weil es von den originären Produktmarketingaufgaben wegführt.

Ein weiteres vertriebsorientiertes Sales Tool ist das *Application Sheet*. Es ist eine Art Aufnahmeformular, das entweder in *jedem* Kundenprojekt oder in *ausgewählten* Projekten zum Einsatz kommt. Das Formular hat den Vorteil eines standardisierten Vorgehens. Sein Zweck ist die Klärung, welche Maschinen-, System- und Verfahrenstechnik der Kunde wünscht und angeboten haben möchte. Da die Realisierung seiner Wünsche oft an Voraussetzungen geknüpft sind, die geprüft werden müssen, erhält der Vertrieb mit Hilfe dieses Formulars die Möglichkeit, den aufgenommenen Wunsch des Kunden detailliert aufzunehmen und danach sorgfältig zu prüfen und seine Umsetzbarkeit im Projekt zu bestätigen. Das Application Sheet ist für beide Seiten eine Absicherung dafür, dass bei der Konfiguration der neuen Maschine keine Konfigurations- und Ausstattungsfehler passieren und alle optionalen Details zueinander kompatibel sind.

Ein weiteres Tool ist der *Maschinenkonfigurator*. Er ist vorzugsweise ein IT-basiertes Tool für die schnelle und sichere Erstellung eines Angebots und seiner Übermittlung zwischen der Marktorganisation, dem Stammwerk und dem Kunden entlang einer festen vorgegebenen Struktur. Es liegt auf der Hand, dass der Maschinenkonfigurator mit dem Application Sheet verknüpft sein sollte und beide zusammen mit der Maschinen- und Zubehörpreisliste. Das Application Sheet stellt in diesem Dreieck das Eingabeset für den Maschinenkonfigurator dar, der als Ergebnis eine geprüfte Maschinenkonfiguration auswirft. Die Prüfung erfolgt anhand der Maschinen- und Zubehörpreisliste, indem alle geforderten Wünsche des Kunden berücksichtigt, alle dafür erforderlichen Stationen, Aggregate und Zubehöre als verfügbar, für seine Anwendungen als passend und vollständig und ohne gegenseitigen Ausschluss bestätigt werden.

Die Aufgabe von Produktmarketing ist weder die Erstellung der genannten IT-Tools im Sinne der Programmierung noch ihre Administration, sondern die Bereitstellung von unternehmensweit freigegebenen Text- und Bilddokumenten, die einheitlich, verständlich, in angemessener Ausführlichkeit, aber knapp, in allen IT-Tools zum Einsatz kommen.

Ein weiteres Sales Tool ist ein Softwareprogramm zur einfachen und schnellen Erstellung einer Jobanalyse des Kunden mittels Tablet, Notebook oder PC. Es ist die Aufgabe dieses Moduls zu analysieren, welche Endprodukte der Kunde heute fertigt, welche und wie viele Produktgruppen sich hieraus ergeben (Ähnlichkeitskriterien) und welche prozentuale Verteilung sie heute im gesamten Auftragsspektrum haben. Diese Jobstrukturanalyse lässt sich mit Hilfe eines einfachen Excel-Algorithmus schnell entwickeln. Sie ist dann im Kundenprojekt ein *zweites* Dokument neben dem Application Sheet zur Ermittlung der sinnvollen Maschinengröße und -konfiguration, und sie ist weiter eine unverzichtbare Grundlage für die individualisierte Wirtschaftlichkeitsstudie.

Dieses Softwareprogramm zur Jobanalyse des Kunden ist eine wichtige Ergänzung im Werkzeugkoffer des Maschinenverkäufers. Vor seinem Einsatz empfiehlt es sich jedoch, im Kundenbetrieb zu fragen, ob dort nicht bereits eine Branchensoftware (ERP-System) installiert ist, die alle Auftragsdaten speichert und gegebenenfalls nach bestimmten Kriterien sortiert und auswertet. Immer mehr Anwenderbetriebe haben heute Systeme dieser Art installiert.

Die Jobstrukturanalyse dient vielen Zwecken, nicht nur zur Prüfung einer bestimmten Maschinenkonfiguration in einem Kundenprojekt. Sie dient vor allem der Prüfung, ob der Zusammenhang zwischen Jobstruktur und der Struktur der installierten Basis von Produktionsmitteln im Kundenbetrieb stimmig ist. Die Frage ist, wie oft der Kunde bestimmte Auftragsarten zwei- oder mehrmals anstatt nur einmal durch die Maschine oder durch verschiedene Maschinen schicken muss und wie oft er bestimmte Aufträge gar nicht fertigen oder finishen kann und sie an Kollegen- oder Lohnbetriebe vergibt. Hier stellen sich Folgefragen nach der Wirtschaftlichkeit bestimmter Auftragstypen und auch danach, wie oft und bei welchen Aufträgen die Herstellzeiten nicht gehalten werden konnten. All dies können Anzeichen einer *suboptimalen* Übereinstimmung von Jobstruktur und Struktur der Maschinenbasis sein, gegebenenfalls hervorgerufen durch eine schleichende Drift der Auftragsparameter. Die Jobanalyse wäre an dieser Stelle nicht nur überfällig, sondern dringend geboten und für den Maschinenverkäufer, sofern ein Projekt ansteht, eine willkommene Einladung.

Ein weiteres Softwaremodul kann sich anschließen, nämlich für die Erstellung einer schnellen und einfachen individualisierten Wirtschaftlichkeitsrechnung. Wie wir zuvor in Kapitel 4.3 gelernt haben, ist diese Aufgabe eigentlich spezialisierten Dienstleistern vorbehalten, und diese Empfehlung bleibt an dieser Stelle bestehen. Allerdings kann es an einem bestimmten Punkt des Projektes auch erst einmal zielführend sein, mit dem Kunden Lösungsalternativen zu besprechen und hierfür auf der Grundlage seiner Jobstruktur (siehe oben) *einfache* Aussagen zur Produktivität und Kapazität der einzelnen Alternativen zu machen, ohne gleich den Schritt in die Platzkostenrechnung zu gehen.

Ein Tool der besonderen Art ist das *Sales Growth Programme*. Ihm liegt zugrunde, dass jedes Wirtschaftsunternehmen – gemäß verbreiteter Theorie – zu seinem Selbsterhalt immer nach Wachstum streben muss. Wirtschaft lebt von Wachstum, auch wenn wir die Realität in Teilbereichen der Wirtschaft immer wieder einmal anders erleben. In der Regel fordern Kapitalseite und Unternehmensspitze, also Aufsichtsrat, Vorstand, die Gesellschafterversammlung, die Geschäftsleitung von den Leitungskräften Wachstum, meist ausgedrückt in Umsatzwachstum, gefolgt von Gewinnwachstum. Diese Ziele werden über die Unternehmensplanung heruntergebrochen und landen beim Vertrieb als Vorgabe, der diese weiter herunterbricht auf Auftragsvolumina nach Region und Land, auf vertriebliche Sonderprogramme, Zielvereinbarungsgespräche, Auslobung von Tantiemen und vieles mehr.

Dem Wachstumsthema zugeordnet ist die Lebenszyklusplanung der laufenden Produkte, der Stammprodukte. Die Lebenszyklusplanung – ein Planungsprodukt von Produktmanagement, Produkt-/Marktplanung oder Produktmarketing – zeichnet im Lastenheft ein erstes Bild, wie der Marktverlauf eines Produkts über die Zeitachse aussehen könnte und sollte, angefangen vom Anlauf über den Hochlauf und die Konsolidierung bis zum Auslauf (siehe Abb. Seite 147). Dieser Mengen-/Zeitplan über den Lebenszyklus der Produkte ist eine wesentliche Grundlage für das Wachstumsszenario eines Unternehmens. Natürlich unterliegt die Lebenszyklusplanung vielen Unwägbarkeiten, nicht zuletzt hervorgerufen durch unvorhersehbare Ambitionen des Wettbewerbs oder die konjunkturellen Schwankungen des Absatzes in den Kundenmärkten. Aus diesem Grunde müssen die Lebenszyklusplanung der Produkte mindestens einmal jährlich aktualisiert und die Produkte auf der Lebenszykluskurve verortet werden. Aus der Verortung ergibt sich dann irgendwann Handlungsbedarf bezüglich der Planung eines Nachfolgeprodukts.

Bevor es aber soweit ist, können speziell im Auslaufszenario eines Produktes Maßnahmen ergriffen werden, die diesen Abschnitt verlängern helfen, unter anderem mit einem Relaunch, oder auf einem niedrigeren Niveau mit Stützungsprogrammen. Hierzu machen wir uns weitergehende Gedanken in Kapitel 7 *(Produkt-Relaunch)*.

Damit verlassen wir jetzt die Sphäre des Vertriebs und kommen im nächsten Abschnitt auf die Marketing-Tools zu sprechen, das Schwestern-Set zu den Sales Tools.

6.5 Marketing Tools

Üblicherweise werden unter *Marketing-Tools* Kommunikationsprodukte verstanden, die von Corporate Marketing inhaltlich und grafisch entwickelt sind und als fertig zu verwendende Werkzeuge an die Marktorganisation zum direkten Einsatz in ihrem Land gegeben werden, eventuell verbunden mit einer Restaufgabe, der Übersetzung in die Landessprache. Diese Deutung von Marketing-Tools ist in diesem Abschnitt nicht ganz zutreffend, stattdessen verstehen wir, solange wir aus der Perspektive von Produktmarketing sprechen, unter Marketing-Tools Roh-Module, die Produktmarketing konzeptionell und inhaltlich erstellt und an Corporate Marketing zur weiteren Adaption, grafischen Gestaltung und anschließenden Verbreitung in die Marktorganisation übergibt. Produktmarketing erarbeitet also den inhaltlichen Kern, weshalb diese Tätigkeit oft auch als *Content Marketing* bezeichnet wird. Content Marketing ist insofern die reine Befassung und Fokussierung auf Inhalte, die umfassend recherchiert, verdichtet, verknappt, verfeinert, auf Plausibilität geprüft, in eine Logik und Struktur gebracht, ausformuliert und in ein Freigabeverfahren gegeben werden. Content Marketing beschränkt sich auf die Erstellung im Word-, Excel- oder Powerpoint-Format und erhebt keinen weitergehenden gestalterischen Anspruch. Diesen übernimmt nach der Übergabe Corporate Marketing.

Das Spektrum der Marketing-Tools, die vertriebs- und produktbegleitend zum Einsatz kommen, umfasst natürlich mehr als „nur" die verfeinerten Rohprodukte von Produktmarketing. Hierfür ist Corporate Marketing mit seinen Funktionen zuständig. Unter anderem erarbeitet seine Grafikabteilung das gesamte Set an Logos und Templates für den Firmenauftritt, darunter der Firmenkopf und der CI-Rahmen für den Geschäftsverkehr, für die PR-Kommunikation und den Informationsaustausch mit der Marktorganisation. Weiter erstellt Corporate Marketing Komplettgrafiken für die Website, das Broschürenprogramm, für Plakate, Banner, Messestände und für Unternehmenspräsentationen – Filmprodukte und Animationen eingeschlossen. Alle diese Produkte werden sinnvollerweise als Grafikvorlagen im Intranet abgelegt, so dass sie von Nutzern im Stammwerk (darunter Produktmarketing) und von der Außenorganisation heruntergeladen und inhaltlich für eigene Zwecke genutzt werden können. Hierdurch ist weltweit ein einheitlicher grafischer, designtechnisch stimmiger Auftritt mit Wiedererkennungswert gewährleistet – ein internationaler Markenauftritt. Und damit ist ein Schlüsselbegriff genannt, der für die Arbeit von Corporate Marketing steht: die Marke. Es ist seine Aufgabe, diese Marke aufzubauen, die Unternehmenswerte zu entwickeln und zum Markenkern zu machen, und diesen Markenkern mit den Mitteln des Corporate Design zu visualisieren, zu verankern und in gebotenen Abständen angemessen zu modernisieren und den Forderungen der Zeit anzupassen. Diese Arbeit ist bedeutungs- und verantwortungsvoll. Im Falle von Produktmarketing ist Corporate Marketing die mit emotionsbildenden und ästhetisierenden Elementen arbeitende Veredelungsstation, die den nüchternen und rein faktischen Ergebnissen aus dem Produkt-(Content-)Marketing einen erhöhten Aufmerksamkeitspegel im Unternehmen und in der Fachöffentlichkeit gibt.

Werden wir konkret und schauen uns an, welche Marketing Tools in der Verbindung zwischen Produktmarketing und Corporate Marketing denkbar und sinnvoll sind (in alphabetische Reihenfolge).

Marketing Tools in der Verbindung Produktmarketing/Corporate Marketing	
	Erstellung und maßgebliche Mitwirkung von Produktmarketing
Branding, Nomenklatur	X
Direct-Mailings	X
Elektronische Medien	X
Fachartikel	X
Flyer	X
Homepage	X
Kundenzeitschriften/Hausmagazine	X
Messen/Openhouses/Storyboard	X
Presse und PR	X
Produktanzeigen	X
Produktbroschüren	X
Produktpräsentationen	X

6.5.1 Branding

Der erste Schritt ist die Bedarfsprüfung eines *Produktnamens* (Branding), die Entwicklung von alternativen Namensvorschlägen, die Wahl des präferierten Namens und seine Besicherung durch Registereintrag. Je nachdem, ob das Neuprodukt ein vertriebs- und marketingstrategisch bedeutsames ist, weil es vielleicht ein Alleinstellungsmerkmal besitzt oder die Eignung hat, ein neues Marktsegment zu begründen, kann es ratsam sein, es zu branden, ihm also einen Produktnamen zu geben. Da der Registereintrag viel Geld und bürokratischen Aufwand kostet, ist dieser zweite Schritt, die Besicherung des Namens, wohl zu überlegen, auch unter dem Gesichtspunkt, dass diese erste Eintragung eventuell viele Folgeeintragungen nach sich zieht. Wenn dem so ist und im Laufe der Zeit große Produktfamilien entstehen und gebrandet werden, ist ein System zu ersinnen, das einerseits die Wiedererkennung und Zuordnung der Brands zur Kernmarke gewährleistet und andererseits dafür sorgt, dass die Einzelnamen nicht zu ähnlich sind, damit Produkte und Namen gut unterschieden werden können.

Branding ist keine offene Spielwiese und kein einfaches Sammelbecken für jedwede Namensidee, im Gegenteil. Branding ist die Kunst, mit Hilfe eines Wortbildungssystems Produktnamen und Namensgruppen zu bilden, die einprägsam sind (klanglich und wortbildlich), langzeitig memorierbar, abgrenzend vom Wettbewerb und assoziativ zu ihrem technischen Inhalt. Die Memorierbarkeit wird unterstützt durch Elemente der Logik, indem Produkte einer Technologiefamilie einen identischen Namensstamm haben, also einen identischen Wortbestandteil. Dies unterstützt in einer weiteren Dimension die Kompakthaltung der Nomenklatur, was ihrer Prägnanz zugutekommt und damit der Memorierbarkeit. Sprache, Wording, Branding sind Schlüsselelemente im Marketing.

Branding ist ein Feld, das konzertiert von Produktmarketing und Corporate Marketing bestellt wird. Produktmarketing als Produkt-, Technologie- und Wettbewerbsspezialist ergreift dabei die Initiative zur Namensgebung, macht Namensvorschläge, bringt sie in ein Wahlverfahren und dokumentiert Produktnamen in einer nach definierten Ordnungskriterien aufgebauten Liste. Corporate Marketing wirkt an diesem Prozess mit und bringt Sprachkompetenz ein. Diese wird benötigt zur Formulierung von Wortstämmen oder -bestandteilen, welche die oben angeführten Kriterien von Memorierbarkeit, Wiedererkennungswert, Assoziation mit Technikinhalten erfüllt. Darüber hinaus managt Corporate Marketing den Prozess der Markenanmeldung und wacht über die jeweiligen Anmeldezeiträume.

Formblatt Markenanmeldung

1	Beantragter Markenname
2	Beschreibung des Produkts/der Dienstleistung/der Funktion
3	Vergleichbare Wettbewerbsprodukte
4	Alleinstellungsmerkmal des Produkts/der Dienstleistung
5	Begründung, warum ein Markenschutz erfolgen sollte
6	In welchen Unternehmensbereich fällt die Marke?
7	Einzutragen als Bildmarke, Wortmarke oder kombiniert?
8	Vorläufige Laufzeit des Markenschutzes
9	Markenanmeldung national bzw. international (welche Länder?)
10	Namen Antragsteller

6.5.2 Produktbroschüren

Produktbroschüren sind eine große eigenständige Gruppe von Marketing-Tools, für die es üblicherweise ein Basiskonzept gibt, eine umfassende Gestaltungsvorgabe, die sich idealerweise an den Unternehmenswerten orientiert, die den Markenkern repräsentieren. Davon betroffen sind alle Elemente der Broschüre, vom Inhalt über das Typo-Layout bis zur Ausstattung. Das Broschürenkonzept umfasst – vom Groben ins Feine gehend – zunächst eine innere Logik, also eine vertikale Hierarchie und eine horizontale Gliederung. So kann es angebracht sein, die Imagebroschüre des Unternehmens ganz oben zu platzieren und darunter zum Beispiel (aber nicht zwingend) ein Set von Segmentbroschüren, die über Strukturen und Trends in den Absatzmärkten des Unternehmens informieren. Dies ist für betroffene Kunden und Interessenten eine gute Orientierung und erweist sich als vertrauensbildend und geeignet, mit dem Hersteller eine innere Beziehung aufzubauen.

Unterhalb der Segmentbroschüren sind die Produktbroschüren angesiedelt, die in bewährter Weise technisch orientiert und in der Reihenfolge des Stoffdurchlaufs, der Arbeitsgänge oder der verfügbaren Module gegliedert sind. Unterhalb der Produktbroschüren können eventuell Kompetenzbroschüren platziert werden, Prospekte, die in besonderer Weise einzelne technische Lösungen herausstellen und ingenieurmäßiges Knowhow bezeugen. Und noch darunter ist eine Gruppe von Broschüren für die Leistungsfelder *Pre-Sales* und *After-Sales* denkbar. Es versteht sich von selbst, dass ein solcher Baum kostenintensiv ist und stets auf seine Praktikabilität in der international operierenden Marktorganisation überprüft werden muss.

Broschürenkonzept – Hierarchie und Gliederung

Imagebroschüre

Segmentbroschüren

Marktsegment A	Marktsegment B	Marktsegment C

Produktbroschüren

Produkt A	Produkt B	Produkt C	Produkt D

Kompetenzbroschüren

Technologie A	Technologie B	Technologie C	Technologie D	Technologie E	Technologie F

Broschüren Dienstleistungen

Pre-Sales	After-Sales

Zum Konzept der Broschüren gehört eine formale Einheitlichkeit in Bezug auf die Umschlag- und Inhaltsgestaltung, darunter Aspekte wie Format, Seitenumfang, Grafikdesign, Seitenraster, Typografie, Bildsprache, Tonalität der Sprache, Kapitelgliederung, Material und Ausstattung (Papier, Druck, Veredlung, Einsteckblätter), Fremdsprachenversionen und anderes mehr.

Nach der Hierarchie und den formalen Aspekten der Herstellung ist für die Gruppe der Produktbroschüren eine weitere fundamentale Entscheidung zu treffen, und zwar zwischen einer marketingorientierten und einer vertriebsorientierten Ausrichtung. Unter ersterer, der marketingorientierten, ist zu verstehen, dass Bild- und Textinhalt der Broschüre auf Leser treffen sollen, die sich „ganz frisch" und zum ersten Mal und auch eher grundsätzlich mit einem Hersteller und einem Maschinentyp befassen. Im zweiten Fall, der vertriebsorientierten Ausrichtung, wird davon ausgegangen, dass der Leser sich bereits in einem Projekt befindet und auch schon einen Überblick über das Marktangebot hat, so dass er jetzt weitergehende und konkretere Informationen über einen bestimmten Maschinentyp benötigt. Es versteht sich von selbst, dass die Entscheidung zwischen der einen und der anderen Ausrichtung einen entscheidenden Einfluss auf Anspracheform, Inhaltskonzept und Konkretisierungsgrad hat. Diese Entscheidung trifft Corporate Marketing in Abstimmung mit der Geschäftsleitung, dem Vertrieb und der Marktorganisation.

Produktmarketing ist für die zu erstellenden Inhalte der Produkt- und Kompetenzbroschüren der primäre und für die Segmentbroschüren neben der Marktforschung ein weiterer Beitragsleister und übergibt Rohtexte, Rohbilder und Scribbles, die inhaltlich unternehmensweit abgestimmt und freigegeben sind. Diese Inhalte werden dann in einen Sprachstil übersetzt, den Corporate Marketing für seine Außenkommunikation einmal festgelegt hat, zum Beispiel „technisch-fachlich-konkret" oder „sachlich-kühl-distanziert" oder „menschlich nahe mit Stimmungselementen". Auch ist zu entscheiden, ob die Perspektive eher die des Herstellers ist („ingenieursmäßig") oder die des Kunden und Anwenders. Nicht zuletzt gilt es, eine Sprachform zu finden, die zu den gewählten Unternehmenswerten und zum Markenkern am besten passt. Produktmarketing obliegt in jedem Fall die innerbetriebliche Abstimmung der Vorlage auf Richtigkeit, Vollständigkeit, Sinnhaftigkeit und passende, ausdrucksstarke Bebilderung.

Eine Printvariante der Broschüren sind *Flyer*, in der Regel zwei- oder vierseitige Informationsblätter mit einer Kurzinformation zum Produkt, gut designt und möglichst nicht billig aufgemacht, ein Giveaway (Streuprodukt) auf Messen, Openhouses, Veranstaltungen aller Art und eine kostengünstige Alternative zur vollwertigen Broschüre für die allererste Befassung des Kunden mit einem Maschinentyp. Der Flyer wird in der Regel von stummen Dienern neben den Demo- oder Messemaschinen aus verteilt, aber auch als Postbeilage. Eine weitere Print-Variante sind *Direct-Mailings*. Hier sind alle Spielarten erlaubt, von der rationalen über die klassisch-werbliche Darstellung bis hin zum Eye-Catcher mit diversen eingebauten Gimmicks (spielhaften Animationen). Sofern Produktinformation in einem nen-

nenswerten Umfang Teil des Mailings ist, liefert sie das Produktmarketing zu. Dies gilt auch für weitere Printprodukte, wie zum Beispiel Folder und Einladungskarten zu Events.

Die formale Vorgabe für eine Broschürengeneration sollte nach einer Periode variiert werden – ein anderes Format oder eine neue Bildsprache, ein neues Typo-Layout oder ein Wechsel in der Tonalität. Nicht alles auf einmal neu, aber doch so spürbar und sichtbar, dass die neuen Broschüren neuen Glanz auf den Maschinen-typ oder allgemein auf die Unternehmensleistung werfen, die sie bewerben. Natür-lich wäre es naiv zu glauben, diese einfache Maßnahme wäre im Ganzen hilfreich, wenn dem Maschinentyp bereits der Staub der Jahre anhaftet. Diese Maßnahme muss in ein Bündel weiterer Aktionen eingebettet sein, die insbesondere das Ma-schinenprodukt selbst betreffen, darunter sein physisch-optischer Auftritt und den Katalog seiner Leistungsmerkmale (siehe Produkt-Relaunch, Kapitel 7).

Wenn eine neue Generation Broschüren ansteht, dann ist auf Produktmarke-tingseite die Frage zu klären, welche Themen und Inhaltsteile bisher unterbelichtet waren, übergewichtet oder vielleicht ganz gefehlt haben, so dass hier textlich, bild-lich und grafisch nachgebessert und vervollständigt werden kann. Auch ist aus Gründen der Ökonomie stets darauf zu achten, Cross-Themen, die in jeder Produkt-broschüre in gleicher Weise Raum einnehmen, herauszulösen und diese in eine eigenständige Broschüre zu packen, zum Beispiel in eine Kompetenzbroschüre.

Ohne Zweifel benötigen die Printprodukte ein Management, das nicht nur ihre Erstellung und das Versionsmanagement begleitet, zum Beispiel die Übersetzung in fremde Sprachen, sondern ab dem Zeitpunkt der Druckfreigabe auch alle weiteren nachfolgenden Arbeiten, darunter die Qualitätskontrolle von Druck und Weiter-verarbeitung, die Verteilung im Stammwerk und in der Marktorganisation, die Ein-lagerung, den Transport zu Messen und anderen Aktionsorten, den Nachdruck, den kontrollierten Auslauf und vieles mehr. Auch sind die Texte und Bilder elektronisch in einem Archivsystem zu verwahren und zu verschlagworten und die Freigaben aller Beteiligten zu sichern.

6.5.3 Presse und PR

Ein großer Teil der Unternehmenskommunikation befasst sich mit der medialen Aufarbeitung und Verbreitung von Inhalten zum Unternehmen, seinen Märkten und Produkten. Der Strauß entsprechender PR-Dokumente ist groß, und es gilt aus Sicht des Unternehmens, den Strom ständig neuer Nachrichten, Fachartikel und Hinter-grundberichte am Laufen zu halten.

Dies betrifft beide Pressesparten, die Tagespresse und die Fachpresse, aber mit unterschiedlicher Ausrichtung. Während die Tagespresse auf den Gang der Geschäf-te, auf Kennzahlen, strukturelle Veränderungen im Unternehmen und auf die Absatzfelder fokussiert ist, konzentriert sich die Fachpresse eher auf Fortschritte in der Technologie (Maschinen-, System- und Verfahrenstechnik, Automation, Daten- und Materiallogistik), und das über die gesamte Wertschöpfungskette hinweg. Diesen unterschiedlichen Ausrichtungen der beiden Pressegattungen muss das Unternehmen mit je eigenem Pressematerial Rechnung tragen.

Während die Tagespresse grundsätzlich die Domäne von Corporate Marketing ist, so steht für den zweiten Part, die Fachpressearbeit, Produktmarketing parat und liefert die Contents, und zwar ähnlich wie bei Broschüren, Flyern und Direct-Mailings dargestellt als Rohmaterial. Die Arbeit ist anspruchsvoll, denn Fachjournalisten sind Branchenkenner, oft sogar Wettbewerbsspezialisten, da Fachmedien (heute mehr als früher) auch Produktvergleiche durchführen. Sie benötigen eine Fachsprache auf hohem und höchstem Niveau. In der Regel benötigen sie genau das, was Produktmarketing zu liefern vermag, nämlich Einblicke in Absatzmärkte, Marktsegmente, Anwendungen, Endprodukte, Wertschöpfungsketten, Maschinentechnologie. Darum geht es: Überzeugungskraft durch Deduktion von den Markttrends hin zum Neuprodukt, nicht umgekehrt. Diesem Grundsatz sind Pressekonferenzen, Presseinformationen, Pressekits und Fachartikelentwürfe verpflichtet, wenn die Erwartung an einen inhaltlich und volumenmäßig kraftvollen Niederschlag in der Presse hoch ist.

Im Unterschied zu anderen Kommunikationsbereichen, in denen der Grundsatz der Formulierungsknappheit gilt, ist es bei Pressekonferenzen anders: Hier ist das Materialangebot in der Pressemappe (Texte, Bilder) umfangreich und redundant zu halten. Dies hilft zweierlei: erstens der Möglichkeit des Herstellers, sein Neuprodukt in einen größeren Kontext zu stellen und ihm Gewicht, Logik und Stringenz zu geben. Zum anderen hilft es den Pressevertretern, selbst Kürzungen und redaktionelle Raffungen vorzunehmen und damit den Artikel oder das Material für sich zu individualisieren. Der Leser soll später nicht in diversen Medien dasselbe Thema in derselben Gliederung, mit derselben Überschrift und in demselben Wortlaut lesen. Das möchte im Übrigen auch der Hersteller nicht, denn dies lässt den fälschlichen Schluss einer „Pressebeherrschung" durch den Hersteller zu. Redundantes Material also. Es gibt aber auch in der Pressearbeit Fälle, in denen das genaue Gegenteil, die Kurzform, gefordert ist, nämlich dann, wenn Messevorschauen, Messenachberichte, Marktübersichten, Vergleichstabellen und so weiter erstellt werden.

Ein komplementäres Produkt zu den Fachartikeln in den Medien sind die Werbeanzeigen, insbesondere Produktanzeigen. Aus Studien und statistischen Erhebungen ist bekannt, dass die Verweildauer des Lesers auf den Anzeigenseiten minimal ist, nur Bruchteile von Sekunden, bestenfalls einige Sekunden, so dass Anzeigen für komplexe technisch-wirtschaftliche Botschaften nicht geeignet sind. Auch ist zu beobachten, dass reine Produktanzeigen heute im B2B-Bereich (Industrieverkauf) zugunsten von Imageanzeigen in geringerem Umfang geschaltet werden. Produktanzeigen müssen also in kürzester Zeit „etwas" vermitteln, dabei setzen sie auf ein fototechnisch brillantes, ausdrucksstarkes, inhaltsreiches Bild (oft ein Composite, also eine Bildmontage mehrerer Teilbilder), eine pfiffige Headline und einen knapp gehaltenen Untertext. Das Bild erzeugt Stimmung und bildet den Anker fürs Auge, die Headline klingt kraftvoll und bleibt idealerweise im Gedächtnis, und der Untertext liefert eine ausgewählte Information. Hier ist für das Produktmarketing wenig zu tun – mit einer Ausnahme: bei der Bekennerwerbung (Testimonial). Diese wird im B2B-Bereich sehr geschätzt. Kern dieser Werbung ist die Zufriedenheitsaussage eines aktuellen, wenn möglich namhaften Anwenders zu einem bestimmten Maschinentyp und auf der Grundlage selbst gemachter Erfahrungen. Hier erweist sich die Referenzliste (siehe später, Seite 126) als nützliches Instrument, um geeignete Kundenkandidaten herauszusuchen und diese für ein Testimonial zu gewinnen.

6.5.4 Kundenzeitschrift, Hausmagazin

Verwandt mit den klassischen Fachmedien sind die Firmenmagazine, deren Beliebtheit über die Jahre und Jahrzehnte gestiegen ist. Firmenmagazine sind ein wirksames Mittel, dem Marktauftritt eines Herstellers Nachdruck zu verleihen. Adressaten des Magazins sind in der Regel die internationalen Stammkunden des Herstellers sowie Potenzialkunden, also Wettbewerbskunden, ferner die Zulieferindustrie und die vielen Multiplikatoren und Influencer im Land, darunter Verbände, Institute, die Fachpresse und viele andere.

Firmenmagazine unterliegen potentiell der Gefahr einer einseitigen Berichterstattung: nur über das eigene Unternehmen und nur über die eigenen Produkte. Wenn es so wäre, würde dies ihre Glaubwürdigkeit und Akzeptanz mindern. Daher besteht der Antrieb der Redaktionsleitung darin, den Blick vom Unternehmen weg in die Weite der Welt zu richten mit dem Fokus auf brennende Zeitthemen, aber auch auf Strukturthemen, wie zum Beispiel in den Absatzfeldern und Marktsegmenten. Gut machen sich neben beschreibenden Szenarien auch statistische Angaben zur Verdeutlichung von Trends mit Hilfe von aussagefähigen Diagrammen. Dies bringt jedem Leser einen Mehrwert. Diese Information zu generieren, sie aufzubereiten und mit Hilfe eines exzellenten Grafikdesign und einer fließenden Sprache ins Werk zu setzen, ist Aufgabe von Corporate Marketing, unterstützt von Produktmarketing und Marktforschung.

Die Kunst besteht also darin, jede Ausgabe des Hausmagazins unter ein Leitthema zu stellen und die Technologie- und Produktinformation des Hauses mit diesem zentralen Thema inhaltlich sinnvoll zu verknüpfen. Auf diese Weise nimmt der Leser das „Product Placement" nicht als billig und plump an, sondern wertet sie idealerweise als einen ergänzenden Informationsbaustein. Für dieses Product Placement bedarf es eines entwickelten journalistischen Fingerspitzengefühls: Es darf nicht dominant wirken, sondern muss sich ein- oder sogar unterordnen, es darf nicht zu werblich formuliert sein, sondern eher ingenieurmäßig, betriebswirtschaftlich, markttechnisch oder sogar sachlich-wettbewerborientiert. In dieser Konstellation wirkt das Beschriebene glaubwürdig und authentisch, und so wächst das Vertrauen der Leser in das Medium Hauszeitschrift, aber auch in das Unternehmen und in seine Technologielösungen und Produkte. Diese Aufgabe fällt dem Produktmarketing zu.

6.5.5 Elektronische Medien

Die mit Bildern und Grafiken angereicherte Produktinformation, die während eines Launching-Projekts (Markteinführung) zum Informationsaustausch mit dem Kunden eingesetzt wird, wurde früher ausschließlich mit Printprodukten geleistet (Broschüren, Flyer, Mailings, Mappen, Folder), später dann ergänzt durch Overhead-Projektion. Während letzteres weitgehend verschwunden ist, werden heute die genannten Printprodukte in gegebenem Umfang eingesetzt und zunehmend ergänzt durch den Einsatz elektronischer Medien, das heißt durch elektronische Endgeräte wie PC, Notebook und Tablet.

Für die Anwendung einer elektronischen Produktinformation (Produktpräsentation) gibt es grundsätzlich drei Optionen:

(1) den Offline-Betrieb mit Hilfe von datenträgerbasierten Systemen wie CD, CD-ROM und DVD

(2) den Online-Betrieb über Intranet und dort aufrufbare Präsentationsmodule

(3) den Online-Betrieb über Internet und Homepage (nur dort, wo (2) nicht vorhanden)

In allen drei Fällen kann das Präsentationsbild, entsprechende Gerätegeneration vorausgesetzt, statt nur über das Notebook- oder Tabletdisplay auch über LCD-Projektor und Leinwandprojektion sowie direkt über Großbildschirm dargestellt und seine Anschaulichkeit weiter gesteigert werden, so dass Präsentationen auch vor größeren Gruppen möglich sind. Elektronische Präsentationen können nun auch Film, Ton und grafische Animationen mit einschließen, die bestimmte Produkt- und Nutzenbotschaften noch einmal in einem anderen und sehr geeigneten Format verbildlichen. Auch können sie sowohl interaktiv, begleitet oder auch unbegleitet abgespielt werden. Notebook oder Tablet sind heute für den Maschinenverkäufer unentbehrliche Werkzeuge.

Mit dieser Form der Präsentation, der elektronischen, ist es üblich geworden, die frühere nüchtern-faktische Darstellung von Technik und kaufmännischen Effekten mit Unterhaltungselementen anzureichern. Damit wird einem neuzeitlichen Bedürfnis Rechnung getragen, indem der informationsgesättigte Berufsmensch dort, wo Fokus und Aufmerksamkeit gewünscht sind, mit eingestreuter Unterhaltung zur inneren Lockerung bedient wird. Technologie und Betriebswirtschaft sind heute ein komplexer und inhaltsschwerer Stoff, der nicht „endlos" an den Interessenten verabreicht werden kann, sondern gelegentlich Pausen und Unterhaltung braucht. Allerdings kommt es wie immer auf das Maß an, damit sich bestimmte Effekte nicht zu schnell abnutzen. Dies bezieht sich insbesondere auf die Verwendung von *Powerpoint* als Präsentationsprogramm, dessen Effektivität zwar unbestritten ist, dessen Unterhaltungsreize aber in gleicher Art seit Jahren und Jahrzehnten zu einer gewissen Abstumpfung in der Stoffaufnahme geführt haben.

Zur Wiederholung: Es gibt drei Optionen für die digitale Produktpräsentation, (1) offline mit datenträgerbasierten Systemen, (2) online über Intranet, (3) online über Internet und Homepage. Alle drei setzen in der Regel auf Powerpoint auf. Mit Powerpoint lassen sich informative Präsentationen schneidern, für die es Regeln zur Optimierung gibt. Zum Beispiel diese: Nie mehr als sieben Spiegelstrichaussagen auf einer Folie, und diese textlich nicht ausformuliert, sondern stichwortartig angerissen. Dies gilt zwingend für die begleiteten ppt-Präsentationen, damit der Folientext nicht wie eine Doublette des Gesagten erscheint. Ferner: Bilder haben eine mindestens gleichberechtigte Funktion zum Text und sollten groß kommen, nicht klein. Die Größe von Text und Bild ist nicht daran zu messen, wie lesbar und erkennbar sie sind, wenn der Betrachter direkt vor dem Bildschirm sitzt, sondern an der möglichen Projektion mit einem LCD-Projektor in einem Saal, der viele Sitzreihen nach hinten hat. Auch die Teilnehmer ganz hinten wollen den Vortrag über die Folie nachverfolgen können, daher empfehlen sich die Großdarstellung und die Beschränkung auf Stichworte. Neben Text und Bild können einfache Grafiken, Diagramme und Modelle verwendet werden, aber groß – und sie können animiert werden, aber sparsam. Es geht nicht oder nicht nur um den Effekt der Animation, sondern um eine Abwechslung in der Präsentationsart, die geeignet ist, den Aufmerksamkeitspegel über einen längeren Zeitraum hoch zu halten.

Generell ist (leider) einschränkend zu sagen, dass die Inflation von Powerpoint-Präsentationen einen solchen Grad der Gewöhnung und schnell einsetzenden Ermattung erlangt hat, dass bei ihrer Erstellung wirklich ein äußerstes Gespür für Umfang, Tiefe und Darbietungsform aufzubringen ist.

Bei der begleiteten Präsentation hängt viel von der Eloquenz, der Sprache und der Vitalität des Präsentators ab. Er hat im Sinne der Inszenierung alles selbst in der Hand. Er kann frei agieren oder sich eng an die vorbereiteten Seiten halten, er kann Pausen machen, er kann raffen oder im Gegenteil differenzieren und ausweiten. Wichtig ist, dass er ein Auge auf die Betrachter, die Zuhörer hat und zeitnah eingreift, wenn sich Ermüdung und Langeweile breitmachen.

So sehr am hinteren Ende der Erfolg einer Präsentation vom sprachlich-lebendigen Vortrag des Präsentators abhängt, so sehr hängt sie am vorderen Ende, bei der Erstellung, von der handwerklichen Qualität des Erstellers ab. Der Ersteller ist und sollte sein: das Produktmarketing. Es beherrscht idealerweise den gesamten Kanon der Themen, die mittels Präsentation an den Kunden herangetragen werden: Marktstrukturen und Trends, Geschäftsstrategien, Wettbewerb, Verfahrenstechnik und Endprodukte, Maschinenvarianten und Zubehörpakete, Maschinentechnologie und Lösungsdetails, Einsatzstoffe und allgemeine Optimierungen, betriebswirtschaftliche Kennzahlen und ROI-Modelle. Die Kunst der Erstellung einer Präsentation ist es, für diesen Reigen einen geeigneten Umfang zu definieren. Da es Zuhörerkreise gibt, die es gern kompakt haben, und solche, die nach Tiefe und Details verlangen, ist es unumgänglich, die Präsentation modular aufzubauen und bestimmte Themen sowohl zu differenzieren als auch zu aggregieren, so dass der Präsentator später die Wahl hat und am Präsentationspunkt entscheiden kann, welche Richtung er nimmt. Modularität, Differenzierung und Vertiefung ist der eine Weg, der andere ist die Baumstruktur. Wir werden diese noch später im Kapitel *VAP* (Kapitel 8) ansprechen und vertiefen. Die Baumstruktur verlangt vom Ersteller sehr viel Logik und Fachwissen. Sie verlangt, den Wissensstoff vertikal zu gliedern nach „über" und „unter". Sie ermöglicht, nach einer Vertiefung immer wieder schnell in die obere oder die oberen Ebenen zurückzukehren und gemäß den Wünschen des Kunden zu navigieren, mal in die Tiefe, mal in die Breite, je nach Thema. Die Baumstruktur ist das optimale Navigationsfeld.

Die Grundlage des Präsentationserfolgs liegt also in der Konzeption, der Gliederung, der Wahl der Detailtiefe, der Fähigkeit des Aggregierens und im Einsatz auflockernder Elemente, die von der Filmeinspielung über die Bewegtbildanimation bis hin zur Aktivierung kleiner Gimmicks (Spielereien) reichen können, die im Instrumentenkasten von Powerpoint enthalten sind. Die Erstellung einer Produktpräsentation ist neben der Erarbeitung der inhaltlichen Grundlagen eine der zentralen Kommunikationsprodukte und Kernkompetenzen von Produktmarketing.

Für Methode (1), die Offline-Anwendung, gilt: Sobald die Präsentation fertig erstellt ist, wird sie vom Dienstleister in der gewünschten Stückzahl auf Datenträger kopiert (CD, CD-ROM, DVD oder BlueRay) und an die potentiellen Nutzer im Stammwerk und in der Außenorganisation verteilt.

Diese technische Präsentationsmethode, die Offline-Methode, erscheint heute nicht mehr zeitgemäß, auch deshalb, weil das periodische Updating (Aktualisierung) über diesen Weg sehr umständlich ist. Jedoch: Nicht überall auf der Welt sind die Netzbedingungen so optimal, dass an jedem gewünschten Kundenort online gearbeitet werden kann, daher sollte der Offline-Betrieb vom Stammwerk aus weiter bedient und ermöglicht werden, und sei es als Back-up für den Notfall.

Die beiden anderen Methoden sind *Online-Methoden*, die einen Netzzugang benötigen. Der erste der beiden bedient sich via Internet der eigenen Homepage, von der er das gewünschte Präsentationsmodul auswählt und zum Einsatz bringt. Diese Methode sei nur der Vollständigkeit halber genannt, empfehlenswert ist sie nicht. Da ja die Homepage grundsätzlich für alle Internet-User zugänglich ist, können dort keine kritischen Inhalte untergebracht werden. Unter „kritisch" sind wettbewerbskritische, also geheim zu haltende Inhalte gemeint, Inhalte, die einen positiven Vergleich auf Konzept- oder Detaillösungsebene zum Wettbewerb ziehen. Diese Inhalte sind nicht öffentlichkeitsgeeignet, aber gleichwohl vom Kunden gewünschte und geschätzte Informationen. Dies ist nur über die andere Online-Variante möglich, das Intranet, das mittels Login vom allgemeinen Besucherverkehr auf der Homepage abgeschirmt ist und die Handhabung sensibler Inhalte ermöglicht.

Die vorbereiteten Produktpräsentationen dienen einerseits zur Unterstützung des Vertriebsdialogs mit dem Kunden, andererseits zur Unterstützung bestimmter Marketingaktionen, darunter Messen und Ausstellungen, Fachpräsentationen auf Konferenzen, Seminaren, Presse- und Kundenveranstaltungen, Verbandstagungen und anderes mehr. Je nachdem, ob die Präsentationen begleitet oder unbegleitet eingesetzt werden, ist folgende Unterscheidung zu treffen: Bei den unbegleiteten Präsentationen müssen die Textbausteine – im Unterschied zu den begleiteten – weitgehend ausformuliert und selbsterklärend sein.

Die Homepage oder Website des Unternehmens ist ein weiteres elektronisches Medium, ja *das* elektronische Medium schlechthin. Sie ist die Plattform für den bidirektionalen Austausch vielfältiger Informationen zwischen Innenwelt und Außenwelt des Unternehmens und dient nicht nur Marketingzwecken im engeren Sinne. Wir machen es aufgrund der Universalität dieses Mediums hier nicht zum Gegenstand einer detaillierten Betrachtung, sondern beschränken uns auf einen einzelnen Bereich, die Produktdarstellung.

Die Homepage ist das Schaufenster des Unternehmens in seiner gesamten Breite. In diesem Schaufenster nimmt die Produktdarstellung einen gewissen Raum ein. Die Homepage ist nicht, wie oft so eingeschätzt, „einfach nur" die elektronische Form der text- und bildreichen Produktbroschüre für die Intensivbefassung mit dem Objekt, im Gegenteil. Die elektronische Produktdarstellung ist gedacht (1) als Erstkontakt mit dem Besucher, (2) als seine Erstversorgung, (3) als seine Schnellversorgung.

Alle Informationen, die in die Homepage eingestellt werden, sind daraufhin zu optimieren. Länglichkeiten, Ausführlichkeiten, Detailtiefen sind im ersten Moment unerwünscht oder bieten sich für den Hintergrund der Homepage an, zu dem ein Pfad gelegt wird, den der User bei Interesse aktivieren kann. Im Vordergrund steht dagegen die für den Mainstream der Besucher kurz und knapp gehaltene, hochwirksam strukturierte Darstellung der Produkte, aufsteigend geordnet nach relevanten Kriterien, knapp formuliert und mit ausdrucksstarkem Bildinhalt gekoppelt. Diese einmal gefundene optimale Struktur und Darstellungsform ist für das Stammprogramm des Herstellers über die Zeit beizubehalten und nur moderat zu verändern, abgesehen von den periodisch durchgeführten Relaunches der Homepage.

Der Darstellung des Stammprogramms ist dann eine zweite Produktebene hinzuzufügen, die aktuell sein will und eine ständige Aktualisierung erfährt. Hier geht es um Produktneuheiten, Änderungen, Ergänzungen, neue Anwendungen, neue Topkunden, neue Erkenntnisse und alles, was sich für den Zweck eignet, immanente Aufmerksamkeit für ein bestimmtes Produkt zu generieren. Auf diese zwei Ebenen ist zu achten. Die Internetgemeinde sucht neben strukturierter Information nach schnellen Happen, schnellen Kicks, nach Breaking News – und nicht wenige User urteilen schnell über den *Value of Attraction* (Attraktionswert) eines Herstellers und darüber, ob sich eine weitere Vertiefung lohnt. Diesem Mechanismus des Mediums Homepage ist Rechnung zu tragen, und er muss hundertprozentig, engagiert und professionell bedient werden.

Hier gilt das vorher Gesagte: Produktmarketing erarbeitet Rohmaterial zur Einstellung in die Homepage, Corporate Marketing übernimmt die Gestaltung und den Zuschnitt des Materials zur zielgenauen Befüllung der sorgfältig formatierten Redaktionsblöcke im Aufbau der Homepage.

6.5.6 Mustersammlung

In der Kundenkommunikation kann die Überzeugungskraft eines *textlich formulierten* Arguments durch Nutzung von Bildern gesteigert werden – und durch Nutzung von Bewegtbildern und Animationen noch weiter. Dies darf insbesondere dort vorausgesetzt werden, wo es um die Veranschaulichung von Vorgängen und Verrichtungen geht, die ansonsten schwer oder umständlich zu beschreiben sind. Virtualisierte Darstellungen sind oft eine überlegene Kommunikationsart, sie eignen sich aber weniger gut zur Vermittlung von *Qualität* – beziehungsweise *Hochqualität*. Wir erinnern uns aus Kapitel 4, Thema *Nutzenargumente*, dass Qualität eines der bedeutenden Nutzenargumente einer Maschine oder Anlage ist, insbesondere dann, wenn es gelingt, mittels Qualität in neue und bisher verschlossene Marktsegmente einzudringen und das Geschäft auf eine breitere Basis zu stellen. Insofern darf nicht vernachlässigt werden, das Thema Qualität adäquat, also auf hohem Niveau, darzustellen. Dabei ist zu beachten, dass das persönliche Wahrnehmen und Prüfen von Qualität ein sinnlicher Vorgang ist, bei dem über den Sehsinn hinaus oft auch der Tastsinn und (seltener) der Hörsinn und der Riechsinn zum Einsatz kommen können. Alle angesprochenen Sinne sind jedoch bei medialisierten und virtualisierten Darstellungen von Qualität ausgeschlossen. Aus diesem Grunde ist es besonders empfehlenswert, im Kundenverkehr mit Echtmustern zu arbeiten, also Mustern aus einer echten Produktion. Etwas Reales anstatt Mediales und Virtuelles.

Gedacht ist an eine Mustersammlung, die im Sinne eines Systems praktikabel und für den Verkäufer handhabbar sein muss, gegebenenfalls an einen Folder, eine Mappe oder einen Koffer, geeigneten Behältnissen also, die mit Musterstücken ausgestattet werden. Dieses Behältnis ist zu konzipieren. Hier ist eine weitere Aufgabe für Produktmarketing: Die Muster sind strategisch auszuwählen nach dem Kriterium, welche relevante Nutzenaussage über das Neuprodukt in einem bestimmten Zielsegment mit ihnen transportiert und glaubhaft gemacht werden kann. Es ist im Übrigen darauf zu achten, dass die Muster gut hergestellt werden, also technisch einwandfrei und minutiös geprüft. Schließlich sind die Muster zu beschriften und in einem begleitenden Dokument zu listen und zu beschreiben – und zwar in der Weise, dass der Verkäufer weiß, wie er das Muster gegenüber dem Kunden einsetzt und verbal darstellt.

Die Herstellung und Unterhaltung eines Musterkoffers ist sehr anspruchsvoll. Sein Inlay ist entsprechend der Auswahl der Muster eventuell eine Sonderanfertigung. Die Koffer – oder alternativ Folder, Mappen – werden geordnet, mit den Mustern bestückt, weltweit versandt und individuell an die Verkäufer verteilt. Kaum in Gebrauch, werden schon erste Muster fehlen, weil der Verkäufer vom Kunden gebeten wurde, diese behalten zu dürfen. So entstehen Lücken, die in einem geregelten Nachschubverfahren stetig geschlossen werden müssen.

Wie bei jedem Sales und Marketing Tool ist nach einiger Zeit ein Feedback der Nutzer einzuholen, mit dem die Wirksamkeit der Tools und seiner Komponenten kontrolliert und eine Optimierung ermöglicht wird.

6.6 Tools von und für Produktmarketing

Bisher haben wir Produktmarketing nur in einer eher intellektuellen und dienstleistenden Rolle kennengelernt zum Recherchieren, Sammeln, Verdichten, Veredeln von Information und zum Erstellen von Vor- und Zwischenprodukten für die Bereiche Vertrieb, Marketing, Service und die Marktorganisation. Das ist der Kern dieser Funktion, ein *indirektes* Wirken auf die Frontlinie zum Kunden. Aber je nach vorhandener Organisation und Eignung der Mitarbeiter von Produktmarketing kann die Aktionsbreite in eine sehr direkte und auch praktische, darstellerische Richtung ausgedehnt werden, ja sogar in eine Spezialistenrolle für die Durchführung von Kundenberatungen. Wenn wir diese (erweiterte) Ausprägung zugrunde legen, sieht der Strauß eigenständiger Produktmarketing-Produkte wie folgt aus (alphabetische Reihenfolge):

Tools von und für Produktmarketing

Kundenberatung

Live-Präsentationen

Newsletter für die Verkaufsfront

Produktpositionierung im Marktsegment und gegen den Wettbewerb

Produktpräsentationen

Referenzkundenliste

Rüstzeiten- und Produktivitätsmodelle

Sprachregelung

Verkaufsinformation

Wettbewerbsanalyse, Stärken/Schwächenprofil

Wirtschaftlichkeitsrechnung (standardisiert)

Einige der oben genannten Produkte wurden bereits in vorhergehenden Kapiteln behandelt, darunter die Verkaufsinformation, die Wettbewerbsanalyse, die Produktpositionierung, die Powerpoint-Präsentationen, die Rüstzeitenmodelle und die Wirtschaftlichkeitsrechnung. Hier nachfolgend noch ein paar weitere.

6.6.1 Der Newsletter für die Verkaufsfront

Zu den Verbindungsstücken zwischen dem Stammwerk und der Marktorganisation gehört auch ein vom Stammwerk lancierter Newsletter mit aktueller relevanter Information für den *Point of Sale*, also die Verkaufsfront. Dieser Newsletter wendet sich an die Abteilungen Vertrieb, Service, Marketing und die Marktorganisation und besteht vor allem aus diesen drei Bausteinen:
- Erfolgsmeldungen aus dem weltweiten Vertriebsgeschehen
- Erfolgsmeldungen aus dem Stammhaus
- Meldungen über den Wettbewerb.

Erfolgsmeldungen aus dem Vertriebsgeschehen können sein: Ungewöhnliche und seltene Maschinenkonfigurationen – ungewöhnliche und seltene Applikationen – Erfolge der Markteinführung neuer Maschinentypen – ungewöhnliche und seltene Endprodukte – Paketgeschäfte I (mehrere Maschinen zusammen) – Paketgeschäfte II (Maschinen und Geräte für die Vorstufe und/oder Weiterverarbeitung) – Paketgeschäfte III (Maschinen und Material- oder Servicegeschäft) – Schaffung von Referenzbetrieben in einer Region (Besuchsmöglichkeiten) – Erstürmung eines Wettbewerbshauses – Verkäufe an große Kundennamen – Verkäufe an internationale Gruppen. Dies sind Beispiele.

Die damit verbundenen Fragestellungen an die Marktorganisation sind: Welches erfolgreiche Kundenprojekt der letzten Wochen und Monate in Ihrer Region ist es wert, weltweit genannt zu werden? Inwiefern ist es aus dem üblichen Rahmen fallend oder auch beispielgebend für eine bestimmte taktische Linie, die im Stammhaus oder in der Marktorganisation verfolgt wird? Was hat den Ausschlag gegeben für die eigene Lösung und gegen den Wettbewerb? Was ist im Demo-Center in den letzten Wochen/Monaten gut gelaufen und hat Kunden beeindruckt, überrascht, verblüfft?

Die Meldungen müssen gut recherchiert sein und einen Kick haben, das heißt, sie erzeugen Lesestimulanz und motivieren und munitionieren den Verkäufer, den Frontmann, mit vertriebsrelevanten Fakten. Zur Hebung dieser Fakten unterhält Produktmarketing eine flüssige Verbindung zu den kundenbehafteten Funktionen im Stammwerk (Vertrieb, Service, Marketing, Demo-Einrichtung) sowie zur Marktorganisation. Diese Aufgabe ist essentiell.

Eine zweite geeignete Gruppe für den Newsletter sind Erfolgsmeldungen aus dem Stammwerk, darunter immanente Produkteinführungen, positive Veränderungen von Strukturen und relevantem Personal, zum Beispiel Ausbau oder Konzentration der Werke, immanente oder stattgefundene Großkundenveranstaltungen, internationale Messen, Technologieforen, erfolgreiche Austestung neuer Einsatzstoffe oder sonstiger verfahrenstechnischer Besonderheiten – und anderes mehr.

Eine dritte Gruppe können Meldungen des Wettbewerbs sein: In welchen Fällen verhielt sich der Wettbewerb in den Projekten besonders schlau oder unkonventionell? Welches Taktikmuster zeigt sich beim Wettbewerb gegen die eigene Marke und gegen einzelne Maschinentypen? Bei welchen Installationen hört man beim Wettbewerb von Lieferverzögerungen, schlechten Produktanläufen oder von Problemen im Maschinenbetrieb, gegebenenfalls von Maschinenveräußerungen und vom Wechsel der Marke? Oder vom Wechsel der Vertretung? Wo hat sich ein Kunde über den Wettbewerb negativ geäußert?

Ein weiteres stark wettbewerbsorientiertes Tool sind die Erfolgsgeschichten *(Success-Storys)* im Verkauf. Anstatt der knappen Darstellung im Newsletter können Success-Storys als eigenständige Flyer konzipiert werden, auf denen mehr Platz zur Text- und Bilddarstellung zur Verfügung steht. Dieses Medium ist weniger für das Stammwerk geeignet, dafür umso mehr für die einzelne Marktorganisation. Es geht um die Nutzung von Neukunden oder Bestandskunden mit Neumaschinen, und hier speziell um die Herausstellung ihrer Zufriedenheit mit Lieferung, Inbetriebnahme, Maschinenabnahme und Produktionsanlauf – ferner um Aussagen über die Qualität und Produktivität im Produktionsbetrieb. Und schließlich geht es um vergleichende Aussagen zur Vorgängermaschine oder zum vorhandenen oder deinstallierten oder auch in Frage gekommenen Wettbewerbsprodukt, letzteres aber in einer für die Öffentlichkeitsarbeit verwertbaren Form, also faktenbasiert.

Der Newsletter für die Verkaufsfront ist ein nicht zu unterschätzendes Medium zur emotionalen Verlinkung zwischen Stammwerk und Marktorganisation, zugleich enthält es wertvolle Sachinformation für beide Seiten.

6.6.2 Sprachregelung

Nicht immer liegt für das Neuprodukt oder für den Relaunch eines Stammprodukts eine vorteilhafte Situation vor. Das kann verschiedene Gründe haben, unter anderem den, dass bestimmte Punkte des Lastenhefts, die einen bisherigen Vorteil des Wettbewerbs zu tilgen gedachten, nicht realisiert werden konnten – aus Zeit- oder Geldmangel – oder aus sachlichen Gründen (zum Beispiel Patentschutz) – oder wegen Änderung der F+E-Prioritäten – oder weil der Wettbewerber zum Zeitpunkt des Produkt-Launch kurzfristig und unvermuteterweise konstruktiv nachgebessert und einen eigenen Wettbewerbsvorteil realisiert hat. All das kann passieren. Am Ende muss das Neuprodukt oder Relaunch-Produkt dennoch bestmöglich verkauft werden. In diesem Fall besteht die Herausforderung – sofern sich keine oder nur wenige Vorteilsargumente finden lassen – darin, seine kritische Flanke zu schützen. Es braucht eine *Sprachregelung*.

Üblicherweise funktioniert eine Sprachregelung so, dass der betreffende Punkt (die „kritische Flanke") bagatellisiert, also in seiner Bedeutung und seinem Anwendernutzen gemindert wird, indem der Fall der Anwendung als selten oder der Wettbewerbsnachteil als klein dargestellt wird. Es lohnt sich, dies von der Praxis her zu verifizieren, um die Wahrhaftigkeit der Aussage nicht über das erlaubte Maß hinaus zu dehnen und folglich als unglaubwürdig zu gelten. Wenn dies nicht möglich ist, ist ein anderes bewährtes Mittel die Abstraktion. Diese Methode funktioniert so, dass man prüft, in welche Nutzenkategorie der leidige Punkt fällt (also der Wettbewerbsnachteil) – zum Beispiel in die Kategorie „Qualität" oder „Produktivität". Dann sucht man in dieser Kategorie nach anderen Merkmalen des eigenen Produkts, die definitiv einen Nutzenvorteil gegenüber dem Wettbewerb darstellen, und hält diese im Kundengespräch dagegen. Auf diese Weise hat man zwar den leidigen Punkt weder getilgt noch überhaupt bedient, aber es konnte vermieden werden, an dieser Stelle gegenüber dem Kunden in die Defensive zu geraten.

Die Sprachregelung ist das Komplementärprodukt zur Nutzenargumentation und insofern ein gleichberechtigtes, notwendiges und sinnvolles Instrument für Produktmarketing und Vertrieb.

6.6.3 Referenzkunden

Im Verkaufszyklus eines Kundenprojekts steht am Ende – nach erfolgter Lieferung und Inbetriebnahme der Maschine – die Aufgabe, den neuen Anwender als Referenzkunden zu gewinnen. Dies ist nicht primär die Aufgabe von Produktmarketing, sondern des lokalen Verkäufers, es kann aber den Prozess unterstützen und für sich und andere Mitglieder der Marktorganisation einen erweiterten Nutzen daraus ziehen. Den Kunden als Referenzkunden zu gewinnen, ist noch einmal eine Kraftanstrengung, aber sie ist der Grundstein für die Fortsetzung einer erfolgreichen Verkaufstätigkeit am Ort und in der Region. Denn nichts ist glaubwürdiger und wertvoller als die positive Aussage eines bestehenden Anwenders, insbesondere dann, wenn er einen größeren Bekanntheitsgrad hat.

Unter Referenzkunde kann vieles verstanden werden. Eine Art der Nutzung ist es, wenn der Kunde zustimmt, namentlich mit ausgewählten Positivaussagen zum Neuprodukt in den Werbeprodukten des Herstellers genannt zu werden („Testimonial"), zum Beispiel auf der Website des Herstellers, in einem Prospekt, auf einem Plakat. Es versteht sich von selbst, dass die Positivaussage entweder vom Kunden selbst stammen oder andernfalls eng mit ihm abgestimmt sein muss und ebenso die Art der medialen Nutzung (Anzeigen, Fachartikel, Flyer und anderes mehr).

Ein geplanter Referenzkunde kann auch angefragt werden, ob er bereit ist, sich selbst, also persönlich, zum Neuprodukt öffentlich zu bekennen. Dies ist eine besonders wirkungsvolle Aktion, unter anderem auf Messen, Openhouses, Konferenzen – wo immer Fachleute zusammentreffen. Es gibt immer Kunden, die sich gern öffentlich zeigen und einen solchen Auftritt für sich selbst genießen.

Die Funktion des Referenzkunden kann auch dahingehend ausgeweitet werden, dass er seine Zustimmung gibt zum Besuchsempfang anderer Kunden in seiner Fabrik oder Werkstatt. Dies ist ein sehr weitgehendes Zugeständnis, und hier sollte dem Kunden ein uneingeschränktes Veto eingeräumt werden, wenn es sich später im Einzelfall um Besucher handelt, die dem Referenzkunden in seiner Wettbewerbssituation gefährlich werden könnten. Eine noch weitergehende Referenzkundenvereinbarung ist der Kundenbesuch bei ihm inklusive einer Demoaktion an seiner Maschine. Dies ist ein großer Anreiz für diejenige Marktorganisation, die im eigenen Umfeld keine Demoeinrichtung hat und von der aus Reisen ins heimische Stammwerk zusammen mit interessierten Kunden sehr aufwändig ist. Demoaktionen bei bestehenden Kunden (Referenzkunden) haben den Vorteil hoher Glaubwürdigkeit, aber auch den Nachteil, die Umfeldfaktoren im Betrieb des Kunden nicht oder nur marginal beeinflussen zu können. Von diesen hängt aber oft der Erfolg einer Demoaktion ab – ein Konflikt also. Eventuell lässt sich der Kunde dazu bewegen, dass er nur die Maschine zur Verfügung stellt, während die Demoaktion selbst von Servicemitarbeitern der Marktorganisation des Herstellers und mit eigenen Werkstoffen durchgeführt wird.

Einen besonderen Wert haben Referenzkunden für die F+E-Konstrukteure im Stammwerk. Jede neue Technologie und jede neue technische Lösung – maschinentechnisch, verfahrenstechnisch, steuerungstechnisch – braucht ein Erprobungsfeld mit einem verlässlichen Partner in einem definierten Umfeld. Referenzkunden sind dazu auserkoren, diese Erprobung bei sich zu gewähren beziehungsweise sie auch proaktiv selbst vorzunehmen in einem Rahmen, der eng abgestimmt ist.

Aus dem letztgenannten Punkt versteht es sich von selbst, dass Referenzkunden nicht nur im betrieblich-operativen Sinne sehr spezielle Kunden sind, sondern auch im persönlich-psychologischen Sinne. Das Outsourcing so wesentlicher Unternehmensleistungen wie Forschung und Entwicklung aus dem Stammwerk in das Hoheitsfeld des Kunden setzt ein sehr vertrauensvolles, freundschaftliches Verhältnis zwischen den Parteien voraus und begründet es oft sogar.

Der Nutzen eines Referenzkunden für den Hersteller ist umso höher, je bekannter der Referenzkunde in der Branche ist. Einige Betriebe besitzen den Ruf eines Pioniers und Avantgardisten, der früh neuartige Technologien einsetzt, sei es aus technischem Interesse oder aus einer bestimmten Marketinghaltung heraus. Auf ihn, den Pionier, blickt die gesamte Branche. Einen solchen Primus zu gewinnen, ist die Königsdisziplin des Verkäufers in der Marktorganisation, die umso höher gratifiziert werden muss, je mehr nicht nur er persönlich in seinem Verkaufsgebiet davon profitiert, sondern ebenso das Stammwerk oder andere Mitglieder der Marktorganisation in anderen Regionen. „Gratifiziert" werden will eventuell auch der Referenzkunde, einerseits weil er seinem Lieferanten einen Vorteil verschafft, andererseits weil gegebenenfalls für die Wünsche des Lieferanten Sonderaufwendungen entstehen. Der Grad des gegenseitigen Entgegenkommens ist entscheidend für das Klima und den finalen Vertrag – und schließlich auch für die erwartete Performance.

Produktmarketing, das eine Funktion des Stammwerks ist und keine Regionalfunktion, übernimmt die Aufgabe, eine zentrale und internationale Referenzkundenliste zu führen – für sich selbst, für F+E, für den Vertrieb und für die weltweite Marktorganisation. Ziel der Liste ist die Sicherstellung einer vollständigen Abdeckung aller strategisch sinnvollen Maschinenkonfigurationen und Applikationen gemäß den anvisierten Zielsegmenten im Referenzkundenfeld. Für sich selbst nutzt Produktmarketing den Kontakt zum Referenzkunden für die Erstellung technisch-wirtschaftlich begründeter Positivaussagen im Rahmen seiner Kommunikationsfunktion. F+E nutzt die Liste zur geeigneten Auswahl von Feldtestkunden, zur Erhebung von Fakten, Meinungen und Einschätzungen zur Performance bestimmter technischer Lösungen. Und für den Vertrieb dient die Liste zur Realisierung von Spezialdemos für Potenzialkunden in den Fällen, wo ein Demozentrum nicht existiert, eine Reise ins Stammwerk zu aufwändig ist oder die Demomaschine nicht die gewünschte Konfiguration oder Sonderausstattung hat. Übrigens sollten auch die Demomaschinen im Demo-Center des Stammwerks als „Referenzkunde" in die Liste aufgenommen werden. Demomaschinen sind für den Vertriebserfolg so wichtig, dass sie eine servicetechnische Vorzugsbehandlung rechtfertigen.

Arbeitsliste für das Referenzkunden-Management

Land/ Stadt Nächster Flughafen	Kunde Name	Installierte Maschinentypen	MO* Kontaktperson E-Mail-Account	Jahr der Maschineninstallation	Endprodukte, Anwendung	Bemerkung	Offen für Telefonempfehlung	Offen für Kundenbesuch mit vorheriger Abstimmung	Offen für…
…									
…									
…									
…									

*MO = Marktorganisation

Eine weitere wichtige Nutzung von Referenzkunden ist ihre mögliche Einbindung in einen *User Club*. Diese Maßnahme hat eine hohe Win-win-Wahrscheinlichkeit. Es gibt keinen besseren User Club als den, dessen Mitglieder jene Kunden und Anwender sind, die schon aufgrund ihres Status als Referenzkunde nachgewiesen haben, dass ihre Kompetenz und Professionalität in jeder Hinsicht herausragend ist. Da diese Kunden sich bereit erklärt haben, diesen Status anzunehmen und ihre Erfahrungen, positiv wie negativ, mit dem Hersteller zu teilen, liegt es nahe, dass sie auch einer Mitgliedschaft in einem User Club zustimmen. Sofern dieser Club nicht nur auf dem Papier steht, sondern es zu regelmäßigen Treffen zwischen den Top-Repräsentanten der Referenzkunden kommt – eine mögliche Hoheitsaufgabe für Produktmarketing – , findet sich ein Kreis von unübertroffener Expertise und Innovationskraft zusammen, der wiederum für zwei Dinge gewinnbringend genutzt werden kann: für Marketingzwecke und für F+E-Zwecke. Es steht außer Frage, dass die Unterhaltung eines User Clubs auf diesem Niveau ein kostspieliges Unterfangen ist und starke Persönlichkeiten auf Herstellerseite braucht.

6.6.4 Live-Präsentation, Live-Act, Kundenevents

Einen besonders starken Eindruck auf den suchenden und prüfenden Potenzialkunden machen Live-Präsentationen, bei denen Fachvorträge, kommentierte Maschinenpräsentationen und eine individuelle Frage-Antwort-Session zu einem Live-Programm gebündelt werden. Entscheidend ist dabei nicht nur Inhalt und Form, sondern auch, inwieweit alle Programmteile und alle Personen so synchronisiert sind, dass beim Kunden ein einheitliches, fein abgestimmtes, detailreiches und kraftvolles Leistungsbild entsteht. Live-Präsentationen können stattfinden im Democenter des Stammhauses oder der Marktorganisation, auf Messen und Technologieforen, auf Openhouses und Verbandsveranstaltungen und bei Referenzkunden. Live-Präsentationen sind auch ohne Maschinendemo möglich, dann genügt ein Hotel- oder Fachtagungsambiente.

Von den genannten Events ist neben der Fachmesse die Hausmesse (Openhouse) eines der aufwändigsten, was unter anderem damit zu tun hat, dass Kunden in einem mehrstufigen Prozess eingeladen und mobilisiert werden und diese dann mit An- und Abfahrt mindestens einen Tag lang, wenn nicht länger, von ihrer sonstigen Arbeit abgezogen werden. Dies führt bei diesem Personenkreis zu einer hohen Erwartungshaltung, die mit einer überzeugenden Präsentationsleistung am Ort des Events legitimiert werden muss. Diese Erwartungshaltung bezieht sich auf den äußeren Rahmen, die Qualität der präsentierten Inhalte und die Wahrnehmung einer spürbaren Großzügigkeit, Warmherzigkeit und einer erkennbaren, veräußerten Intensität, die allen Akteuren zu eigen ist. Die Kundschaft ist anspruchsvoll und verlangt ein Höchstmaß an Beachtung, Zuwendung und Professionalität.

Während bei Einzelkundengesprächen die Besucher in der Regel bekannt sind oder zuvor namentlich und von ihrer Funktion her bekannt gemacht werden, so dass die Programmteile einer Live-Präsentation ganz auf sie zugeschnitten werden können, versagt dieses Vorgehen bei Großveranstaltungen wie Fach- und Hausmessen. Hier ist die Gästegruppe funktional heterogen und oft auch unbekannt. Das erschwert die Programmbildung. Während der Hersteller gern *alle* relevanten Themen präsentieren möchte, die zusammen ein rundes Bild, eine Logik und eine Stringenz ergeben, zerfällt das Auditorium in verschiedene Kompetenz- und Interessensgruppen: Anwesende Kaufleute sind dann wenig an Technik interessiert und umgekehrt die Techniker wenig an kaufmännischen Details. Dies kann schleppende Gefolgschaft bei den einzelnen Programmteilen verursachen. Aus diesem Grunde sind zwei Vorgehensweisen abzuwägen. Entweder man baut ein lineares Präsentationsprogramm auf mit allen Vorträgen und Themen hintereinander weg, dann sollte man Vertiefungen vermeiden und neben sehr allgemeinen, kontextgebenden Großübersichten und Prinzipdarstellungen nur dort eine Detailebene einbauen, wo es zum Verständnis einer herausragenden Lösung des Herstellers unbedingt erforderlich ist. Der andere Weg ist der, die heterogene Besuchergruppe und das Vortragsprogramm zu splitten – in Techniker und Kaufleute, gegebenenfalls auch noch in eine dritte Gruppe für Vertrieb und Marketing. Was konkret heißt: Nach einer allgemeinen Einführung und einer Darstellung der Märkte mit ihren Strukturen und Trends würde ein zweiter Programmteil die Wahl lassen zwischen zwei oder drei separaten, vertiefenden und parallel stattfindenden Vorträgen zu unterschiedlichen Themenstellungen. Danach wird die Gruppe durch ein zusammenführendes Schlussmodul wieder vereint.

Die Live-Präsentation auf einer Fach- oder Hausmesse benötigt eine gute Planung und Organisation. Hierzu ist der erste Schritt das Storyboard. Dies ist ein schriftlich verfasstes Dokument, in dem im Stile einer erzählten Geschichte das Setting beschrieben wird mit Objekten, arrangiert auf einer Bühne, und einer Handlung, bestehend aus Personen, Themen und einer Abfolge. Diese Geschichte, die in sich eine Logik und Stringenz aufweist, ist der Faden, an dem entlang sich das geplante Event im Großen entfaltet. Ziel ist es, alle involvierten Mitarbeiter des Stammwerks und der Marktorganisation mit dem Storyboard auf das Event und ihre Rolle einzustimmen.

Das Storyboard wird zunächst als Entwurf aufgesetzt, dann mit Corporate Marketing und Vertrieb besprochen und schließlich in einer finalen verbindlichen Form verabschiedet. Sein wesentlicher Inhalt sind der Kontext, in dem das Neuprodukt steht, sein zurückliegender Ausgangspunkt (die Analyse) und seine Perspektive nach vorne (die Technologie). Dazu gehören viele der Bausteine, die im Rahmen der Arbeit von Produktmarketing bereits erstellt und hier beschrieben worden sind.

Nach dem Storyboard ist das Event zu planen, es sind Programmblöcke zu bilden, Anfangs- und Endezeiten zu definieren, Verantwortlichkeiten für organisatorische Teilaufgaben zu benennen, Präsentatoren auszuwählen, Räume und Gebäude sowie die erforderlichen Besuchertransfers zu bestimmen, das Catering zu planen und für den notwendigen Support professionelle Dienstleister zu beauftragen. Dann geht es an die Konzeption der Inhalte.

Der erste Block der Veranstaltung besteht aus Präsentationsvorträgen. Hierfür ist der Mitarbeiter von Produktmarketing grundsätzlich die richtige Person, die es vermag, ähnlich wie im Storyboard eine stringente Kette aufzuzeigen mit logisch verknüpften Einzelgliedern. Diese Kette beginnt bei den Endmärkten. Er bricht sie herunter auf Marktsegmente mit ihren spezifischen Kundenbedarfen und zeigt die Strukturen und Trends auf bezüglich der vorherrschenden Endprodukte, Verfahrenstechniken, Anwendungen und der geforderten Leistungsniveaus. Letztere verknüpft er mit den dazu notwendigen technischen Merkmalen einer Produktionsanlage.

Die Kunst für den Vortragenden besteht in der Unterdrückung einer vordergründig-werblichen, technikbeladenen Produktdarstellung zugunsten einer Story, die – wie beschrieben – deduktiv von den Märkten kommt und das Produkt, die Maschine, mehr vom Anwendernutzen als von der Physik her beschreibt. Auch dies ist am Ende werblich, und ohne Technik geht es auch da nicht, aber sie wird in einer Weise präsentiert – *business model first* –, die dem Denken, der Intuition und der Logik des Kunden entspricht.

Der gute Aufbau der Präsentation ist aber nur eine der beiden inhaltlich-formalen Voraussetzungen für eine gute Live-Präsentation, die zweite ist das professionelle Arrangement der begleitenden Powerpoint-Präsentation, die text- und bildstark und stets knapp ausgeführt ist. Darüber haben wir schon im Kapitel Marketing Tools (vorheriges Kapitel, 6.4) gesprochen. Ein drittes kommt hinzu, die professionelle Vortragstechnik des Referenten. Besucher wünschen sich eine gewandte, gewinnende Persönlichkeit mit industrietypisch akzeptiertem Erscheinungsbild, einer fließenden Rhetorik, einer agilen und vitalen Körpersprache, einer Freundlichkeit und Wärme ausstrahlenden Mimik und einer positiven Gesamthaltung. Dem Präsentator gelingt es, seinen Stoff klar zu strukturieren, ihn in gemessenen Tempo vorzutragen, Pausen einzulegen und kapitelweise und am Ende zusammenzufassen. Er agiert auf hohem Niveau und weiß, dass die Aufmerksamkeitsspanne der Besucher in seinem Zeitblock zunehmend kleiner wird und ebenso das Fenster ihrer mentalen Erreichbarkeit.

Zum äußeren Rahmen sind folgende Empfehlungen zu geben. Bei eintägigen Veranstaltungen mit regionalem Anwenderkreis ist der maximale Rahmen 10 bis 15 Uhr, was eine Festlegung ist, die es den Besuchern ermöglicht, die stauträchtigen Verkehrszeiten für An- und Rückfahrt zu vermeiden.

Mit einer dreißigminütigen Karenzzeit zu Beginn, also 10.00 bis 10.30 h, wird der Pünktlichkeitsdruck weiter gemindert. Diese 30 Minuten dienen beiden Seiten, also den Kundenbesuchern und Repräsentanten des Herstellers, zur Aufwärmung und Einstimmung („Get-together") im Rahmen informeller Gespräche. Um 10.30 h folgt ein erster Präsentationsblock von maximal 90 Minuten bis 12.00 Uhr. Die Vortragslänge pro Thema sollte 15 bis 20 Minuten nicht überschreiten. Dann folgt ein Mittagsimbiss, der schnell geht, wenig aufwändig ist und keinen logistischen Kraftakt benötigt – Stehtische und Suppengerichte oder Fingerfood reichen aus. Im anschließenden gleichlangen Nachmittagsteil (13 bis 15 Uhr) stehen zwei weitere Stunden für die Maschinen-Demo und für den abschließenden Frage-Antwort-Teil zur Verfügung. Das klingt nach geringer Dichte, ist aber ein erprobtes Schema. Es ist wichtig, einerseits komplexe Inhalte zu vermitteln, andererseits den Eindruck von akademischer Schwere und disziplinarischer Strenge zu vermeiden.

Die Vortragspräsentation am Vormittag legt also in geeigneter Weise die Grundlage für die Live-Demonstration der Maschine am Nachmittag. Dabei handelt es sich um eine Vorführung mit mehreren Personen auf mehreren Handlungsebenen gleichzeitig. Figürlich im Hintergrund agiert der Maschinenbediener, eventuell assistiert von einer zweiten Person, also von Helfern oder Logistikern. Figürlich im Vordergrund bewegt sich der Präsentator – und zwischen ihnen changiert ein Kameramann, der die Handlungen des Maschinenführers ins Bild setzt, das auf Leinwand, Vidiwall oder Großbildschirm, die den Gästen zur Nah-Verfolgung dienen, simultan übertragen wird.

Der Präsentator im Vordergrund ist die Schnittstelle zwischen Maschine und Publikum. Er begrüßt die Gäste und beschreibt den Demoaufbau und das Programm („Agenda"). Dabei hält er mit Auge und Gestus den Kontakt zum Maschinenführer im Hintergrund. Wichtig sind jetzt Aktionsfluss, Lockerheit und Logik. Ziel ist es, beim Publikum den Eindruck von „traumwandlerischer" Einfachheit und Sicherheit der Bedienschritte, des Rüstvorgangs und der Maschinenproduktion zu erzeugen. Dabei agiert der Präsentator wie ein Schauspieler: Er redet frei, er bewegt sich seitlich und oberhalb der Maschine, er wartet bestimmte Aktionen der Crew ab, er überbrückt gegebenenfalls Stockungen oder Störungen oder er kürzt ein, rafft und beschleunigt das Redetempo, wenn das Geschehen glatter läuft als geplant – kurzum: Er muss fix erkennen und adaptieren und dabei die Ruhe bewahren.

Der Live-Act beginnt. Die Maschine wird im bereits eingerüsteten Zustand angefahren und auf Betriebsgeschwindigkeit gebracht. Durch Betrachten der Anlage, durch Verfolgen der Aktionen und durch die Aufnahme der mechanischen Geräusche entsteht bei den Besuchern ein erster sinnlicher Eindruck, noch bevor ein Probestück aus der angelaufenen Produktion zu sehen ist. Dieser erste Eindruck ist sehr wichtig, und er muss gelingen, auch für die Crew, damit Sicherheit im weiteren Ablauf entsteht. Nach einer kleinen Produktion bei möglichst hoher Verarbeitungsgeschwindigkeit hält die Maschine an. Es besteht die Möglichkeit, weiter an die Maschine heranzutreten und Werkstücke zur Begutachtung der Qualität zu entnehmen. Nach einer Pause wird die Maschine gegebenenfalls gewaschen und für den nächsten Job umgerüstet. Dabei kommentiert der Präsentator die entsprechenden Bedienschritte und geht, soweit es die Zeit erlaubt, auf Besonderheiten ein. Da viele Bedienschritte am Leitstand erfolgen, ist nicht nur die verbale Beschreibung, sondern auch das Bild der Live-Kamera wichtig, die das Arbeiten am Leitstand in den Fokus nimmt. Nach der Freigabe durch den Maschinenführer wird der zweite Job produziert. Noch weitere Jobs können folgen. Der Präsentator beschließt am Ende den Demo-Block, bedankt sich bei der Maschinen-Crew und leitet über zum dritten und abschließenden Teil, die Frage-Antwort-Session. Hierbei löst sich die Gruppe der Teilnehmer auf, vereinzelt sich zu Kleingruppen, die dann idealerweise an Stehtischen Platz nehmen und bei einem Getränk auf Fachpersonal warten, das im Demo-Center nun kreuz und quer auf die Gäste zugeht und sich für eine fachliche Nachbetrachtung anbietet. Dieser dritte Teil ist open end. Damit bleibt es den Besuchern überlassen, ihren Abschied zeitlich selbst zu bestimmen, was elegant, wenig bevormundend und ganz im Sinne eines offenen Hauses ist.

Der Aufbau von Leinwand, Vidiwall oder Großbildschirm dient im Übrigen nicht nur für die Live-Übertragung der Demo, sondern ermöglicht auch die bedienergesteuerte Einspielung von vorgefertigten Bildern, Skizzen, Diagrammen, Charts, Videos, Animationen, Modellrechnungen und vieles mehr. Solche Einspielungen können dem Präsentator helfen, Längen im Laufe der Demo zu überbrücken, ohne dass ein Spannungsabfall bei den Besuchern stattfindet, was sonst leicht der Fall ist. Für den Live-Act gilt: Alles muss im Fluss bleiben, es darf zu keinem Zeitpunkt der Eindruck entstehen, dass etwas Unvorhergesehenes, Überraschendes eingetreten ist – im Gegenteil: Erwartet wird ein routinemäßiger Produktionsablauf und eine absolute Betriebssicherheit der Maschine. Diese Erwartung darf nicht erschüttert werden. Etwas anderes ist jedoch, wenn es im Live-Act beabsichtigt ist, eine Herausforderung im Alltag bewusst zu thematisieren, also zu simulieren, um dann aufzuzeigen, wie sich der Bediener mit Hilfe einer Methode oder einer Technikhilfe zu retten weiß.

Bei internationalen Veranstaltungen und solchen, bei denen die Gäste vorzugsweise mit dem Flugzeug anreisen, sollte ein Zwei-Tages-Event geplant werden. Der erste Tag beginnt dann erst um 11 Uhr und kann weit in den Nachmittag gezogen werden. Der Transfer vom Stammwerk ins Hotel und am nächsten Morgen zurück erfolgt organisiert mit Bus oder Taxi. Der zweite Tag beginnt um 9 Uhr und läuft bis mittags. Da die Abflüge sehr verteilt über den Nachmittag erfolgen, verbleibt es beim Gast selbst zu entscheiden, wann er den Veranstaltungsort verlässt und ob er den angebotenen Mittagsimbiss noch einnimmt oder nicht. Die deutlich verlängerte Nettozeit einer Zwei-Tages-Veranstaltung kann gegenüber dem ersten Szenario (Inlandveranstaltung) vielfältig genutzt werden: mehr Zeit für die gleichen Inhalte (zum Beispiel für den Übersetzungsaufwand) – für einen zusätzlichen Besuch der Fabrik – für den Besuch eines Referenzkunden in der Umgebung – oder für weitere Inhaltsmodule, wie zum Beispiel Praxistipps zur Optimierung des Produktionsalltags und vieles andere mehr.

Wie schon erwähnt, ist der Aufwand für eine Fach- oder Hausmesse sehr hoch, so dass alle anderen Arten von Kundenevents hiervon ein Teilausschnitt sind, zum Beispiel Symposien, Fachtagungen, Konferenzen, Hotelveranstaltungen und so weiter. Diese Events bieten ohnehin keinen Raum für Maschinendemonstrationen, so dass dieser aufwändige Teil wegfällt und durch Virtualisierung aus dem Pool der vorgefertigten Präsentationsmodule ersetzt wird.

Nur am Rande sei vermerkt, dass noch zwischen verschiedenen Arten von Hausveranstaltungen zu unterscheiden ist. Die übliche Hausmesse ist eine Art Tag der offenen Tür *(Openhouse),* es wird das Stammprogramm gezeigt. Der Schwerpunkt liegt auf Image, Breitbild und auf persönliche Begegnungen, die mit Unterhaltungselementen und Bewirtung garniert werden. Wenn stattdessen eine Produkt- oder Technologieneuheit im Mittelpunkt steht, wird oft von einem „Technologieforum" gesprochen. Und wenn stattdessen der Schwerpunkt auf die Vermittlung von Praxiswissen gelegt wird, wie man das vorhandene Equipment am zweckmäßigsten und von der Handhabung her professionell einsetzt, nennt sich die Veranstaltung oft „Anwenderforum". Natürlich sind alle drei Varianten auf geeignete Art und Weise kombinierbar. Welches Unterformat auch immer zur Anwendung kommt, es wird zweckmäßigerweise immer ein Theorieblock mit Kontextinformation vorangestellt sein und immer ein kommentierter Live-Act an der Maschine folgen.

Eine Live-Veranstaltung ganz anderer Art ist eine Diskussionsrunde unter Experten, eine Art Talkshow. Wir haben das Thema schon im Zusammenhang mit dem User Club und den Referenzkunden gestreift. Dort lag der Schwerpunkt auf Technikaustausch, an dem F+E und der Vertriebs- und Marketingbereich des Herstellers partizipieren. Nun ist es auch möglich, Diskussionsrunden zu bilden, die nicht kleinteilig über Technik diskutieren, sondern eher den großen Bogen spannen und die großflächige Entwicklung der Branche beleuchten. Die Teilnehmer müssen nicht zwingend Referenzkunden sein, auch wenn ihre Teilnahme immer sehr gewünscht ist, es können auch Repräsentanten anderer Herstellerfirmen sein oder Branchenexperten der Presse, der Banken, der Verbände oder der Messegesellschaften, also ein großkalibriges Panel.

Viel hängt bei solchen Diskussionsrunden von der Steuerung ab: Es liegt beim Moderator, der die Fäden in der Hand hält, die Diskussion mit einem Intro in Gang bringt und sie später mit klugen Fragen oder steilen Thesen steuert – und es liegt bei den Teilnehmern, die Weitblick haben, einen kritischen Verstand und eine rhetorische Qualität, die dem Forum Substanz und Perspektive geben. Es ist möglich (und es passiert), aus diesen Veranstaltungen über Jahre und Jahrzehnte eine Reihe zu machen und eine (Neben-)Marke zu gründen, in der sich die Hauptmarke (das Maschinenprodukt) situativ einfügt oder auch gar keine Rolle spielt.

Um Wiederholung – oder besser: Duplizierung – geht es auch in einem anderen Sinne. Es stellt sich die Frage, wie ein Event, dessen Struktur und Inhalt erprobt sind und sich bewährt haben, an anderer Stelle im identischen oder leicht abgewandelten Format organisiert – oder noch weiter gedacht – wie dieses Format in die weltweiten Exportmärkte ausgerollt werden kann. Wir greifen diesen Gedanken im letzten Kapitel noch einmal auf – *Best Practice* (Kapitel 9).

6.6.5 Produkttechnische Kundenberatung

Auch wenn die Aufgabe von Produktmarketing eigentlich auf Zielmärkte und Personengruppen ausgerichtet ist, also auf eher abstrakte Formationen, kann es sinnvoll sein, seine Funktion auch im konkreten Einzelfall, also im Kundenprojekt und für Einzelgespräche in Eins-zu-eins-Situationen zu nutzen. Es gibt keinen Grund anzunehmen, dass die erarbeiteten Grundlagen, die für Gruppen gelten, nicht auch für den Einzelkontakt geeignet wären, im Gegenteil. Dieser Ansatz erfüllt gleich drei Ziele.

Das erste Ziel ist die Kundenberatung selbst, nämlich das Herantragen aller guten Argumente für ein vom Kunden geplantes Investitionsprojekt. Hierfür hat Produktmarketing alle Unterlagen parat, beherrscht sie und wendet sie im Einzelfall an.

Zugleich, und das ist das zweite Ziel, erkennt Produktmarketing die Tragfähigkeit und den Erfolg – im anderen Fall den Misserfolg – seiner angestellten Überlegungen, seiner Argumente und Plausibilitäten. Sollten also an einem bestimmten Punkt des Beratungsgesprächs Divergenzen auftreten zwischen seiner Erwartung, wie der Kunde auf die positiven Teile seiner Argumentationsketten reagieren sollte, und der tatsächlichen Reaktion des Kunden, ist zu prüfen, ob letzterer in sich einen Einzelfall darstellt. Wenn nein, wäre das Arbeitsgerüst zu überarbeiten.

Das dritte Ziel ist der Best-Practice-Transfer gegenüber den eigenen Mitarbeitern, zum Beispiel Juniorverkäufern. Die Empfehlung ist also, Produktmarketing in der Kundenberatung nicht alleine auftreten zu lassen, sondern ihm eine Begleitung an die Seite zu stellen, die durch Zuhören und Verinnerlichen die Argumentationsketten für sich übernimmt und später eigenständig einsetzt. Eine bessere Schulung als Hands-on gibt es nicht. Auf diese Art und Weise wächst eine Kultur.

6.6.6 Medienmanagement

Die in den letzten drei Kapiteln vorgestellten Tools gliedern sich auf in solche für Vertrieb/Marktorganisation, für Corporate Marketing, für den Service (im Prinzip deckungsgleich mit dem Vertrieb) und für Produktmarketing. Die meisten dieser Tools sind medial gebunden, andere sind Live-Acts. Letztere können auch medial verwertet werden; sie dienen dann als Grundlage für Neuauflagen oder für identische oder ähnliche Inszenierungen an anderen Orten der Welt. In jedem Fall sind alle medialen Erzeugnisse von Produktmarketing zu verwalten mit dem Ziel einer jederzeit möglichen und schnellen Auffindbarkeit. Dies erfordert ein professionelles Medienmanagement. Dazu gehört als weitere Aufgabe das Versioning, also die Prüfung und Kontrolle der Aktualität des Materials sowie der Vollständigkeit von Versionen, wie zum Beispiel Sprachversionen oder regionale Versionen für spezielle Märkte. Es sind periodisch Updates zu erstellen.

Die Verwaltung findet idealerweise auf dem firmeneigenen Intranet statt. Empfehlenswert ist der Einsatz eines Zählers, mit dem die Zugriffe auf die einzelnen Tools registriert werden. Dies gibt einen Hinweis darauf, wie attraktiv und erfolgsversprechend die einzelnen Tools im Außenfeld eingesetzt und eingeschätzt werden. Nichts währt ewig, auch nicht Sales Tools. Was trotz intensiver Begleitkommunikation am Point of Sale nicht eingesetzt wird, kommt auf den Prüfstand, wird eventuell nachgebessert – aber am Ende steht manchmal auch die Entscheidung, das betreffende Tool einzustellen.

Der Medienmanager bewirbt sein Medien-Arsenal proaktiv. Er informiert mit Hilfe eines topgepflegten Verteilers ständig über Neuigkeiten der Medienverwaltung und verlässt sich nicht darauf, dass seine Abnehmer regelmäßig in das Intranet gehen, um sich über Neuzugänge Klarheit zu verschaffen.

6.7 Seminare und Akademie

Wissensmanagement ist heute ein großes Wort in der Wirtschaft. Es impliziert, dass Wissen (Knowhow) expandiert und Wissensträger knapp sind, weshalb Formen gefunden werden müssen, wie neu gewonnenes Wissen festgehalten und für andere und spätere Anwender nutzbar gemacht werden kann. Produktmarketing spielt hier eine zentrale Rolle, und mit den zuletzt besprochenen medialen Sales und Marketing Tools und ihrer zentralen Verwaltung im Firmennetz ist bereits eine erste Grundlage gelegt. Eine zweite Grundlage ist die Nutzung dieser Tools zur Durchführung von Seminaren für die Fort- und Weiterbildung der Mitarbeiter im Unternehmen.

Es ist zu unterstellen, dass moderne Unternehmen mit komplexen Produkten heute einen intelligenten vertrieblichen Umgang pflegen, einerseits weil es die zum Vertrieb bestimmten Produkte selbst erfordern, andererseits weil es der Kunde verlangt, der seine Investitionsentscheidung minutiös und in alle Richtungen hin absichern will. „Alle Richtungen" deutet an, dass hierfür viel Wissen erforderlich ist. Dieses muss beim Hersteller, noch bevor es an die Kundenfront gelangt, zunächst von der Quelle der Erkenntnis in die operativen Ebenen transportiert werden. Dies erfolgt über Fachseminare, die idealerweise in einer *Vertriebsakademie*, einer zentralen Schulungseinrichtung, untergebracht sind und sich dort in ein fachlich differenziertes, hierarchisch strukturiertes Lernprogramm einfügen.

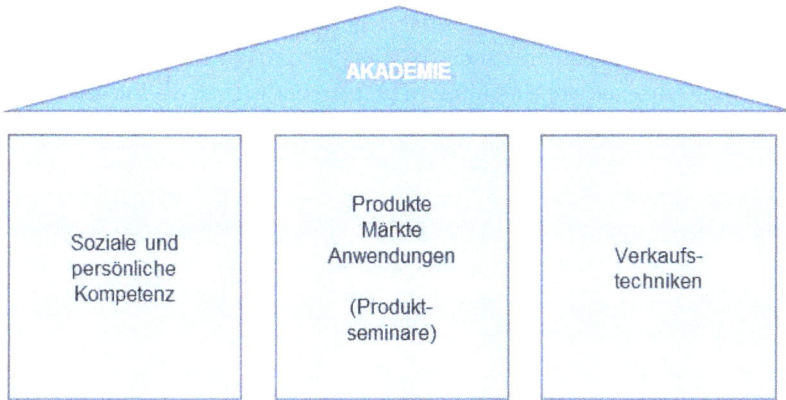

Abb. 16: Schematische Darstellung der drei Säulen einer vertriebsorientierten Unternehmensakademie

Ein solches Lernprogramm ist mindestens dreigeteilt („drei Säulen") und umfasst zusätzlich zu den Produktseminaren (mittlere Säule) noch zwei Gruppen von *generischen* Seminaren. Letztere gliedern sich in Lernangebote (I) zur Entwicklung einer sozialen und persönlichen Kompetenz und (II) zur Entwicklung erfolgreicher Verkaufstechniken. Für beide gilt, dass ihr Vorhandensein und ihre Beherrschung grundentscheidend sind für die Ausübung einer erfolgreichen internationalen Vertriebstätigkeit. Bei (I) geht es im Wesentlichen um Erscheinungsbild, Verhalten, Sprache und Aktion, Empathie, Deutung von Mimik und Ausdrucksformen von Mitmenschen, um Haltung, Techniken der Gesprächsführung, der Deeskalation und anderes mehr. Bei (II) geht es um den Vertriebszyklus (siehe Seite 102), also die Beherrschung einer stringenten Abfolge bestimmter Handlungsschritte in einem Kundenprojekt, um erfolgreiches Verkaufen im Allgemeinen, um Kontaktaufbau, Kundenansprache, Präsentationstechnik, Einwandbehandlung, Verkaufspsychologie, Taktiken und Strategien im Kundenprojekt und anderes mehr. Diese Themen sind generisch und überall anwendbar und hier nicht Gegenstand der Betrachtung. Sie müssen nicht mit eigenem Personal geleistet, sondern können als externe Dienstleistung eingekauft werden.

Die dritte Gruppe des Lernangebots sind die *Produktseminare*. Diese nehmen alle Themenstellungen auf, die in diesem Leitfaden bereits angeklungen sind, darunter der vertiefende Blick in das Produktportfolio des Hauses, dazu passend der Blick in die Absatzmärkte, Marktsegmente, ihre Strukturen und Trends. Es folgen Seminare über Verfahrenstechniken, Anwendungen und Applikationen in den Marktsegmenten sowie typische Endprodukte. Weitere Seminare beschäftigen sich mit Qualitätsaspekten der Endprodukte und mit ihrer Relevanz in den Zielsegmenten. Schließlich folgen Produktseminare, die Einblick geben in die Beschaffenheit und Besonderheiten der eigenen Produkte (Maschinenprodukte), und dies mit dem Fokus auf Maschinentechnik, aber auch Verfahrenstechnik, Steuerungstechnik und Anwendungstechnik – und letzteres auch mit Ausflügen in die Bereiche Werkstoffe und Materialien. Diese Seminare sind angereichert mit der Essenz Wettbewerbspositionierung und Nutzenargumentation (und gegebenenfalls Sprachregelungen), entweder pro Maschinentyp oder aggregiert über alle Typen, insbesondere zu den Themen Leistung, Produktivität und Kapazität. Schließlich sind Seminare vorzuhalten zur Umsetzung der quantitativen Nutzenargumente in komplexere betriebswirtschaftliche Modelle und ROI-Berechnungen. Am Ende ist auch noch ein Seminar anzubieten, welches über das komplette Sortiment der Sales und Marketing Tools informiert, ihren je spezifischen Aufbau erklärt und ihren Nutzen darstellt je nach Projektstand im Vertriebszyklus, ein Seminar, das vermittelt, wo im Firmennetz sich welche Tools befinden, wie sie heruntergeladen, eingesetzt und bedient werden und welche Besonderheiten mit ihnen verbunden sind. Ziel ist am Ende die programmierte Handhabung dieser Tools zur Sicherstellung eines standardisierten Vorgehens am Markt.

Viele Angebote im Trainingszentrum sind Frontalseminare im traditionellen Lehrer-Schüler-Schema, aber nicht alle. Es empfiehlt sich, ergänzend zum Seminarprogramm immer auch Workshops zu organisieren, also Zusammenkünfte mit einem festen Thema, aber offener Struktur und ohne konkretes Lernziel, mit freier Äußerung, zum Beispiel zu länderspezifischen Erfahrungen im Produktvertrieb und der Kundenakzeptanz – und diesen Ertrag im Hause als Debriefing für weitergehende Konzeptüberlegrungen zu nutzen. Unter Debriefing versteht man das „Herausholen", „Hervorlocken" von Erfahrungen und Erkenntnissen, die der Betreffende eventuell nicht für hervorhebenswert hält oder sie nicht richtig formulieren oder in einen höheren Zusammenhang stellen kann. Wichtig ist seine Grundbotschaft, die der Workshop-Leiter dann schon einzuordnen versteht.

Ein weiteres Seminar, *Cross Selling* genannt, vermittelt Einblicke in die Wertschöpfungskette von Kunden in bestimmten Marktsegmenten, wobei die Kette nicht zwingend deckungsgleich sein muss mit der Technologiebreite aus dem Maschinenprogramm des Herstellers. Ein solches Seminar hilft dem Verkäufer, den Kunden in seinem Produktionsumfeld noch besser zu verstehen und den Anschlusspunkt zum Maschinentyp, den er verkaufen will, noch konkreter und treffsicherer zu definieren. Schließlich runden Motivationsseminare den Reigen eines guten Trainingscenters ab. Die Aufgabe von Produktmarketing beschränkt sich nicht allein auf die Erstellung von Dokumenten für den Lehrbetrieb (Medienprodukte), sondern umfasst ihre Verankerung sowohl im kollektiven Gedächtnis der Firma (Upload im Intranet) als auch in den Fachköpfen der Mitarbeiter über die Seminararbeit.

Die Seminararbeit hat über die Durchführung der Fort- und Weiterbildungsangebote hinaus noch eine weitere wichtige Funktion, nämlich bei der Profilierung der Mitarbeiterqualifikation neu zu besetzender Planstellen im Vertrieb und in den kundennahen Bereichen. Immer wieder wird die Frage gestellt, welches Qualifikationsprofil sich im Vertrieb besser eignet, das eines versierten Technikers, das eines versierten Kaufmanns oder das eines versierten Menschenkenners, Beziehungspro-fis und Kommunikators. Natürlich wünscht sich die Personalabteilung bei jedem neuen Vertriebsmitarbeiter die gesamte Palette der genannten Ausprägungen und Fähigkeiten, aber dies ist selten gegeben. Einen der genannten Schwerpunkte hat jeder Kandidat, und das bedeutet auf den anderen Feldern Rückstand und Optimie-rungsbedarf. Letzterem dient die Seminararbeit in der Vertriebsakademie. Da aber auch für sie ökonomische Gesetze gelten, also die begrenzte Verfügbarkeit von Res-sourcen, ist es wichtig, mit der Einstellung von *bestgeeigneten Fachkräften* zu star-ten, um die Fortbildungsarbeit in einem tragbaren Rahmen zu halten. Die Arbeit in der Akademie kann dazu beitragen, die bestgeeigneten Fachkräfte am Markt zu finden, indem sie das Suchprofil von Vertriebsfunktionen definiert und stetig nach-schärft.

Im Zusammenhang mit den produktorientierten Themenstellungen stehen die Fachseminare natürlich an erster Stelle. Wie zuvor erläutert, geht es im Vertriebs-prozess und in der Seminararbeit heute nicht mehr primär darum, einfach nur tech-nische Daten und Merkmale aufzuzählen in der Erwartung, dass die Seminarteil-nehmer diese memorieren. Stattdessen wird angestrebt, dass der Vertriebsmitarbeiter ein Denken und Kommunizieren aus der Sicht des Kunden entwickelt und praktiziert, das heißt, kommend von den Marktsegmenten, den Ap-plikationen und Endprodukten über die Prozesstechnologie bis hin zu den be-triebswirtschaftlichen Themen mit ihren Kennwerten. Nur über diese Kette wird es dem Vertriebsmitarbeiter gelingen, den Status zu erlangen, der es ihm erlaubt, mit dem Kunden über dessen Geschäftsmodell zu sprechen und von dort aus das Kun-denprojekt strukturell anzulegen. Hierfür hilft die VAP-Methode. Der VAP-Ansatz befähigt den Verkäufer, zusammen mit dem Kunden vier Optionen auszuloten – *schneller sein, billiger sein, besser sein* und *anders sein* – und diesen Ausrichtungen technische Lösungen zuzuordnen. Über VAP sprechen wir dezidiert in Kapitel 8.

Es trifft zu, dass einzelne Kunden sich nur ungern auf eine Diskussion über ihr Geschäftsmodell einlassen, weil sie sich dadurch „nackt" vorkommen und entlarvt, eventuell auch naiv und unbedarft. Das muss ein guter Verkäufer herausfinden und dann entscheiden, ob er diese Diskussion eröffnet, und wenn ja, in welcher Intensi-tät er sie führt. Der Dialog um das geeignete Geschäftsmodell kann, wenn er auf einem guten Niveau stattfindet, sehr bereichernd für den Interessenten sein und seine Investitionsentscheidung voranbringen. So betrachtet, lohnt es sich also für den Verkäufer, in die Kompetenz der Geschäftsmodellanalyse zu investieren. Und es lohnt sich für das Unternehmen, in den Aufbau eines Geschäftsmodell-seminares zu investieren, um seine Verkäufer für den Wettbewerb im Feld mit der bestmöglichen Kompetenz auszustatten. Diese wächst nicht über Nacht, sondern muss Stück für Stück, Schicht für Schicht wachsen – durch Theorie, aber auch durch Rollenspiele und schließlich durch die Praxis. Dazu erfahren wir mehr in Kapitel 8.

Fachseminare/Produktseminare

	I	II	III	IV	V
Perspektive	Maschinentechnik, Verfahrenstechnik, Steuerungstechnik, Nutzenargumente (funktional)	Zielsegmente, Applikationen, Endprodukte	Wettbewerbsvergleich, Vorteilsargumente, Alleinstellungsmerkmale	Nutzenargumente, Produktivitäts- und Wirtschaftlichkeitsrechnungen	VAP Selling, Geschäftsmodelle, Dialog mit High-end-Entscheidern
Splittung	Erst Grundseminar – dann Fachseminare getrennt nach Maschinentyp oder -gruppe	Keine	Erst Grundseminar – dann Fachseminare getrennt nach Maschinentyp oder -gruppe	Keine	Keine
Hands-on	Maschinennähe	Musterkoffer	Wettbewerbsmaterial	Maschinennähe	Rollenspiele
Zielgruppe	Basic und Experienced	Experienced und Professional	Experienced und Professional	Basic bis Best-in-Class	Basic bis Best-in-Class

Abb. 17: Tabellarische Darstellung eines beispielhaften Lehrangebots von Fachseminaren in einer Vertriebsakademie, differenziert nach Inhalten (aufsteigend I-V), nach Zielgruppen („basic", „experienced", „professional", „best-in-class") und weiteren Kriterien.

Wie auch andernorts müssen für die Fort- und Weiterbildung bestimmte Zeitkontingente pro Mitarbeiter eingeplant werden. Diese Kontingente werden unter anderem mit Reisezeit zum Bildungsort beansprucht, was für den Mitarbeiter des Stammwerks in der Regel vernachlässigbar ist, für seinen Kollegen in der Marktorganisation dagegen nicht, wenn die Akademie im Stammwerk ansässig ist. Hier bietet das Internet neue Möglichkeiten. Anstatt oder zusätzlich zu den Präsenzkursen können Bildungsinhalte in Form von webbasierten Fernseminaren (Webinaren) vermittelt werden. Das Angebot von Webinaren ist eine logische und konsequente Entwicklung, die das Internet (Intranet) im Laufe der letzten Jahre ermöglicht hat. Das Medium bietet enorme zeitliche und finanzielle Einsparpotenziale im Vergleich zu Präsenzseminaren. Allerdings zeigen die gemachten Erfahrungen, dass mit den Webinaren nicht dieselben hohen Effektivitätsziele erreicht werden wie bei

Präsenzseminaren, jedenfalls dann nicht, wenn es mit einem einmaligen Webinar-besuch sein Bewenden haben soll. Es steht außer Zweifel, dass Webinar-Teilnehmern das Lernen am Bildschirm schwerfällt, da das Medium trotz einer Fülle von Interaktionsmöglichkeiten steril wirkt und weniger lebendig als ein Präsenzse-minar. Genauso kann aber gesagt werden, dass auch Präsenzseminare sehr unter-schiedliche Erfolgsquoten aufweisen, also auch schlechte, so dass es am Ende, hier wie dort, bei Präsenz- und Web-Seminaren auf die *Qualität* der Inhalte und auf die Vitalität des Präsentators ankommt, auf seine Eloquenz und Glaubwürdigkeit, auf Logik und Gliederung seines Stoffes und auf das Einbringen auflockernder Elemen-te.

Im Grunde sind die Anforderungen an den Akteur (vorzugsweise Produktmarke-ting) bei Vortragsseminaren keine anderen als bei den oben beschriebenen Live-Präsentationen vor Kundengruppen – mit dem Unterschied, dass letztere, die Prä-sentationen, einen Zeitraum von 15 bis 20 Minuten füllen, während Präsenzsemina-re halbe oder ganze Tage, teilweise sogar mehrere Tage dauern und hier die Haltung eines hohen Aufmerksamkeitspegels die große Herausforderung ist. Dagegen sind solche Zeiteinheiten, halbe oder ganze Tage, für Webinare nicht empfehlenswert, um nicht zu sagen unrealistisch. Webinare müssen in kleinere „Happen" geschnit-ten werden, was umgekehrt bedeutet, dass sie auch mal am Tagesrand, morgens oder abends, oder nahe der Mittagspause platziert werden können. Da die Memo-rierbarkeit im Web gemindert ist, sind Wiederholungen anzustreben.

Webinare	Präsenzseminare
Kurzseminare (15-30 min)	Längere Zeiteinheiten (halbe, ganze, mehrere Tage)
Gesamter Stoff aufgeteilt auf einzelne Semi-narmodule	Gesamter Stoff in einem (1) Seminar
Seminarmodule in Seminarreihe, kurzgetaktet über eine Strecke von Tagen/Wochen	./.
Mehrmalige Wiederholung der Seminarreihe	Turnusmäßiges Angebot der Präsenzseminare
Einfachere Inhalte	Komplexere Inhalte
Typus Frontal-Unterricht (➜ Vermitteln)	Diskussionsteile, Rollenspiele, Workshops (➜ Erarbeiten)
Seminare mit Anleitungscharakter (➜ praktische Beherrschung)	Seminare mit Vertiefungscharakter (➜ intellektuelle Bewältigung)
Einführung von neuen Tools	

Abb. 18: Die je spezifischen Vorteile von Webinaren und Präsenzseminaren

6.8 Demo-Center und Alternativen

Im Maschinenbau ist für eine erfolgreiche Vertriebsarbeit die Verfügbarkeit eines Demo-Centers oder auch mehrerer Center notwendig. Darunter sind in erster Linie Vorführräume im Stammwerk zu verstehen, in zweiter Linie auch solche an strategisch ausgewählten Punkten im Netz der weltweiten Marktorganisation. Ferner gibt es die temporären Demoplätze, darunter insbesondere auf Fachmessen und Hausmessen sowie gegebenenfalls bei Zulieferern, die Demomaschinen oder Versuchsträger für ihre eigenen Produkte einsetzen. Weder die Einrichtung noch der Betrieb der Demo-Center ist Sache von Produktmarketing, jedoch hat es ein starkes Gewicht bei der Auswahl der Exponate: Maschinentyp, Konfiguration, Ausstattung mit Sonderzubehör, gegebenenfalls auch Einbindung in einen Workflow und das Setting.

Die Wahl des Exponats hängt von der grundsätzlichen Verfügbarkeit bestimmter Maschinentypen aus der laufenden Produktion ab, dann von den nachgefragten oder erwarteten Konfigurationen in den Absatzmärkten, auf welche das Demo-Center ausrichtet ist, und schließlich auch von übergeordneten produktstrategischen Entscheidungen und von der Frage, welches Maschinenmodell und welches Zusatzaggregat in besonderer Weise ein Imageträger ist. Zwischen diesen Ansätzen ist zwischen Vertrieb, Marktorganisation, Produktmarketing, Corporate Marketing und Service eine Einigung zu finden.

Grundsätzlich ist die Vorhaltung von Demomaschinen, wie oben erwähnt, eine für den Verkaufserfolg sehr wesentliche Maßnahme, aber auch eine sehr kostenträchtige. Es werden immer wieder Überlegungen angestellt, welche Alternativen es zu dieser traditionellen Methode der Live-Demonstration gibt, die das Budget weniger stark beanspruchen. Dabei hat die Live-Demonstration auf einer echten Produktionsmaschine einen so hohen emotionalen Wert und Aufmerksamkeitsfaktor, dass ein solches Setting nicht gleichwertig substituierbar erscheint.

Sicherlich übernehmen Videoeinspielungen auf Großbildschirmen oder auf Großleinwänden *(Vidiwalls)* einen Teil dieser Aufgabe, indem Maschinen oder Teile davon in einer guten, teilweise staunend machenden Animation gezeigt werden. Leider ist feststellbar, dass dieses Medium inzwischen an Wirkungskraft verloren hat, nachdem es über viele Jahre erfolgreich eingesetzt wurde. Messebesucher sind heute medial so angefüllt, dass selbst die ausgefallenste Animation sie kaum noch zu bannen oder zu fesseln vermag. Im Gegenteil: Übertriebener Gebrauch von bildtechnischen Kunstwelten lassen erst recht den Charakter von Virtualität entstehen, eine Virtualität, die dann gefühlt nicht mehr realitätsnah ist und unglaubwürdig wirkt. Es geht offenbar nichts über die Live-Aktion mit dem Menschen an der Maschine. Damit ist nichts Negatives über Videoanimationen gesagt, es ist nur trügerisch zu glauben, dass sie als „mediale Verkäufer" eine gleichgute Wirkung entfachen wie ihre leibhaftigen Pendants.

Eine bessere Wirkung verspricht die Exponatewand oder noch besser ein Exponateraum oder Exponatetunnel. Gemeint sind Räume oder offene Flächen, vertikale und horizontale, an denen in einem bestimmten Arrangement reale Maschinenteile und andere Exponate hängend, stehend oder liegend angebracht sind, Gegenstände, die vom Besucher angefasst oder sogar (spielerisch) in Gang gesetzt werden dürfen. Mit dieser Einrichtung wird zwar auf eine reale Maschineninstallation verzichtet, aber nicht auf Technologie, nicht auf Hands-on und auch nicht auf den Live-Effekt, also den wahrhaftigen, kommentierenden Menschen. Das Konzept ist so aufgebaut, dass ein Repräsentant des Hauses (Verkäufer, Produktmarketing, technischer Berater) mit einem Interessenten oder einer Gruppe von Besuchern an der Wand entlang oder durch den Raum oder Tunnel hindurchläuft und seine (Live-) Aussagen auf das Exponat, das die Gruppe gerade passiert, synchronisiert.

Natürlich kommt es ganz und gar auf die Exponate an, auf ihre Sinnhaftigkeit und Verwendbarkeit für bestimmte Themen. Die Aufgabe bei der Planung einer solchen Exponatewand oder des Exponateraums/-tunnels ist also, Klein- oder Teilexponate auszuwählen, die ein gewünschtes Technologiemerkmal der im Fokus stehenden Maschine darstellen oder symbolisieren, im besten Falle ein Alleinstellungsmerkmal oder eine Produktstärke gegenüber dem Wettbewerb. Das Exponat, das hängend, stehend oder liegend an der Ausstellungsfläche fixiert ist, kann ein *reales* Maschinenteil aus der Produktion sein, aber auch ein *fiktives* Demo-Objekt (zum Beispiel aus dem Heimwerkermarkt), je nachdem, welcher Gegenstand eine bestimmte Produktaussage am besten unterstützt oder versinnbildlicht. Es hat sich außerdem als zielführend erwiesen, die Exponatewand oder den Raum oder Tunnel in Segmente aufzuteilen, die dem VAP-Ansatz entsprechen, also in die Segmente *Schneller, Billiger, Besser* und *Anders* (dazu später mehr in Kapitel 8). Es können auch fertig produzierte Endprodukte dargestellt werden, um zum Beispiel eine direkte Qualitätsbetrachtung durch den Standbesucher zu ermöglichen.

Vorteil dieses Konzepts ist nicht nur die Einsparung von Kosten für den Aufbau einer Demomaschine, für die Realisierung eines demofähigen Settings sowie für die Versorgung und das Personal, sondern die sinnvollere Nutzung der Ressource „Verkäufer", der nun selbst mit eigener Persönlichkeit und Kompetenz das Produkt, das er verkauft, aus seinem eigenen Inneren heraus mit hoher Überzeugungskraft und Glaubwürdigkeit darzustellen vermag.

Es müssen bei diesem Konzept nicht wirklich echte Exponate eingesetzt werden, stattdessen wird mit den Mitteln eines Illusionstheaters gespielt. Zum Beispiel können Schalttafeln zur interaktiven Benutzung aufgehängt werden oder Armaturen wie Tachometer oder Stoppuhr zur Versinnbildlichung von Geschwindigkeit oder Produktionszeit. Menschen lieben Spielzeuge – sie lieben die Abwechslung und den kreativen Touch, insofern sind Gimmicks (Spielereien) höchst willkommen. Aber auch der Einsatz von Schautafeln, Grafiken oder Prinzipskizzen ist nützlich, sie holen den Betrachter heraus aus dem technischen Detail und konfrontieren ihn mit größeren oder theoretischen Zusammenhängen. Ferner kann auf geeignete Weise mit Lichtquellen, Schallquellen, Lüfter, Ventilatoren, Blas-und Saugkästen, Wasserdüsen und dergleichen gearbeitet werden, aber auch mit Einsatzstoffen (Papier,

Holz, Kunststoffe, Metalle) oder mit Produktionsformen aus diversen Materialien (Metall, Kunststoff, Holz) – oder mit Musterfächern von Endprodukten. Virtualität und Videoeinspielungen müssen nicht ausgeschlossen werden: Ein Bildschirm dazwischen, der mittels Kleinkameras im Verborgenen der Maschinenverkleidung den Stoffdurchlauf zeigt, zieht neugierige Blicke auf sich. Mit der Exponatewand oder dem Raum/Tunnel sind der Kreativität Tür und Tor geöffnet.

Produktmarketing ist der kompetente Dienstleister, eine solche Wand zu konzipieren und sie ins Werk zu setzen. Dazu gehört ein Konzeptpapier für den thematischen Aufbau, die Exponate und ihr Arrangement – und ein Storyboard, das die Exponate beschreibt und Hinweise gibt, in welcher Form die Wand abzulaufen ist, welche Aktion wo stattfindet und welche Aussage hinter welchem Exponat steckt. Vor der Messe oder dem Event ist dann das Storyboard mit einem Seminar/Webinar den Messeakteuren zu vermitteln und ihre Rolle einzustudieren.

6.9 Multiplikatoren

Es ist in diesem Buch an verschiedenen Stellen bereits angeklungen, dass es für einen Maschinenhersteller wichtig ist, den Absatzmarkt nicht nur mit dem eigenen Marketing- und Vertriebsnetz anzugehen, sondern Verbündete zu suchen und mit ihnen eine zusätzliche oder eine höhere Form der Kundenansprache zu realisieren. Eine solche Gruppe der Förderer haben wir schon erwähnt, die Fachpresse: Sie genießt bei den Beschäftigten in der Industrie bis in die obersten Etagen hinein in der Regel ein gutes Ansehen, weil sie mit ihrer journalistischen Kompetenz hohe Glaubwürdigkeit hat. Eine weitere Gruppe neben der Fachpresse sind die Branchenverbände und die Forschungsinstitute, die jeweils ihre eigenen Informationsmedien haben.

Eine dritte Gruppe von Multiplikatoren sind *Universitäten* und *Hochschulen*. Während früher in diesen Kreisen die reine Lehre galt und das Postulat der akademischen Wissenschaftlichkeit, öffnen sich diese Häuser zunehmend, sofern es sachbegründet ist, gegenüber der Industrie. Dort wo Technologie gebraucht wird, um Inhalte an die Studenten praktisch-anschaulich heranzutragen, kann die Industrie helfen, indem sie ihre Maschinen dort installiert. Gleichzeitig kann sie der Hochschule ergänzenden Lehrstoff zur Verfügung stellen, darunter Skripte, Vorlagen, Skizzen, Bildmaterial und anderes mehr. Drittens ist es auch denkbar, den Grad der Zusammenarbeit auf ein Niveau zu heben und auf eine Plattform zu stellen (zum Beispiel im Rahmen von fakultativen Lehrveranstaltungen), auf dem Repräsentanten der Industrie Fachvorträge halten – wobei der Anspruch hoch ist, diese nicht einfach zu einer Werbeveranstaltung zu machen. Stattdessen empfiehlt es sich, den Vortrag funktionstechnisch, markttechnisch und betriebswirtschaftlich aufzuziehen, faktenbasiert und einer (angehenden) akademischen Zuhörerschaft würdig. Diese Art der Kommunikation ist für die Hochschule vorteilhaft, da die Stu-

denten im Rahmen der Gastvorlesung eine vielleicht erste, in jedem Fall aber konkrete, leibhaftige Tuchfühlung mit der Industrie geboten bekommen, ein Berufsfeld,
in dem sie später vielleicht arbeiten werden, so dass neben der Vermittlung von
Fachstoff dieser zweite Aspekt eine Rolle spielt, die Gewinnung junger Menschen
für Industrie und Technologie.

Multiplikatoren finden sich auch im Kreis der Zulieferer. In diesem Fall sind
Szenarien denkbar, die darauf abzielen, statt als Einzelfirma oder Einzelaussteller
lieber in einem Verbund mit anderen aufzutreten. Kriterium dafür mag die Wirkung
von sichtbarer Größe und Bedeutung sein, aber auch die Flankierung von Herstellern mit branchenweit wohlklingenden Namen. Mehr technisch betrachtet, bieten
Gruppenauftritte die Möglichkeit, auf einer Gemeinschaftsfläche einen hersteller-
übergreifenden Workflow darzustellen. Ohne Frage erhöht dies den Nutzwert für
den Besucher von Messen, Ausstellungen, Openhouses und so weiter. Und dieser
Verbund lässt sich auch nutzen, um durch regelmäßigen gemeinsamen Austausch
ein Gemeinschaftswissen zu erarbeiten, das in Publikationen oder auf Internet-
Plattformen exklusiv verbreitet wird.

Die Arbeit mit den Multiplikatoren ist im Ganzen politisch überbaut und ein
sensibles Geflecht, oft genug auch eine Ermessenssache des Vorstands oder der
Geschäftsleitung. Sie ist wichtig und erscheint, in die Zukunft schauend, noch be-
deutender zu werden. Wagen wir aber am Ende dieses Kapitels die Aussage, dass
wohl kaum ein Branchenmultiplikator in seiner positiven Wirkung in den Markt
hinein an die Gruppe der Referenzkunden herankommt, weshalb die Empfehlung
nur lauten kann, ihrer Gewinnung und Pflege ein Maximum an unternehmerischer
Energie zu widmen. Diese Aufgabe obliegt in erster Linie dem Vertrieb und der
Marktorganisation, aber Produktmarketing hat hier eine aktiv unterstützende Mit-
wirkungspflicht.

7 Der Produkt-Relaunch

Zusammenfassung: Produktmarketing befasst sich nicht nur mit der Markteinführung von Neuprodukten (Produkt-Launch), sondern auch mit den Stamm- und Altprodukten. Dieser Abschnitt erklärt die Grundlagen einer Lebenszyklusplanung mit einem Forecast zum Mengenabsatz über die Zeitachse und stellt Maßnahmen dar, die dann zum Einsatz kommen, wenn der Absatz an irgendeinem Punkt den Forecast unterschreitet. Dann ist die Entscheidung zu treffen zwischen Produktauslauf, Relaunch oder Neuprodukt. Es wird beschrieben, wie ein Relaunch inhaltlich und kommunikativ gestaltet werden kann und worin er sich von einer Neuproduktentwicklung unterscheidet.

7.1 Wann Produkt-Relaunch?

Wir haben uns bei der Funktionsbeschreibung von Produktmarketing bisher auf die Vermarktung von *Neuprodukten* konzentriert, also auf *neue* Typen von Geräten, Maschinen und Anlagen. Der Schwerpunkt liegt auf „neu". Alles Neue bedarf einer Markteinführung (Produkt-Launch) und eines Konzerts von Kommunikationsmaßnahmen, deren Erstellung und Orchestrierung die Hoheitsaufgabe von Produktmarketing ist. Aber natürlich befasst es sich auch mit den laufenden Produkten, den Stammprodukten, und hier speziell mit dem, was in der Fachsprache ein Produkt-Relaunch genannt wird, also mit der Auffrischung ihres Auftritts nach einer bestimmten Zeit, die seit der Markteinführung vergangen ist. Wir erinnern uns: Jedes Produkt durchläuft in seinem Leben eine Anlauf-, Hochlauf-, Konsolidierungs- und Abschwung- beziehungsweise Auslaufphase. Spätestens im Übergang von Konsolidierungs- zur Abschwungphase ist häufig der Zeitpunkt gekommen, dem Produkt neues Leben einzuhauchen.

Produktmarketing hat also beide Aufgaben zu meistern, Produkt-Launchs (Neuprodukteinführungen) und Produkt-Relaunchs (Stammproduktauffrischungen). In welchem Bedeutungs- und Aufwandsverhältnis beide Aufgaben zueinander stehen und stehen sollten, hängt vom Innovationsgrad des Herstellers ab, also von der Menge an Neuprodukten in einem definierten Zeitraum. Und natürlich von der Personalkapazität.

In der Abwägung der beiden Aufgabengruppen – Neuprodukt versus Stammprodukt – hat auf den ersten Blick die Vermarktung des Neuprodukts Vorrang für Produktmarketing, denn für eine Innovation ist die Bedeutung *Time to Market* groß, also die Nutzung des optimalen Zeitpunkts für die Markteinführung. Die zeitliche Verschleppung einer Neuprodukteinführung ist unverzeihlich, ein aufgeschobener

https://doi.org/10.1515/9783110671285-007

Relaunch dagegen eventuell vertretbar. Diese Aussage gilt allerdings nur dann und insoweit, als es nicht passieren darf, dass gerade die umsatz- und erlösstärksten Stammprodukte ohne immanente Stützungsaktionen einzubrechen drohen und dies zu einer lebensbedrohlichen Krise für das Unternehmen führen kann. In diesem Fall ist auf die Revitalisierung des Stammprodukts als erste Priorität umzuschalten.

Diesem Gedankengang ist ein weiterer voranzustellen, und zwar zur *Lebenszyklusplanung*. Hierfür gehen wir zurück an den Anfang, als das Lastenheft für die Entwicklung eines Neuprodukts entstand. Das Lastenheft umfasst idealerweise alle notwendigen Merkmale des neuen Maschinentyps, die nach bestem Markt- und Anwenderwissen und nach bestem aktuellen Kenntnisstand über den Wettbewerb zu finden sind in dem Bemühen, das beste Produkt seiner Klasse oder für ein spezielles Marktsegment zu machen. Das Lastenheft führt nicht nur technisch-funktionale Anforderungen auf, sondern auch kaufmännische, unter anderem den erlösbaren Preis, die Ziel-Herstellungskosten und die geplanten Stückzahlen. Letztere, die Stückzahlen, sind in ein Lebenszyklusschema einzupflegen. Entscheidend ist die Aussage, über welchen Zeitraum eine qualifizierte Schätzung durchgeführt werden kann, die den Produktanlauf, Hochlauf, Peak und Auslauf umfasst, ergänzt durch ein oder zwei Revitalisierungsmaßnahmen. Erst mit diesen Kennzahlen kann eine Gesamtrechnung aufgemacht werden, die eine Bewertung der kaufmännischen Sinnhaftigkeit des Neuprodukts ermöglicht. Da Maschinen und Anlagen nicht selten Lebenszeiten von über zehn Jahren haben, teilweise bis zu 30 Jahren und sogar noch länger, ist die Planung einer Lebenszykluskurve natürlich eine komplexe Aufgabenstellung, die sehr viel Sachwissen über Technik und Wettbewerb und ein gut entwickeltes Gespür für die Entwicklung der Absatzmärkte verlangt. Und natürlich ist es mit dieser einen Zykluskurve nicht getan, sie benötigt in regelmäßigen Abständen ein Update.

Der geplante Produktlebenszyklus enthält also ein Zeitmaß von x Jahren und darauf abgestimmte Plan-Absatzzahlen entsprechend dem Auf und Ab des Lebenszyklus (siehe nachfolgendes beispielhaftes Diagramm). Hierauf wird eine kaufmännische Produktlebensrechnung aufgesetzt, die nicht nur am Anfang eine grundsätzliche ökonomische Sinnhaftigkeit belegen muss, sondern einen Gewinn und eine kaufmännische Basis über den gesamten Produktlebenszyklus, zumindest aber über eine erste lange Zeitstrecke hinweg. Mit dieser Betrachtung – Planpreise, Planerlöse, Plankosten und Plan-Absatzmengen über den Lebenszyklus – sind dann über diesen Zeitraum Pflöcke eingeschlagen mit bindendem Charakter für das gesamte Unternehmen, mit eingeschlossen das Vertriebscontrolling und Produktmarketing. An der Einhaltung der Lebenszyklusplanung über den Werdegang des Neuprodukts hinweg auf seinem Weg zum Stamm- und Altprodukt wird beider Leistung gemessen, also die von Vertriebscontrolling und von Produktmarketing.

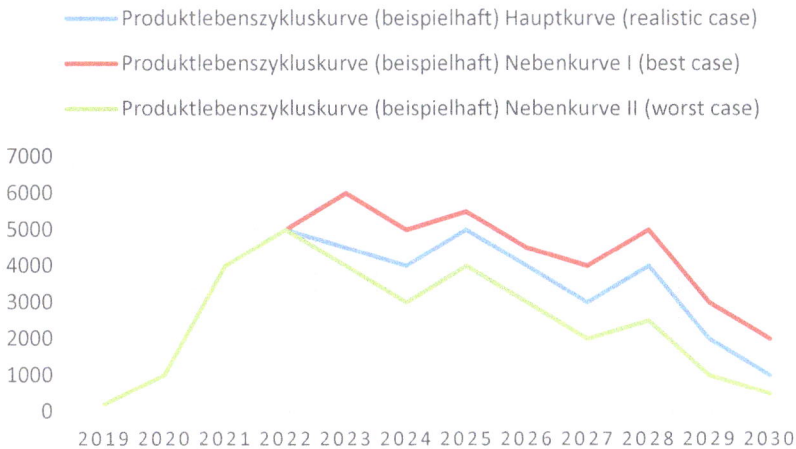

Abb. 19: Eine exemplarische Produktlebenszykluskurve als Plankurve zur Bestimmung von Ziel-
mengen pro Zeitraum und Phase – in den Varianten Realistic case (blaue Linie), Best case (rot) und
Worst case (grün) – mit zwei Relaunchs in 2024 und 2027.

Es gibt jedoch ein Problem: Diesem Gesamtplan sind Annahmen zugrunde gelegt,
die von einer zu definierenden *Normalentwicklung* ausgehen – normaler Konjunk-
turverlauf, normale Branchenentwicklung, normaler Wettbewerb, normale Preis-
und Kostenentwicklung und so weiter. Unter „normal" wird eine Fortschreibung der
Erfahrungswerte aus der Vergangenheit verstanden, die nach bestem Wissen mit
bereits erkennbaren neuen Entwicklungen ergänzt und in jährlichen Updates über-
schrieben werden. In diesem Zusammenhang ist es hilfreich, die Mengen- und Zah-
lengerüste der Lebenszyklusplanung nicht mit nur einem Szenario abzubilden,
sondern ab einem bestimmten Zeitpunkt mit einem Range aus *Best case*, *Worst case*
und *Realistic case* zu arbeiten. Es muss dabei gewährleistet sein, dass die ökonomische Sinnhaftigkeit für das Projekt (siehe oben) für den gesamten Range gilt und
nicht nur für den Best oder Realistic case.

Sobald nun ein Neuprodukt in den Vermarktungszyklus gelangt, es den
Produktan- und Hochlauf hinter sich gebracht hat und nun langsam zu einem
Stammprodukt wird, muss sich zeigen, ob die Annahmen zur „Normalität" realis-
tisch sind. Es werden sich mit großer Wahrscheinlichkeit Abweichungen einstellen,
die nicht zwingend negativ sein müssen, aber sein können und es häufig auch sind.
Nun weicht die Realität also vom Lebenszyklusplan ab, und in der Folge stellen sich
Phänomene ein, die nach Produktmarketing rufen: Preisdruck, Margendruck,
Absinken der Absatzzahlen, negatives Produktergebnis und anderes mehr.

Sofern sich diese Abweichungen in einem vertretbaren Rahmen bewegen, also innerhalb des Range zwischen Best und Worst case, bleibt für Produktmarketing im Falle eines Zielkonflikts die Neuproduktvermarktung weiterhin *oberste Priorität*. Weicht die Marktgängigkeit des Stammprodukts jedoch in unvertretbarem Maße negativ vom Lebenszyklusplan ab, drehen sich die Prioritäten in die andere Richtung, und nun gilt es, alle Register für eine kurzfristige Trendumkehr im Vertrieb des Stammprodukts zu ziehen. In diesem Fall ist ein Produkt-Relaunch zu inszenieren – und die Frage ist, inwiefern sich der Relaunch eines Stammprodukts vom Launch eines Neuprodukts inhaltlich unterscheidet, und ob überhaupt. Die Antwort vorweg: Es gibt Unterschiede, aber sie sind gering.

7.2 Maßnahmen in einem Relaunch-Projekt

Bei einem Produkt-Relaunch ist zunächst auf die Marktsegmentierung zu schauen und zu prüfen, ob sich dort Veränderungen oder Verschiebungen ergeben haben. Stimmen noch alle Strukturmerkmale der Zielsegmente, wie sie ursprünglich angelegt waren? Stimmen die eingesetzten Verfahrenstechniken, Anwendungen und Endprodukte? Stimmen die Qualitäts- und Produktivitätsanforderungen in den Segmenten? Stimmen die Maschinenpreisfenster noch? Haben sich Leistungsmerkmale der Wettbewerbsmaschinen verändert und ist das Leistungsbild des eigenen Produkts zurückgefallen? Gibt es einen neuen strukturellen Wettbewerb, der das Segment erschüttert, revolutioniert, aus den Angeln hebt – oder eine Vorstufe dazu?

Alle diese Fragen werden sinnvollerweise nicht erst dann bearbeitet, wenn das Krisenszenario bereits eingetreten ist, stattdessen unterliegt die Marktsegmentierung, wie wir weiter oben schon festgestellt haben, der Notwendigkeit einer rollierenden, mindestens einmal jährlich zu wiederholenden Überprüfung. Denn der Hersteller muss in Echtzeit und jederzeit in vollem Bewusstsein so agieren können, wie es die Vermarktungspläne zum Neuprodukt im Abgleich mit den Zielsegmenten vorgeben. Sobald Abweichungen von den Grundkonstanten der Segmentierung erkennbar sind, verändert sich die gesamte Statik im Maßnahmengerüst für die konstruktions-, produktions- und vertriebsseitige Behandlung bis hin zum Produkt-Relaunch.

Von Produkt-Relaunch sprechen wir, wenn es durch begleitende Produkt-, Vertriebs- und Marketingmaßnahmen offensichtlich sein soll, dass einem Stammprodukt ein zweites Leben gegeben wird. „Offensichtlich" bedeutet öffentlichkeitswirksam. Es geht darum, dem Stammprodukt Frische zu geben, den Anstrich von Aktualität und das Label „Auf der Höhe der Zeit". In den meisten Fällen ist diese Wahrnehmung beim Kunden erwünscht, weshalb man den Relaunch öffentlich macht. Die Verkaufsstützung muss aber nicht zwingend öffentlich inszeniert werden, sie kann auch „under cover" laufen, dies vor allem in den Fällen, in denen der Hersteller nicht unnötig zeigen will, weder dem Markt noch dem Wettbewerb, dass ein Produkt in die Jahre gekommen ist und diese Stützung braucht. In diesem Fall sprechen wir dann eher von einer Verkaufsfördermaßnahme. Beide, Relaunch und Fördermaßnahme, schließen je nach Bedarf einfache Maßnahmen ein (zumeist kaufmännische), in härteren Fällen ausstattungsmäßige (zum Beispiele Aktionspakete) und in den harten Fällen konstruktive (zum Beispiel leistungssteigernde). Schauen wir uns diese genauer an.

Die erste Gruppe der Maßnahmen, die kaufmännischen, beginnen mit Änderungen der Preisstellung, also der bewussten Aufweichung des Listenpreises. Hierbei ist die einfache Rabattierung oft die erste, meist auch direkt wirksame Maßnahme, aber sie wird im Grunde gescheut, und dies aus gutem Grunde. Die Rabattierung des Kernprodukts, auch wenn sie nur temporär gedacht ist, wirkt *grundsätzlich negativ* auf die Preisdurchsetzung des Unternehmens, das heißt auf die Preisdurchsetzung aller benachbarten Produktgruppen, auf die Preisdurchsetzung aller Varianten des Produkts, die nicht von dem Relaunch betroffen sind, und aller seiner Nachfolger in der Zukunft. Die Angst vor dieser Erosion der Preisdurchsetzung ist verbreitet, real und berechtigt. Es ist also oberste Vertriebspflicht, den Listenpreis des Kernprodukts vor ersten geringsten Erschütterungen zu schützen und dem Kunden stattdessen einen geldwerten Vorteil an anderer Stelle und in einer anderen Form zu gewähren, nämlich in Form von Naturalien, also einer inhaltlich aufgewerteten Maschinenausstattung durch Sonderpakete. Deren Bestandteile können unterschiedlichster Zusammenstellung sein, und entweder sind die Pakete stark standardisiert (also unveränderlich), oder sie enthalten einige individualtechnische Besonderheiten, oder sie sind sogar vollkommen frei gestaltbar. Und sie sind entweder temporär oder dauerhaft, regional begrenzt oder unbegrenzt. Dazu Beispiele.

Im Beispielsfall A werden temporär (sechs Monate lang) standardisierte Ausstattungspakete gebildet, also inhaltlich unveränderbare Pakete, und zwar drei verschiedene Pakete für drei verschiedene Marktsegmente (Anwendungen). Der Grundpreis für die Maschine bleibt unverändert, aber die Serienausstattung wird mit fünf zusätzlichen Features pro Paketbündel aufgewertet, die in den betreffenden Marktsegmenten eine statistisch belegbare Nachfrage finden und dadurch einen Mehrwert für den Kunden haben. Die Pakete werden optional (je nach Zielsegment des Kunden) angeboten, mit Preisstellung null, und öffentlich beworben mit Nennung ihrer technischen Inhalte, ihrem fiktiven Geldwert und ihrem neuen, erhöhten Nutzen. Der Geldwert entspricht der Einsparsumme für den Käufer, da der Grundpreis der Maschine nicht angehoben wird. Soweit das Konstrukt. Die Maßnahme ist schnell entwickelt. Ihr zugrunde liegt eine Rechnung über die Planmenge der aufgewerteten Maschinen in dem auf sechs Monate begrenzten Zeitraum, multipliziert mit den Selbstkosten der nun „verschenkten" Zusatzausstattung. Dieser Aufwand ist der angenommenen Mehrmenge gegenüberzustellen, die aufgrund der Aktion planerisch abgesetzt wird und als realistisch gelten muss. In der Abwägung der beiden Effekte – Mehraufwand gegen Mehrabsatz – ist die Umsetzungsentscheidung zu treffen.

Im Beispielsfall B wird die Maschine in der gültigen Serien- und Sonderausstattung belassen, aber mit diversen anderen Leistungen zu Paketen kombiniert, die deutlich preisgünstiger abgegeben werden als bisher in loser Zusammenstellung. „Diverse Leistungen" können sein:

– Weitere Maschinen des Herstellers (desselben oder eines anderen Typs)
– Kleingeräte/Einrichtungen für den Workflow (eigene oder Handelsprodukte)
– Einsatzstoffe/Werkstoffe für die Produktion
– Technische Bedarfsprodukte zur Maschinenpflege
– Serviceprodukte.

Letzteres, eine Kombination von Neumaschine mit Serviceprodukten, ist heute eine beliebte Paketbildung, die nicht nur im Rahmen von Relaunches eingesetzt wird. Die Serviceleistungen können dabei Verschiedenes umfassen, unter anderem die Verlängerung der Gewährleistungszeit, die Ausweitung der Gewährleistungsinhalte, eine erste oder auch weitere Inspektionen gratis oder gegen geringen Aufpreis, vorbeugende Wartungen zum Sonderpreis, rabattierte Ersatzteile, einen Gratisfortbildungskursus für Maschinenführer und Techniker zur Optimierung der Maschinenbedienung oder -wartung und vieles mehr.

Alle oben beispielhaft genannten Leistungen werden entweder als zeitbefristete Aktionspakete und in einer festen Bündelung angeboten oder sie bleiben zur individuellen Aushandlung mit dem Kunden offen. Oder man startet mit festen Paketinhalten und festen Preisen, um einen plakativen, werbewirksamen Türöffner für das Projekt zu haben, und weicht dann im Projektverlauf die eigentlich festen Inhalte zugunsten flexibler Kundenwünsche auf. Hier sind alle Spielarten möglich, sie erfordern allerdings desto mehr bürokratischen Aufwand, je mehr Individualisierung sie zulassen. Entscheidend aber ist, dass ein Mehrabsatz stattfindet und dass die Aufwendungen für den Mehrabsatz die Promotion-Aktion mit seinen festgelegten Parametern kaufmännisch rechtfertigen. Und immer ist zu bedenken, dass eine Relaunch-Aktion immer auch einen „Kollateralschaden" produziert, indem nämlich die geplante Maßnahme auch solchen Kunden zugutekommt, die ansonsten bereit gewesen wären, den betreffenden Maschinentyp zu den normalen Konditionen zu kaufen, also ohne inhaltliche Aufwertung. Dieser Effekt ist unvermeidbar.

Die Listung der rein kaufmännischen Maßnahmen in einem Relaunch wäre im Übrigen nicht komplett ohne eine Prüfung der Provisionsregelung. Sofern der Vertrieb und andere am Erfolg beteiligte Abteilungen provisionsgesteuert geführt werden, ist eine Änderung der bisherigen Struktur zu überlegen. Beispielsweise können die Provisionssätze temporär für das Relaunchprodukt angehoben und die Sätze der anderen Produkte abgesenkt werden. Oder man lobt feste Prämien oder Sachgratifikationen an Mitarbeiter aus, deren Einsatz maßgeblich für den Projektabschluss war. Generell ist zu sagen, dass die Gruppe der kaufmännischen Maßnahmen für einen Produkt-Relaunch oder für eine Verkaufsförderaktion relativ schnell entwickelt ist. Natürlich müssen die Relaunch-Maßnahmen mit einem entsprechenden Kommunikationsaufwand in den Markt eingeführt und mit einem bestimmten Schulungsaufwand im Vertrieb und in der Marktorganisation begleitet werden. Aber insgesamt ist der kaufmännische Part eines Relaunchs oder Förderprogramms vergleichsweise einfach.

Dasselbe lässt sich von der zweiten Gruppe, den konstruktiven Maßnahmen, nicht sagen. Wenn ein Stammprodukt tatsächlich ins Schlingern gerät und hierfür nicht unwesentlich ein rückständiges Leistungsbild verantwortlich ist, gibt es für den Hersteller grundsätzlich drei Optionen: Entweder er beschließt (1) die Einstellung des Produkts und den Rückzug aus einem Marktsegment oder einer Leistungsklasse – oder er beschließt (2) einen Relaunch des Produkts, gegebenenfalls verbunden mit einem neuen optischen Auftritt, aber insbesondere mit neuen technischen Merkmalen – oder er beschließt (3) ein neues, also ein Nachfolgeprodukt.

Maßnahme (1), die Produkteinstellung ohne typgleichen oder typähnlichen Produktnachfolger, ist eine seltene und dann meist (ungewollt) vielbeachtete Marktaktion eines Herstellers. Der damit verbundene Rückzug aus einem Marktsegment wird in der Öffentlichkeit zunächst als ein Schwächesignal wahrgenommen, weshalb diese Aktion eine reife unternehmensinterne Entscheidung verlangt und dann eine wasserdichte, glaubwürdige und gleichzeitig positiv-konstruktive Begründung und Kommunikation in den Markt. Eine solche Begründung kann die statistisch belegbare Schrumpfung des Zielsegmentes sein, die eine auskömmliche Produktionsmenge an Maschinen des Typs, der jetzt aufgegeben wird, nicht mehr ermöglicht. Oder es ist darzustellen, dass der Hersteller aus strategischen Gründen seinen Fokus hin zu anderen, eventuell höherwertigen oder größerformatigen Maschinen verschoben hat, welche nun die Kapazitäten von F+E prioritär in Anspruch nehmen. Natürlich ist auch das „Verschweigen" eines Marktausstiegs eine Option oder das durch Preisübertreibung oder bewusste technische Rückständigkeit erzwungene Ausschleichen eines Produkts.

Bleiben also die Maßnahmen (2) und (3), der technikbasierte Relaunch und das Neuprodukt; ihr Unterschied liegt im Umfang der F+E-Arbeiten, also der Konstruktionsaufwände. Und dieser Umfang wird maßgeblich von der Frage beeinflusst: Benötigt das Relaunchprodukt eine neue Basis – also eine neue Größenauslegung für das Fundament oder eine neue Generation von Elektronik- oder Steuerungstechnik? Ein solcher Fundamentalwechsel könnte mit einem Katalog zu (2), dem Relaunch, nicht geleistet werden, sondern nur mit (3), dem Neuprodukt. Aber auch wenn (2) die kleine Schwester von (3) ist, benötigen beide ein Lastenheft zur unternehmensweiten Klarstellung der benötigten neuen Funktionen und der neuen produktbezogenen Absatz- und Erlösziele (Kostenbeitragsziele).

Bei den konstruktiven Maßnahmen zu (2), dem Relaunch, gibt es einen ersten und sehr einfachen, tendenziell kostengünstigen Schritt, die Erneuerung des

Designs. Das Design zerfällt in verschiedene Elemente, darunter die Konturen, Flächen, Farben, Reliefs, Schriftzüge und weitere. Während früher diese Aspekte im Maschinenbau nebensächlich waren, ist die Bedeutung des Designs inzwischen gewachsen: Es beherrscht nicht nur unser privates, konsumgeprägtes Umfeld, sondern zunehmend auch den beruflich-industriellen Alltag und das Innere der Betriebshallen. Es werden hierfür sogar Industriepreise vergeben. Der Wunsch nach einem guten Design ist also allgegenwärtig und ein guter Anlass, dem (Stamm-) Produkt periodisch Glanz und Frische zu geben.

Einfache Formen der Designänderung sind schnell erledigt, zum Beispiel der Schriftzug oder ein neuer Farbton für die Maschinendeckel, andere sind dagegen aufwändig, wie zum Beispiel die Konturen und die Gesamt-Silhouette der Maschine. Eine neue Optik ist in der Tat in vielen Fällen das erste Anzeichen für ein Produkt-Update und für einen Relaunch. Abnehmer und Kunden nehmen durch das neue Design wahr, dass der Maschinentyp konstruktiv angefasst und modernisiert worden ist, eine Reaktion, auf die der Hersteller setzt.

Je nach Alter des Maschinentyps und je nach seinem Standort auf der Lebenszykluskurve mag die Designänderung ausreichen und dem Zweck einer Absatzförderung dienlich sein, gegebenenfalls in Kombination mit den weiter oben beschriebenen kaufmännischen Maßnahmen. In vielen anderen Fällen reicht dies nicht, stattdessen sind „echte" konstruktive Maßnahmen gefordert, die in das Leistungsbild der Maschine eingreifen und ihr an bestimmten Stellen ein Facelift verleihen zugunsten von mehr Produktivität, Wirtschaftlichkeit, Produktionsqualität, Einsatzbreite, Ergonomie oder Umweltverträglichkeit. Hier sind wir dann aber schon auf halber oder dreiviertel Strecke zu einem Neuprodukt.

Schritte und Maßnahmen für einen Produkt-Relaunch

1	Periodische Prüfung der aktuellen Absatzkurve eines Stammprodukts im Abgleich mit seiner geplanten Lebenszykluskurve und dem Statusquo seiner Zielmärkte
2	Wenn Prüfung zu (1) eine starke negative Abweichung zeitigt, Entscheidung über - Produktaufgabe - Produkt-Relaunch - Neuprodukt
3	Konzeptüberlegungen zu (2) bezüglich möglicher Kosten-Nutzen-Szenarien (Mehrabsatz, Image) und der Chancen und Risiken
4	Wenn Entscheidung zu (2) zugunsten von Produkt-Relaunch oder Neuprodukt, Erstellung eines neuen Lastenhefts mit technischen Funktionen und kaufmännischen Ziele
5	Sobald Launch oder Relaunch freigegeben ist, Kommunikationsarbeit leisten, wie in den Kapiteln 3 bis 6 dargestellt.

8   Die VAP-Strategie

Zusammenfassung: Produktmarketing hat einen Kulminationspunkt, den wir *Value Added Production (VAP)* nennen. VAP setzt alle Grundlagen und alle Verarbeitungstypen und Kommunikationsprodukte voraus, die bis hierher in diesem Praxisleitfaden dargestellt worden sind. Darüber hinaus bietet VAP eine Strategie und einen Weg, wie die in der Produktmarketingarbeit entwickelten Nutzenargumente so gebündelt – oder vorweg in der Entstehung des Lastenhefts niedergelegt – werden, dass sie mit den präferierten Wettbewerbsstrategien der Kunden in eine Synchronbeziehung treten können. Es wird dargestellt, wie aus VAP eine Verkaufsmethode entsteht, *VAP Selling*, die den Verkäufer auf Augenhöhe mit dem Kunden bringt, indem er für ihn und mit ihm strategische Alternativen entwickelt und hierfür die bestgeeigneten Techniklösungen bereithält.

8.1 Aufbau und Wirkungsweise der VAP-Strategie

Ohne Frage ist die Entwicklung von Nutzenargumenten, ihre textlich-verbale Ausgestaltung, ihre rechnerisch-modellhafte Darstellung und ihre kommunikationstechnische Inszenierung auf den Livebühnen der Industrie *das* Kerngebiet von Produktmarketing. Die hier geleistete Kreativarbeit ist die Essenz, die aus der Verarbeitung vielfältiger Vorarbeiten entsteht und die – wenn sie gut gemacht ist – an der Frontlinie zu den Absatzmärkten ihre verkaufsfördernde Wirkung entfaltet.

Diese verkaufsfördernde Wirkung lässt sich noch weiter steigern – durch Bündelung, Synchronisierung und den zielgerichteten Einsatz der Nutzenargumente mit Hilfe der VAP-Strategie. VAP steht für *Value Added Production*, zu Deutsch Mehrwertproduktion. Was ist darunter zu verstehen und wie funktioniert diese Strategie?

Eine erste Grundlage für VAP ist der zunehmende Bedarf an strategischer Ausrichtung für den Kunden, den potentiellen Maschinenkäufer. Die fortschreitende Industrialisierung, die kapitalintensive Technisierung der Betriebsstätten, die zunehmende Vernetzung und Globalisierung sowie die Konsolidierung gesättigter Branchen haben in den letzten Jahren die Produktionswelt verändert: Im Innern der Branche herrscht hoher Wettbewerbs- und Anpassungsdruck. Zugleich wächst für den Kunden der Druck, dieser Herausforderung mit einer neuen Geschäftsstrategie zu begegnen, einer Strategie, in deren Mittelpunkt die Wettbewerbsdifferenzierung steht. Und eine Strategie, die es dem Kunden, also dem Betreiber von Maschinen, erlaubt, aus dem mittleren Segment (auch: Durchschnitts-, Mengen-, Massen-, Universalsegment) auszuscheren und sich so zu positionieren, dass er aus der bedrängenden Kostenschere herauskommt, in der er sich befindet. Er wird auf diesem Weg feststellen, dass es für diese Wettbewerbsdifferenzierung grundsätzlich vier Optionen gibt, nämlich: *schneller sein, besser sein, anders sein, billiger sein* (als die Marktbegleiter).

Eine zweite Grundlage für VAP ergibt sich (spiegelbildlich zu oben) aus dem Bedarf an strategischer Ausrichtung für den Maschinenhersteller, und zwar auf Produktebene. Eine solche Ausrichtung findet auf zwei Ebenen statt: Erstens dadurch, dass der Hersteller sein Produktportfolio, also sein Maschinenprogramm, deckungsgleich hält mit der Gesamtheit der Zielsegmente, die er für sein Geschäft definiert hat. Zweitens dadurch, dass er innerhalb der Zielsegmente die inhaltliche Definition seiner Maschinentypen entlang derjenigen Nutzenargumente vornimmt, welche für das jeweilige Zielsegment von höchster Bedeutung sind. Anders ausgedrückt, gilt es für den Hersteller zu vermeiden, dass seine Maschinentypen mit Nutzenargumenten behaftet sind, die wahllos aneinandergereiht sind. Stattdessen gilt das Ziel, die Nutzenargumente jeweils mit Fokus auf einen (1) Maschinentyp für ein (1) Zielsegment konzeptionell zu bündeln, zu entwickeln und zu vermarkten. Zur Erinnerung: Unter Nutzenargumente verstehen wir insbesondere die Argumente zur Produktivität und Wirtschaftlichkeit, zur Produktionsqualität, zu Anwendungen und Applikationen, zur Ergonomie und zur Umweltverträglichkeit.

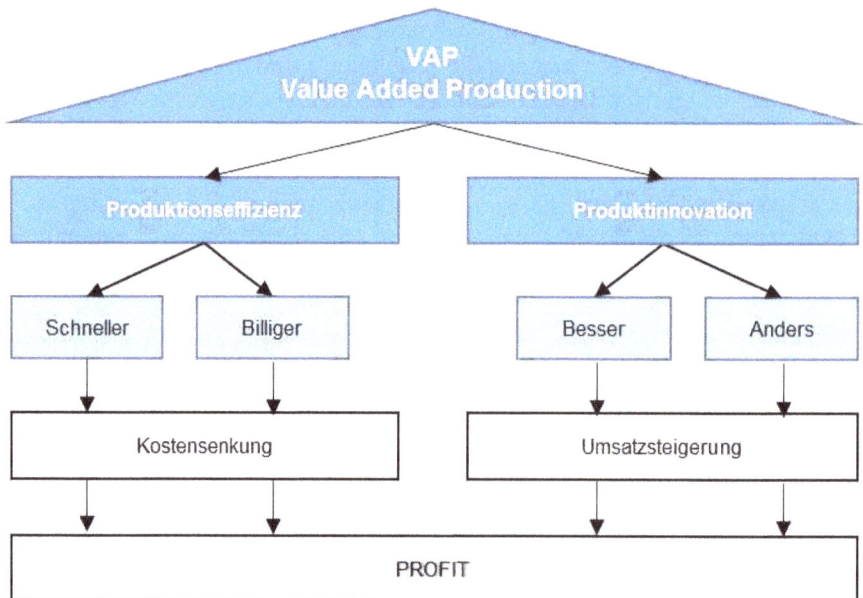

Abb. 20: Schematische Darstellung der VAP-Strategie aus der Perspektive des Kunden. Das Strukturmodell dient als Basis für den Gesprächseinstieg und zur Vertiefung des Dialogs zwischen Verkäufer und Kunde. Ziel ist die Vergewisserung, welche Geschäftsmotive und welche strategische Ausrichtung der Kunde hat.

Wir halten fest: Auf Kunden- und Anwenderseite besteht eine höhere Form der Geschäftstätigkeit darin, eine *wettbewerbsorientierte Differenzierungsstrategie* zu entwickeln und zu verfolgen. Und auf Maschinen- und Herstellerseite besteht die höhere Form darin, bei der Neuentwicklung von Maschinentypen auf vollständige Abdeckung der relevanten Zielsegmente zu achten sowie auf die Bündelung artgleicher Nutzenarten je Maschinentyp.

VAP ist nun die Kunst, wie man in der Phase der Vermarktung die Argumentebündel mit den vier unternehmerischen Zielsetzungen des Kunden synchronisiert: *schneller sein, besser sein, anders sein, billiger sein.* Anders ausgedrückt, umfasst VAP alle Techniken, Methoden, Verfahren und Applikationen, die mehr ermöglichen als die herkömmliche Produktionsart und die herkömmlichen Endprodukte, die der Kunde bisher erzeugt hat, und die deshalb mehr wert sind und Mehrwert haben *(Added value)*. Darum geht es dem Kunden, aber auch dem Hersteller. Am Ende steht eine mögliche Win-win-Situation.

8.2 VAP Selling

VAP Selling ist die von der VAP-Strategie abgeleitete und auf sie zugeschnittene Verkaufstechnik. Sie steht im Gegensatz zur „traditionellen" Verkaufsmethode, die noch heute in der Praxis auf breiter Front im Einsatz ist: Der Verkäufer besucht den Kunden und spricht über eine technische Innovation. Er spricht darüber begeistert, will beeindrucken und glaubt zu überzeugen. Dabei weiß er nicht, ob der Kunde ein grundsätzliches Interesse an der dargestellten Innovation hat. Im ungünstigsten Fall wird wertvolle Geschäftszeit vergeudet. Es entstehen Verdruss und ein Gefühl von Störung anstatt der erhofften Inspiration.

Ein zweites Manko im Vertriebsalltag ist, dass der Verkäufer ein Maschinenprodukt erschöpfend darstellt, es in allen maschinentechnischen Einzelheiten beschreibt und dabei minutiös alle Phasen des Materialflusses durch die Maschine oder alle Verarbeitungsschritte beschreibt. Er erkennt nicht, dass sein Gesprächspartner weder eine Kompetenz in höherer Ingenieurskunst hat noch den Willen, sich auf diese Perspektive einzulassen, stattdessen interessieren ihn ganz andere Aspekte im Zusammenhang mit dem möglichen Erwerb einer neuen Maschine, nämlich wie sie ihm helfen könnte, sein Geschäft zu beleben oder seine Kostenschere zu beseitigen. Die Folge ist mangelnde Effizienz in der Vertriebsarbeit und ungenügender Fokus auf die Problemlage des Kunden. Das ist in der heutigen Wettbewerbssituation ein entscheidender Nachteil für beide Seiten.

Hier hilft die Methode *VAP Selling*. Sie ist ein neuer, systematischer und werteorientierter Verkaufsansatz für den Maschinen- und Anlagenbau und eine Methode, die zuerst nach den Motiven (Werten) des Kunden fragt und erst danach ein dazu passendes Lösungsangebot formuliert.

VAP Selling eignet sich für die Kundenkommunikation ganz grundsätzlich und in jeder Phase des Kundenkontakts, insbesondere aber in der Frühphase des Vertriebszyklus (siehe Seite 102), in der es um die Ermittlung der Kundenbedarfe geht. Anstatt zu Beginn des Besuchs sofort das Gespräch an sich zu ziehen, begibt sich der Verkäufer zunächst in die Haltung eines Zuhörers und Beobachters, wobei er den Dialog durch zielführende Fragen, Stichworte, Thesen und auch (moderate) Provokationen lenkt und zuspitzt. Ziel dieser eher defensiven und hintergründigen Gesprächshaltung ist es, möglichst viel relevante Information vom Kunden zu erhalten, relevant dahingehend, dass erkennbar wird, welcher Art sein persönlicher innerer Antrieb ist, welche grundsätzlichen und geschäftsbezogenen Vorstellungen, Meinungen, Gedankenkonstrukte, Ideen er hat, wie gefestigt sie sind, welche Erfahrungen dahinter stehen und in welcher ganz spezifischen Situation er sich aktuell befindet – Wettbewerbssituation, Finanzsituation, Mitarbeitersituation, Kundensituation und weiteres mehr. Es geht darum, in dieser frühen Gesprächsphase Hinweise zu finden, Fakten zu sammeln, Reaktionen zu testen und Schlüsse zu ziehen.

Der generische Ansatz von VAP Selling, sein Aufbau, Ablauf und sein Wirkmechanismus sind am besten in einem Bild zu verstehen. In diesem Bild stellt VAP eine baumartige Verzweigung nach unten dar, also eine hierarchische Ordnung von Ebenen. Diese hierarchische Ordnung zeigt zweierlei: Sie ist von oben nach unten gelesen der Fahrplan und die Schrittfolge für einen Prozess mit dem Kunden, an dessen Ende idealerweise der Verkauf einer Maschine steht, die vollständig und in jeder Beziehung den Vorstellungen und Ambitionen des Kunden entspricht und am Ende höchste Kundenzufriedenheit erzeugt.

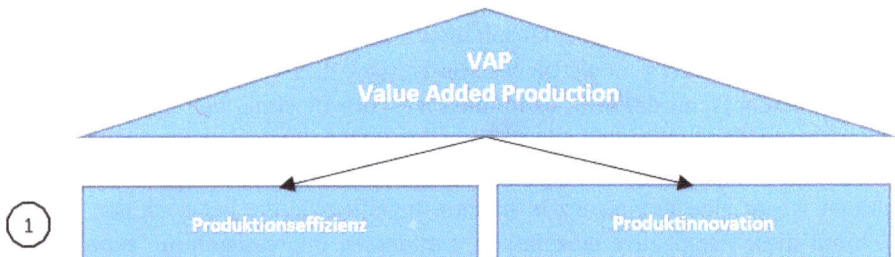

Abb. 21: Ebene 1 des VAP-Modells zeigt die grundsätzlichen Industrietreiber auf

Auf der obersten Ebene der VAP-Hierarchie befinden sich zwei Themenblöcke, *Produktionseffizienz* und *Produktinnovation*. Sie stellen die beiden grundsätzlichen Industrietreiber und unternehmerischen Ziele dar. Unter ersterem, Produktionseffizienz, ist der Schlankheitsgrad des Unternehmens zu verstehen, also der maximal kostenwirtschaftliche Aufbau des Unternehmens und die maximal zeitsparende Organisation der betrieblichen Abläufe. Unter zweiterem, Produktinnovation, ist die ständige Verbesserung oder Veredelung des Produktionserzeugnisses zu verstehen, verbunden mit der Eroberung neuer Marktsegmente, der Steigerung des Geschäfts- volumens und der Erzielung besserer Marktpreise. Produktionseffizienz und Pro- duktinnovation also: Sie stellen in einem universalen Sinn die zwei Grundziele und Visionen eines Industrieunternehmens dar und damit die zwei wesentlichen Fort- schrittstreiber im Unternehmen. Diese beiden Treiber schließen sich gegenseitig nicht aus, im Gegenteil, sie ergänzen sich ideal. Dennoch ist feststellbar, dass der Unternehmer häufig eine der beiden Ausrichtungen präferiert und diese mit Nach- druck verfolgt. Für den Fortgang im Kundengespräch ist es für den (VAP-)Verkäufer daher wichtig zu wissen, welcher der beiden Ausrichtungen der Kunde zuneigt.

Diese erste Ebene muss mit der zweiten in enger Verbindung gesehen werden. In dieser zweiten Ebene sind die vier grundsätzlichen, potenziellen Kundenmotive angeordnet: *schneller sein, billiger sein, besser sein, anders sein* – wobei die ersten beiden (schneller und billiger) der Produktionseffizienz in Ebene 1 zugeordnet sind und die beiden letzteren (besser und anders) der Produktinnovation. Es wird unter- stellt, dass die vier Kundenmotive dem entsprechen, was wir Geschäftsstrategie nennen, also die Wahl eines bestimmten Weges zum unternehmerischen Erfolg. Diese Wahl steht nicht alleine für sich, sondern steht in Bezug zur Persönlichkeit des Unternehmers, aber auch zu seiner Wettbewerbssituation. Insofern ist sein Mo- tiv nicht nur eine Geschäftsstrategie, sondern eine Differenzierungsstrategie zum Wettbewerb. Je nachdem, welche Differenzierungsstrategie der Kunde verfolgt, wird er im Laufe des Projekts bestimmte Anforderungen an das Fachgespräch mit dem Verkäufer stellen, verschiedene Inhalte favorisieren, verschiedene Stimulanzien benötigen (darunter Daten, Fakten, Beispielsfälle, Erfolgsgeschichten und anderes mehr) und am Ende eine Investitionsentscheidung treffen, die auf seine Differenzie-

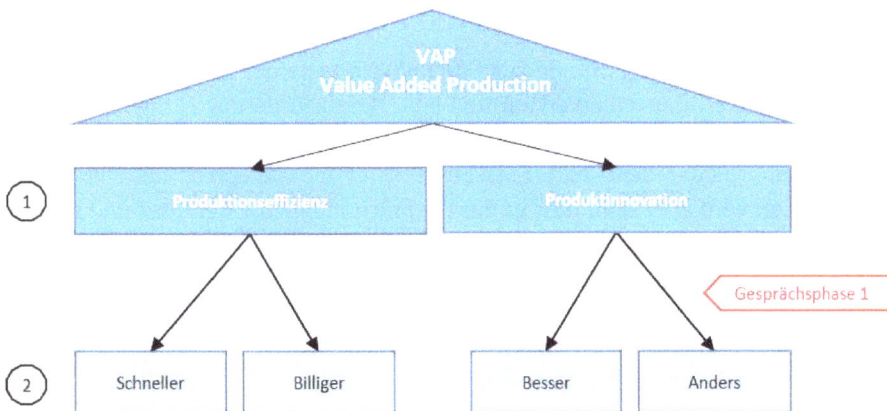

Abb. 22: Ebene 2 führt von den Industrietreibern zur Differenzierungsstrategie, von denen vier zur Auswahl stehen

rungsstrategie zugeschnitten ist. Insofern ist es für den VAP-Verkäufer wichtig, bei einem Kunden und in einem beginnenden Projekt frühzeitig dessen Motive und strategische Ausrichtung zu kennen.

Dieser erste Schritt ist in vielen Fällen schwere Arbeit, und das aus verschiedenen Gründen. Ein Grund mag sein, dass der Kunde sich nicht in die Karten schauen lässt und ein geführtes Gespräch über seine strategische Ausrichtung nicht will und es abblockt. Ein zweiter Grund ist, dass der Kunde es selbst nicht so genau weiß und sich nicht entscheiden will und meint, eigentlich brauche er „alles". Dieser wird das Gespräch eventuell nicht abblocken, sondern willig annehmen, aber die Qualität seiner Antworten wird nicht zu einer klaren Einordnung führen, wie sie der VAP-Verkäufer für den nächsten Schritt des Projekts braucht. Daher ist ein zweites probates Mittel der Rundgang im Betrieb, das Beobachten von Details und das Gespräch mit Vorarbeitern, Abteilungsleitern und anderen Führungskräften. Nachfolgend ist eine Checkliste abgedruckt, worauf dabei zu achten ist:

Beobachtungsaspekte auf dem Rundgang im Betrieb

Welche Produkte stellt der Kunde her?

Welche Materialien und Werkstoffe setzt er dafür ein?

Wie ordentlich sehen die Betriebsstätten aus?

Welchen Eindruck kann man von der Organisation und der Logistik gewinnen?

In welchem Zustand befinden sich die Maschinen?

Welche Stände haben die Totalisatoren?

Mit welchen Verarbeitungsgeschwindigkeiten werden die Maschinen gefahren?

Wie effektiv wirkt das Maschinenpersonal?

… (zu ergänzen)

Ohne Zweifel ist die Fragestunde zur Geschäftsstrategie des Kunden eine Königsdisziplin im Investitionsgüterverkauf und eine Herausforderung für jeden Verkäufer. Sie kann durch das *VAP Sales Tool* unterstützt werden, das wir noch kennenlernen werden (siehe Seite 163). Entscheidend für die Akzeptanz des Verkäufers beim Kunden wird aber sein, dass er das Gespräch möglichst frei führt und seinem Gegenüber das Gefühl gibt, sich in dessen Abnehmermarkt gut auszukennen, ebenso bei dessen Konkurrenten, und dass er Optionen im Geschäftsleben kennt, die dem Kunden vielleicht nicht oder nur ungenügend geläufig sind, die ihm jetzt aber ein neues Bild und eine neue Perspektive vermitteln. Dies ist der erwünschte Effekt mit VAP Selling, denn auf der Basis eines solchen Momentums öffnen sich die Türen zu den Ebenen 3 und 4 (Produkttechnologie) quasi von selbst.

Eine Auffassung darüber, welcher Differenzierungsstrategie ein Kunde mit höchster Wahrscheinlichkeit den Vorzug gibt, kann also mit den Mitteln des aktiven Zuhörens, des geführten Gesprächs und des aktiven Beobachtens gebildet werden, wobei das eine das andere nicht ausschließt, sondern sinnvoll ergänzt. Es gibt eben auch den Fall, dass der Unternehmer eine bestimmte Differenzierungsstrategie als gesetzt betrachtet, der Betriebsalltag dann aber ganz anders aussieht – oder dass der Unternehmer seine Strategie als „vorhanden" betrachtet, das Führungspersonal aber keineswegs kongruent dazu arbeitet. Der VAP-Verkäufer kann also schwierige Situationen antreffen, und wie wir noch sehen werden, sind seine „investigativen" Fähigkeiten in dieser ersten Phase der Motivermittlung des Kunden von großer Bedeutung – und seine Kunstfertigkeit in der Erstellung einer treffergenauen Analyse für den späteren Verkaufserfolg ebenso.

Nun folgt die zweite Gesprächsphase – und hierfür dienen die dritte und vierte Ebene des VAP-Modells, die Ebene unterhalb der Differenzierungsstrategie. Wir nehmen jetzt beispielhaft den Fall an, dass der Kunde in der vorangegangenen Analyse eine Präferenz für die Strategie „Billiger" zu erkennen gegeben hat, also eine Haltung und Einstellung, die auf kostengünstigere, wirtschaftlichere und effizientere Produktionsmethoden setzt. In diesem zweiten Schritt des Kundengesprächs geht

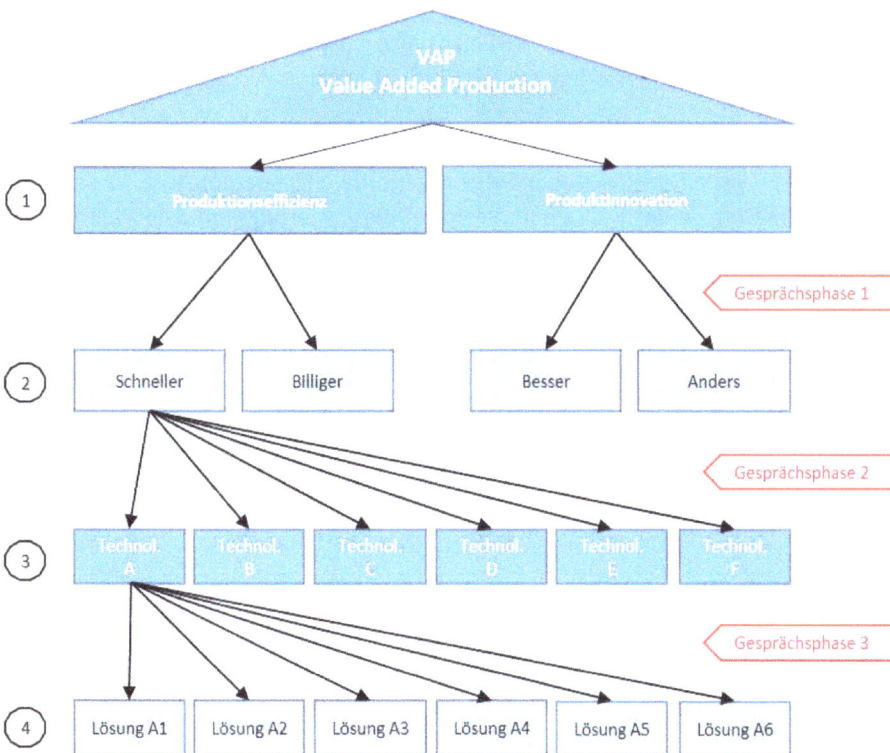

Abb. 23: Die Ebenen 3 und 4 des VAP-Modells führen – ausgehend von der Strategieanalyse in Ebene 2 – über die generische Technologiediskussion zu den Produktlösungen des Herstellers

es nun darum einzusammeln, welche Vorstellungen der Kunde zum Format oder zur Größe der Maschine, zur Konfiguration (welche und wie viele Stationen) und zur optionalen Ausstattung hat. Sofern es keine immanenten und eklatanten Widersprüche zwischen der Maschinendefinition und seiner Differenzierungsstrategie gibt, genügt an dieser Stelle erst einmal die Aufnahme seiner Wunschliste.

Danach übernimmt der VAP-Verkäufer die Gesprächsführung. Da der Kunde nicht weiß und auch nicht wissen kann, welche alternativen oder weitergehenden Technologielösungen der Hersteller für Kunden bereithält, die auf „Billiger" setzen, liegt es nun an ihm, dem VAP-Verkäufer, den Kunden hierüber aufzuklären. Dabei geht er die möglichen Technologiefelder in Ebene 3 vollständig durch und prüft, auf welche der dargestellten Felder der Kunde positiv reagiert. Wo dies passiert, springt der VAP-Verkäufer in die nächsttiefere Ebene, Ebene 4, und präsentiert Lösungen (seines Hauses) und Nutzenvorteile, aber zunächst in einer gröberen Darstellung, die zügiges Weitermachen ermöglicht.

In dieser zweiten und dritten Gesprächsphase setzt der VAP-Verkäufer seine spezifischen Kenntnisse darüber ein, welche Lösungen – also welche Maschinenvarianten, welche Module und welche Sonderzubehöre – in ihrer Nutzenargumentation genau den Punkt „Billiger" bedienen, also Lösungen, die geeignet sind, die Produktivität zu erhöhen sowie Prozesskosten- und Materialersparnisse zu erzielen.

Nicht nur ist es die Aufgabe des VAP-Verkäufers, genau diese Zusammenhänge zu kennen – also den Zusammenhang zwischen Techniklösungen und Nutzenargumenten –, sondern es ist ihm aufgetragen, die Nutzenargumente zu sortieren und sie den Motiven des Kunden und seiner Differenzierungsstrategie zuzuordnen, und zwar im Rahmen eines Kundengesprächs, also live und in Echtzeit. Darüber hinaus muss er nun eine zweite Kunst beherrschen, nämlich die Kunst der Selbstbeschränkung: Er darf nicht in andere Sphären abdriften, indem er über Ausstattungen und Merkmale spricht, deren Nutzen auf ganz anderen Feldern liegen als „Billiger", zum Beispiel auf Qualität („Besser") oder auf Applikationen („Anders") – Felder, die der Kunde für seine Strategie zuvor als nicht oder weniger relevant dargestellt hat. Der VAP-Verkäufer muss also der Versuchung widerstehen, aus eigenem Antrieb auf diese Felder zu gelangen, auch wenn er unterschwellig der Meinung ist, damit punkten zu können. VAP bedeutet: *Konzentration auf das Wesentliche.*

Was ist der Unterschied zwischen Ebene 3 und 4? In Ebene 3 hält sich der VAP-Verkäufer noch in einer generischen Ebene auf – es geht um Technologie im Allgemeinen –, während er in Ebene 4 konkret und herstellerspezifisch agiert. Ebene 3 und die generische Zwiesprache mit dem Kunden bedeuten, zunächst einmal verallgemeinernd über technologische Lösungen zu sprechen, die geeignet sind, die Differenzierungsstrategie des Kunden zu unterstützen, hier „Billiger". Das könnten zum Beispiel eine Reihe von Automatikeinrichtungen für den schnellen Rüstwechsel sein oder ein Paket zur Steigerung der maximalen Verarbeitungsgeschwindigkeit. Indem der VAP-Verkäufer zunächst auf dieser generischen Ebene bleibt, tastet er sich systematisch voran und prüft, auf welche der angesprochenen Lösungen der Kunde anspringt. Dann kann er von dort über die Ebene 4 tiefer einsteigen und den Kunden mit Details bedienen. Der Vorteil dieses getrennten Vorgehens, erst Ebene 3, dann Ebene 4, ist, dass der Kunde diese Gesprächsphase nicht vordergründig als Werbung für das Technologieangebot des Herstellers wahrnimmt, sondern als eine professionelle analytische Methode zur Definition eines für ihn optimierten Produktionsmittels.

Über die bisherigen Gesprächsphasen entsteht langsam ein Bild, eine Skizze von der Maschinenkonfiguration und -ausstattung, die für den Kunden in Frage kommt. Aber wir sind erst noch auf halber Strecke, denn in vielen Fällen wird der Kunde zwar angeregt sein, aber doch auch zweifelnd oder skeptisch, und sich nicht auf eine vorschnelle Festlegung einlassen. An dieser Stelle muss der VAP-Verkäufer seine Bemühung intensivieren und weiter in die VAP-Struktur eintauchen. Dazu helfen ihm die Ebenen 5 und 6 des VAP-Modells. Das Eintauchen in die noch tieferen Ebenen des VAP-Modells ist nur im konkreten Bedarfsfall angezeigt.

Dagegen sind die Ebenen 1 bis 4 ein fester Bestandteil der VAP-Struktur und *obligatorisch* für die mit der VAP-Strategie verbundene Zielsetzung – das Herausarbeiten der Kundenstrategie und der dafür geeigneten Maschinenkonfiguration im Rahmen eines Neuprojekts. Sofern und solange das Gespräch mit einem Generalisten auf Kundenseite geführt wird, mag es damit sein Bewenden haben. Anders verhält es sich mit den Ebenen 5 und 6. Diese Ebenen sind *fakultativ*, also bei Bedarf zu verwenden. Der Bedarf stellt sich bei Ebene 5 dann ein, wenn der Kunde die technische Vertiefung des Dialogs wünscht, also die konkrete Darstellung von Maschinentechnik, Anwendungstechnik und/oder Steuerungstechnik. Hierzu fährt der VAP-Verkäufer in seinem VAP Sales Tool, von Ebene 4 kommend, senkrecht hinunter auf Ebene 5 und findet dort detailliert ausgeführtes Material, bestehend aus Text, Grafik, Bild, Bewegtbild oder Animation zur Veranschaulichung komplexer technischer Strukturen oder Abläufe. In dieser Ebene 5 ist Raum für Technik, für (qualitative) Nutzenargumente und auch für Vorteilsargumente gegenüber dem Wettbewerb.

Dann folgt Ebene 6. Diese Ebene dient dem vertieften Dialog mit Geschäftsführern, kaufmännischen Leitern, Controllern, Einkäufern und Finanzexperten. Er kann von Ebene 4 und auch von Ebene 5 angesteuert werden, zieht also eine technische Lösung oder ein Maschinenmerkmal heraus (Ebene 4), beschreibt es technischfunktional und in der gebotenen Abgrenzung zum Wettbewerb (Ebene 5) und vertieft dann in Ebene 6 die Vorteilhaftigkeit durch Übertragung der betrieblichtechnischen Effekte in eine Produktivitäts-, Kapazitäts- und Wirtschaftlichkeitsrechnung – analog zu unseren Ausführungen in Kapitel 4.

Die Methode VAP Selling, wie hier beschrieben, wird vom VAP-Verkäufer im Kundenprojekt nicht aus dem Stegreif entwickelt und spontan ausgerollt, sondern folgt einer verbindlichen Vorlage, die vom Produktmarketing als VAP Sales Tool entwickelt wird. VAP Selling und das zugehörige VAP Sales Tool werden über das Vertriebsnetz hinweg als verbindliche Verkaufsmethode erklärt, indem das VAP

Sales Tool auf dem Firmen-Intranet zum Download bereitsteht und VAP-Seminare angeboten werden, die den Einsatz des Sales Tools erklären und die Methode einstudieren.

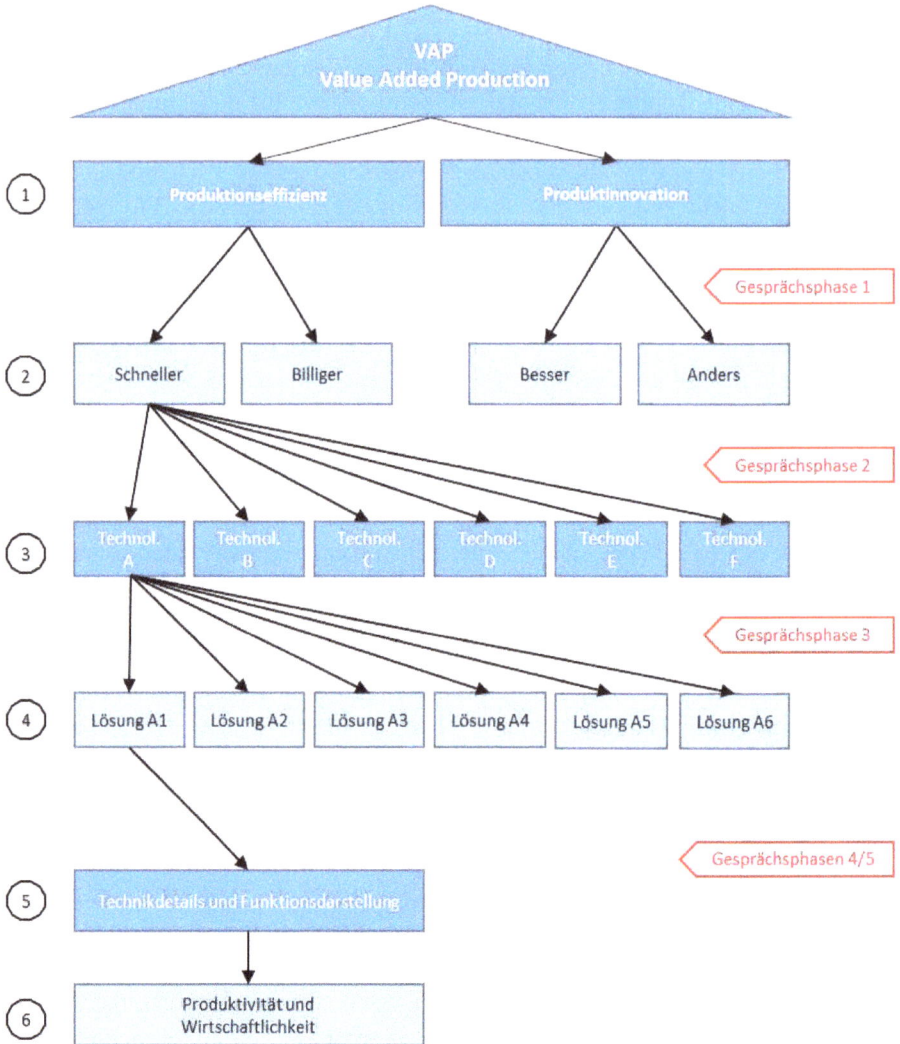

Abb. 24: Während die Ebenen 1 bis 4 obligatorisch für die Zielerreichung von VAP Selling sind, dienen die Ebenen 5 und 6 zur bedarfsmäßigen Vertiefung des Dialogs und zur Intensivierung der Überzeugungsarbeit gegenüber bestimmten Personengruppen des Kunden

8.3 Das VAP Sales Tool

Das VAP Sales Tool ist ein Powerpoint-Dokument vorzugsweise mit Datenbank-verknüpfung wegen des großen Materialumfangs und der besseren Pflegbarkeit. Es ist für PC-, Notebook- und Tabletanwendung zu programmieren. Eine weitere Vor-gabe für die Programmierung ist die Übertragung der Baumstruktur mit den sechs (6) Ebenen. Diese sind in separaten Folienkapiteln grafisch aufzubereiten und so zu verlinken, dass der User problemlos von einer Ebene zur anderen und über Ebenen hinweg nach vorne und hinten springen kann. Diese Vorgehensweise ist notwendig für einen flüssigen Kundendialog ohne störende Suchpausen.

Jede einzelne Ebene auf einer der Folien enthält eine Grafik. Diese ist dem oben dargestellten VAP-Modell in Form eines Suchbaums nachgebildet und ähnelt einem Diagramm oder Organigramm mit Linien, Feldern und Elementen. Die Felder sind beschriftet und bilden Themen ab, in den Ebenen 1 und 2 Strategiethemen, in den Ebenen 3 bis 6 Technologie- und Wirtschaftlichkeitsthemen. Die Themenfelder sind vertikal zu den Nachbarfeldern und horizontal zu den über- und untergeordneten Ebenen durch Linien verbunden, die der Logik ihrer Zusammenhänge entsprechen.

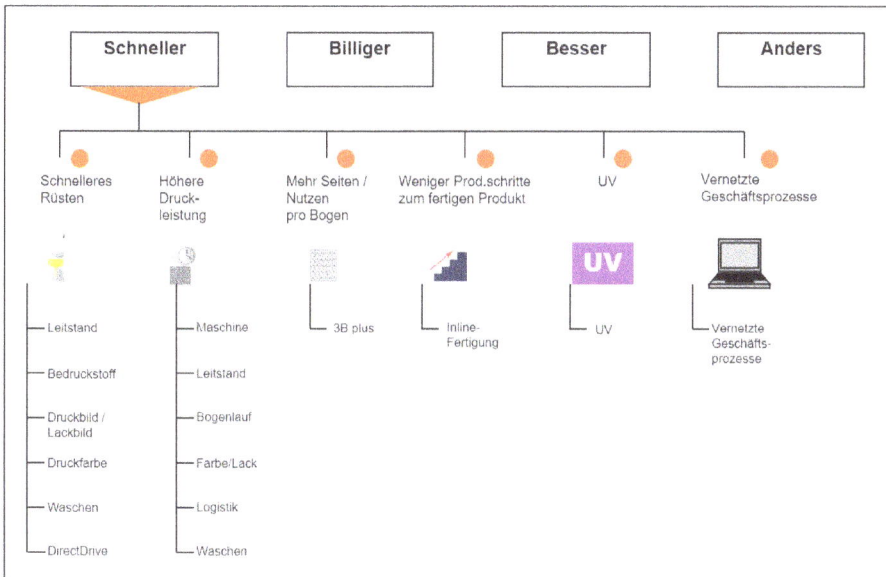

Abb. 25: Abbildung eines Beispiels[2] für ein VAP Sales Tool mit Baumstruktur für die Ebenen 2 bis 4

2 Dargestelltes Beispiel entnommen aus dem Arbeitsmaterial von MAN Roland Druckmaschinen AG, Offenbach

Alle Felder und Elemente in der Grafik sind durch Anklicken aktivierbar, das heißt, es öffnet sich ein Chart mit weitergehender oder vertiefender Information. Pfeilbuttons ermöglichen die Rückkehr zur vorhergehenden Ebene.

Mit dieser Struktur der Ebenen, Felder, Linien und Buttons ist ein interaktives Medium geschaffen, das in sich eine stringente Logik besitzt, die geleitet ist vom VAP-Grundgedanken, also der nutzenorientierten Darstellung von technischen Lösungen, jetzt aber so sortiert, dass sie sofort dem Kundenmotiv und seiner Differenzierungsstrategie zugeordnet und im Kundengespräch live angewendet werden kann.

Zusammenfassend ist zu sagen, dass das VAP Sales Tool mit seiner Baumstruktur, seiner Ordnung und Modularität über Ebenen hinweg und seinen Wissensinhalten das *eine* Medium ist, das den Verkäufer befähigt, alle investitionsrelevanten Themen mit dem Kunden zu diskutieren und seine Präferenzen herauszuarbeiten. Am Ende steht ein Werte- und Wunschprofil des Kunden, das für alle nachfolgenden Phasen des Verkaufszyklus die maßgebliche Grundlage darstellt. Zugleich ist das VAP Sales Tool ein Instrument zur Vereinheitlichung der Kundenansprache und der Technologiediskussion. Dieses Instrument bedarf einer ständigen Pflege aus dem Stammhaus heraus, aber auch aus der Marktorganisation, denn erst durch die aktive Anwendung der VAP-Methode werden wichtige Erkenntnisse gewonnen, die für das nächste Update einzuarbeiten sind. Nur durch intensiven Austausch zwischen innen und außen entsteht über die Monate und Jahre ein Worktool von größter Professionalität und Wirksamkeit.

Die Frage, die sich nach erfolgtem Einsatz des VAP Sales Tools in einem Kundenprojekt stellt, ist, wie damit umgegangen wird, wenn der Kunde eine Kopie davon wünscht. Diesem Ansinnen ist aus verschiedenen Gründen mit Vorsicht zu begegnen. Zum einen ist VAP ein moderner Verkaufsansatz, der noch wenig verbreitet ist. Er ist daher von strategischem Vorteil für solche Hersteller, die ihn anwenden. Eine lockere Herausgabe des VAP Sales Tools an Kunden würde schnell dazu führen, dass dieses Instrument eine Fehlstreuung an unerwünschte Adressaten erfährt. Zweitens enthält das VAP Sales Tool Informationen über den Wettbewerb. Dieser Informationsblock ist aufgrund häufig fehlender Transparenz und diverser Taktiken bei der Veröffentlichung von Daten und Fakten immer mit Unsicherheit und manchmal auch mit Fehlern behaftet. Auch hier kann Fehlstreuung zu ungewünschten Effekten führen. Aus diesem Grunde wird ein restriktiver Umgang mit dem VAP Sales Tool empfohlen.

Aber natürlich wird der VAP-Verkäufer jede Anstrengung unternehmen, dem Kunden relevante und gewünschte Informationen zukommen zu lassen. Die Inhalte des VAP Sales Tools liegen ja in digitaler und in einer von der VAP-Struktur abgelösten, vereinzelten Form vor, diese kann er nutzen. Zudem ist anzuraten, dass der Verkäufer während des Kundengesprächs mit Stift und Firmenblock immer wieder, zum Beispiel kapitelweise, innehält, Gesprächspassagen zusammenfasst, den Kunden um Bestätigung bittet und dieses Statement auf dem Block notiert. Er notiert es plakativ und laut vorsprechend, damit der Kunde die Notiz mitverfolgt und rekapituliert. Dieses Protokoll, das über die Statements und Zusammenfassungen hinaus auch offene Fragen, Querverweise und improvisierte Gesprächsteile beinhalten kann, kopiert oder fotografiert der Verkäufer am Ende des Arbeitstreffens und übergibt dann seine Notizen im Original an den Kunden als Dokument (mit Firmenlogo!) einer Zwischenübereinkunft im Rahmen des Projekts. Die Kopie oder die Fotoaufnahme über Mobiltelefon nimmt er mit zur weiteren Bearbeitung.

8.4 VAP Selling Seminare

Im Kapitel 6.8 haben wir über Präsenzseminare und Webinare gesprochen und die beiden Seminartypen verglichen und bewertet. Eine dritte Methode wäre hinzuzufügen: *Computer-based Training (CBT)*, das programmgeführte Selbstlernen am Computer. In diesem Strauß von Seminartypen haben sich die Webinare heute eine Hauptstellung erarbeitet. Ohne Zweifel lassen sie sich für bestimmte Inhalte gut verwenden. Dies gilt allerdings nicht grundsätzlich und nicht gesamthaft für VAP Selling. Sicherlich ist nichts dagegen einzuwenden, ein Webinar zur allgemeinen Einführung in das VAP-Thema vorzusehen. Auch kann das VAP Sales Tool in einer kleinen Reihe von Webinaren vermittelt werden. Dabei geht es nicht nur um den Aufbau und das Navigieren in der Baumstruktur, sondern um die Inhalte in den einzelnen Ebenen. Da diese umfangreich sind, können Webinare oder CBT-Programme eine erste Vermittlung und Verankerung bewirken.

Präsenzseminare sind dann aber bevorzugt einzusetzen, wenn es über die kognitive Befassung, also den Wissensaufbau von Methodik und Inhalt, hinausgeht, nämlich in die praktische Anwendung der Methode. Es ist dem Unternehmen und seinem VAP-Verkäufer zu empfehlen, hier eine Übung zu entwickeln, bevor die Methode in Kundenprojekten zum Einsatz kommt.

VAP Selling beginnt mit Schritt 1, der Analyse der strategischen Geschäftsgrundlagen des Kunden. Dieser erste Teil der VAP-Interaktion lebt von einer starken Persönlichkeitskomponente des Verkäufers, die umso stärker ist und gleichzeitig umso sensibler, je ungewohnter ein solcher Dialog für den Kunden ist und je mehr er zögert und zaudert, sich zu öffnen. Der VAP-Verkäufer geht an dieser Stelle des Kundenkontakts mit sehr viel Einfühlungsvermögen und Fingerspitzengefühl vor. Er spürt ab, ob die aktuelle Situation ein solches Gespräch zulässt, und prüft, was er selbst aktiv tun kann, die Situation positiv zu beeinflussen. Erst dann, wenn er darauf vertraut, dass das Umfeld stimmig ist und der Gesprächspartner offen und bereit, in den Dialog einzutreten, bringt er sein VAP-Instrumentarium zum Einsatz und arbeitet zusammen mit dem Kunden die strukturellen Grundlagen heraus, die notwendig sind, damit strategisches Denken stattfinden kann.

Dieser erste Schritt im VAP-Dialog, die Analyse der Kundenmotive, der Wettbewerbssituation und das gemeinsame Finden einer Differenzierungsstrategie braucht also nicht nur eine Methode und die Professionalität ihrer Anwendung, sondern zuvor ein hochentwickeltes Gespür, eine Feinsensorik für den Moment, für Raum und Ambiente und für den Gesprächspartner. Ein solches Gespür mag der Verkäufer von Natur aus mitbringen oder es sich in Maßen angeeignet haben. Es ist dennoch ein so anspruchsvoller Teil von VAP Selling, dass diese Fähigkeit stets aufs Neue geschärft werden muss. Denn nicht das unsensible Einfallen in den Hoheitsbereich des Kunden und das Ausgießen von Random-Information aus dem Füllhorn der Herstellerliteratur ist jetzt die Handlungsmaxime des Verkäufers, sondern das hochsensible Einfühlen in die Situation des Kunden, das „Heraushören, -riechen und -schmecken" der ganz spezifischen Umstände, unter denen dieser sein Tagesgeschäft und sein strategisches Geschäft betreibt, und das effiziente Erarbeiten von Lösungen, die genau in das Strukturraster des Kunden passen: Psychologie des Moments und Kraft der Methode. Dieses Zusammenspiel legt die Grundlage für eine Symbiose und eine mentale Annäherung zwischen Verkäufer und Kunde, eine Grundlage, aus der nicht nur der einmalige Erfolg im Projekt erwachsen soll, sondern der nachhaltige Erfolg in der Kundenbeziehung, dem höchsten Ziel in der modernen Vertriebswelt.

VAP Selling hat also neben seiner Methodik einen *weitreichenden psychologischen Part*, der die Komponenten Sensorik, Analytik, Sprache, Verhalten, Interaktion einschließt, genauso wie Empathie und Sympathie. Diese Komponenten und Fähigkeiten sind sicher in Teilen bei Verkäufern vorauszusetzen und vorhanden, aber sie sind bei vielen Akteuren optimierungsfähig und einstudierbar. Dabei leuchtet es ein, dass die Vermittlung der genannten Fähigkeiten mittels medialer Kommunikationstechnik – Webinare – weniger erfolgversprechend ist als durch Präsenzseminare. Warum?

Präsenzseminare bieten die Möglichkeit für *Rollenspiele* zur Simulation von Kundensituationen und zum Einstudieren der psychologischen und methodischen Fähigkeiten des Verkäufers. Rollenspiele sind ein fundamentales Element im Aufbau und in der Verbreitung der VAP-Kompetenz. Sie werden in einem präparierten Raum und mit handelnden Personen durchgeführt und wie folgt zugeschnitten:

Der Raum hat eine bestimmte Ausstattung, die zum Beispiel Enge simuliert oder Störsituationen, wie Telefon, Handy, Türenschlagen, Straßenlärm. In dem Raum befindet sich eine kleine Gruppe von Personen, idealerweise vier, die aus dem Kreis der Seminarteilnehmer herausgezogen werden, um das Rollenspiel zu spielen. Die (vier) Personen werden aufgeteilt in je zwei für die Rolle des Herstellervertriebs (zusammen „VAP-Verkäufer") und für die Rolle des Kunden. Jeder von ihnen erhält eine Funktion, zum Beispiel als Produktionsleiter, Geschäftsführer, Einkäufer, Controller, Leiter der Finanzen, Berater, Verkäufer, Vertriebsingenieur, Produktmarketingmitarbeiter. Den zwei Personen, welche die Herstellerseite darstellen, wird eine (nicht zwingend stimmige) Erstinformation über den Kundenbetrieb ausgehändigt – unter anderem über dessen Produktprogramm, maschinelle Ausstattung, unmittelbaren Wettbewerb und seine strategische Ausrichtung.

In dem nun folgenden Rollenspiel geht es für den Hersteller darum, durch sensible Einfühlung in die Augenblickssituation beim Kunden einen Einstieg zu finden und dann durch geschickte Gesprächsführung (und wenige eigene Gesprächsanteile) die vorhandenen Informationsteile über den Kunden zu prüfen und fehlende und zusätzliche Teile zu erhalten. Durch das nachfolgende Zusammenführen und Vereinigen der diversen Informationsbilder, der bisherigen und der neuen, ergeben sich Fügungen oder Unstimmigkeiten, die auszuräumen sind, bevor hieraus die Entwicklung einer Differenzierungsstrategie gelingt. Auch hier ist Sensibilität und psychologische Einfühlung des VAP-Verkäufers gefragt, indem er mit Zurückhaltung auf diese Unstimmigkeiten oder auch auf offene Widersprüche des Kunden reagiert und eine Gesprächsführung wählt, die es dem Kunden ermöglicht, Brüche in der bisherigen Darstellung selbst zu erkennen und diese auszuräumen. Auch das Finden der Differenzierungsstrategie triggert der gute VAP-Verkäufer nur an. Ziel ist es, dass der Kunde selbst sie als Quintessenz des geführten Gesprächs ausformuliert.

Das Rollenspiel kann auch dazu verwendet werden einzuüben, wie der VAP-Verkäufer in den Zwischenpassagen des Dialogs immer mal innehält, eine Zusammenfassung gibt oder eine wichtige Aussage laut wiederholt, die Zustimmung des Kunden einholt und dies als Notiz auf einem Block Papier festhält zur späteren Aushändigung an den Kunden und als Grundlage für die weitere Detailarbeit am Projekt.

Nach Schritt 1, der gefundenen Differenzierungsstrategie für den Kunden, folgt im Rollenspiel Schritt 2, die Analyse des neuen Produktionsmittels, also des neuen Maschinentyps mit Definition von Größe oder Format, der Konfiguration und der optionalen Ausstattung, die zur Umsetzung der Differenzierungsstrategie des Kunden bestgeeignet ist. Hierzu ist, im Gegensatz zum Einstieg oben, jetzt das Notebook oder Tablet mit dem VAP Sales Tool einzusetzen, und zwar interaktiv mit dem Kunden, so dass dieser die einzelnen Fragen und Möglichkeiten einfach und logisch nachvollziehen kann. Da das Sales Tool für alle vier Kundenmotive modular aufgebaut ist, öffnet der VAP-Verkäufer nun das auf die vom Kunden präferierte Differenzierungsstrategie zutreffende Kapitel und führt es stringent durch.

Wie zuvor gesagt, ist es das Ziel des Unternehmens, des Stammwerks, die Methode VAP Selling für seine Vertriebs- und Verkaufsgliederungen verbindlich vorzugeben, also eine Standardisierung der Kundenansprache mit dem dafür bestgeeigneten Mittel zu erwirken. Auch aus diesem Grund ist die Vermittlung der Methode VAP Selling durch aufwändige Präsenzseminare zielführend und ein erkennbares Zeichen für alle Mitarbeiter an der Frontlinie zu den Absatzmärkten, dass es dem Unternehmen damit ernst ist und individuelle Abweichungen davon nicht schätzt.

8.5 Der Nutzen von VAP Selling

Machen wir uns nichts vor: Die Erarbeitung einer VAP-Strategie und eines VAP Sales Tools ist ein umfassendes Werk, und die Durchführung von VAP-Seminaren, das Einstudieren der VAP-Methode und ihre disziplinierte Anwendung im Verkaufsalltag sind ein einschneidender Praxiswechsel, der Einsicht, Engagement, Einsatz und Energie verlangt. Der Anspruch ist hoch, und er kann nur aufrechterhalten werden, wenn ihm ein umfassender und überzeugender Nutzen gegenübersteht. Worin besteht also dieser Nutzen?

Der Nutzen von VAP Selling liegt zunächst auf der Kundenseite. Dem Kunden steht ein Verkäufer gegenüber, der auf Grund (häufig) jahrelanger Markterfahrung Beiträge liefern kann, wie er, der Kunde, seine Geschäftsstrategie aufschärft und wie er, ausgehend von seinem aktuellen Wettbewerb, die geeignete Differenzierungsstrategie wählt. Dies ist in vielen Fällen ein Gewinn für ihn. Ein weiterer besteht darin, dass der Verkäufer für ihn eine Technologieempfehlung erarbeitet, die für die gewählte Differenzierungsstrategie bestgeeignet ist. In den meisten Fällen wird der Kunde diesen Ansatz schätzen und zu honorieren wissen. Eine finale Win-win-Situation ist möglich und damit ein Nutzen für beide Seiten.

Ein zweiter Nutzen, ebenfalls für beide, liegt in der zeitökonomischen Gestaltung des Kundenprojekts. Anstatt kreuz und quer und flächendeckend alles Mögliche ins Feld zu führen in der Hoffnung, irgendetwas wird den Kunden schon beeindrucken, wird ein systematisch-analytischer Ansatz gewählt, der am Ende zu einer hohen Treffsicherheit führt und zu einer (hoffentlich) großen Kundenzufriedenheit, dem höchsten Gut im Investitionsgütergeschäft. Die Zeitökonomie ergibt sich aus dem Weglassen nicht zielführender Gesprächspartien und Prüfungen.

Ein dritter Nutzen liegt ganz beim Verkäufer, den wir VAP-Verkäufer nennen. Es ist ein psychologischer Nutzen, wir können ihn auch Ego-Nutzen nennen. Während sich der Verkäufer in einem Projekt und in direkter Konfrontation mit einer Unternehmerpersönlichkeit in einer Abhängigkeit vom Kunden und damit in einer unterschwellig niederen Position wähnt, steht er mit Hilfe der VAP-Methode nun auf Augenhöhe mit ihm. Die Augenhöhe zum Kunden erreicht er dann, wenn es ihm gelingt, einen Diskurs über Geschäfts- und Differenzierungsstrategien zu führen und hierzu eigene substantielle Beiträge zu liefern. Das ist nicht einmal eine besonders schwere Aufgabe, denn durch die Vielzahl der Besuche in seinem bisherigen Arbeitsleben hat der Verkäufer einen so weitgespannten Überblick über die Geschäftspraktiken der Branche, wie ihn nur wenige in vergleichbarer Art und Tiefe haben. Natürlich darf er nicht den Fehler machen, zum reinen „Kolporteur" zu werden, indem er konkrete Fälle mit konkreten Namen und konkreten Ergebnissen benennt. Dies würde den Kunden im anstehenden Projekt stutzig machen, denn er müsste damit rechnen, in ebensolcher Weise in einem anderen Kundenprojekt benutzt zu werden. Auf keinen Fall also konkrete Darstellungen. Stattdessen wird der geschickte VAP-Verkäufer seine Erfahrungen „verunschärfen", „entpersönlichen" und abstrahieren, möglichst vom Einzelfall hin zu einem Gruppenphänomen. Indem er auf diese abstrahierte Weise eigene Beiträge formuliert, wird er nicht nur ein akzeptierter, sondern ein willkommener Gesprächsgast beim Kunden sein und im Falle eines Projekts einen Erfolgsschlüssel in der Hand halten.

Und wo liegt jetzt der psychologische, der Ego-Nutzen für den Verkäufer? Der VAP-Verkäufer wird sich, indem er die VAP-Methode anwendet, nicht mehr als „Verkäufer" *(Account Manager)* betrachten und fühlen, sondern jetzt als Geschäftsberater *(Consultant)*, ja vielleicht sogar als Geschäftsmann *(Business Man)*, und er wird ein Anwachsen von Selbstwertgefühl und Ansehen verspüren. Dies wird umso mehr die neue Realität sein, je mehr mit diesem persönlichen Selbstwertgefühl ein zweites wächst, seine Bereitschaft zur Übernahme von Verantwortung. Denn in der neuen Rolle, die er einnimmt, ist er nicht nur (wie bisher) seinem Arbeitgeber für seinen Verkaufserfolg verantwortlich, sondern nun auch dafür, dass seine Strategie- und Technologieberatung für den Kunden zu einem nachhaltig positiven Ergebnis führt.

Anders ausgedrückt: Mit VAP Selling lernt der Verkäufer eine kundenorientierte Dialogstruktur kennen, die ihn befähigt, sich in die Problem- und Gedankenwelt seines Kunden hineinzuversetzen, seine Sprache zu sprechen und sich ihm als Problemlöser, Strategieentwickler und kompetenter Maschinenlieferant anzubieten. Kein Zweifel: Über diesen Weg wächst eine kraftvolle Persönlichkeit heran. Und davon profitieren alle drei: der Kunde, der Hersteller und der VAP-Verkäufer.

VAP Selling ist ein neuer Verkaufsansatz mit großen Erfolgsaussichten. Allerdings – kein Erfolg ohne Preis, der im Voraus zu entrichten ist. Der Preis besteht aus der Bereitschaft zu mentaler Offenheit und aus dem Aufwand für Schulung und Praxislehre. Dies gilt für alle Mitarbeiter des Herstellers, die Marktnähe und Kundenkontakt haben, also Vertrieb/Verkauf, Service, Corporate Marketing, Produktmarketing, Produktmanagement. Ziel der Schulung ist die gleichartige und gleichgerichtete Anwendung von VAP Selling als Konzept und als Kundengewinnungsmethode im Vertriebszyklus. Je synchroner die Kundenkommunikation in Richtung von VAP Selling ausgerichtet ist, desto größer ist die Wertschätzung beim Kunden und desto größer ist dessen Wahrnehmung von Mehrwert *(Added value)*.

8.6 Der VAP-Mindset

Nun haben wir die VAP-Strategie als Basis für die Verkaufsmethode VAP Selling kennengelernt und auch die dafür notwendigen Instrumente, das VAP Sales Tool und die VAP Selling Seminare mit dem Rollenspiel als zentrale Komponente. Zur Verankerung dieser Strategie und für ihren nachhaltigen Einsatz fehlt noch der VAP-Mindset, die durch Selbstüberzeugung gefestigte mentale Haltung zugunsten von VAP. Der VAP-Mindset ist eine Kulturaufgabe, die Zeit zur Reifung braucht, denn dieser Mindset bricht mit einer traditionellen, subjektiv bewährten und weit verbreiteten Methode der Kundenansprache, nämlich der Vermittlung unanalytischer, nichtfokussierter und daher unveredelter Information aus dem Stammhaus des Herstellers ins Haus des Kunden. Es wäre eine unrealistische Erwartungshaltung, VAP Selling kurzfristig für einen Messeauftritt oder innerhalb einer kurzen Zeitstrecke weltweit einführen zu wollen. Es braucht dafür nicht nur die sauber ausgearbeiteten Tools, sondern eine Anzahl von Pionieren, die VAP Selling verstehen, verinnerlichen und in der Lage sind, diese Methode im Vertriebsnetz zu verbreiten und sie praktisch am Point of Sale anzuwenden, überzeugend für den Kunden, aber auch überzeugend für begleitende Juniorverkäufer. Für den Aufbau des VAP-Mindsets sind also VAP-Pioniere (VAP-Coaches) zu identifizieren, zu ernennen und in Funktion zu bringen, welche die notwendige Überzeugungsarbeit im Stammhaus und in der Marktorganisation leisten.

8.7 Zusammenfassung

VAP ist für den Maschinenhersteller eine vertriebliche Kommunikations- und Geschäftsstrategie, die auf wertsteigernde Leistungen und Zusatzprozesse in und um die Produktionsmaschine setzt. VAP ist zugleich für Kunden und Anwender eine Methode zur Entwicklung einer Abgrenzungsstrategie gegenüber Wettbewerbern und Massenproduzenten und beschreibt ihre Mehrwertlösungen in der Anwendung von VAP. VAP ist außerdem die Lösung für Betriebe, die aufgrund des Wettbewerbsdrucks ihr Heil ansonsten in der Konsolidierung suchen, indem sie ihre unternehmerische Leistung auf den „inneren Kern" zurückschneiden, während die VAP-Strategie genau das Gegenteil proklamiert, die *Differenzierung durch Mehrwert.* VAP zielt darauf ab, in der Kommunikation mit dem Kunden bei ihm selbst das Wunschbild einer höheren Form seiner Geschäftätigkeit zu erzeugen. Diese höhere Form nennen wir Mehrwertproduktion, VAP. Sie gliedert sich in zwei Bereiche auf:

(1) Mehrwert und Differenzierung durch Rationalisierung (Erhöhung der Produktionseffizienz) – die Schlagworte sind: Schneller sein, Billiger sein –

(2) Mehrwert und Differenzierung durch Qualität und Applikation (Herstellung von Produktinnovation) – die Schlagworte sind: Besser sein, Anders sein.

VAP hat einen signifikanten vertriebs- und marketingpraktischen Nutzen und gilt für jede Industrie und für jedes Segment.

9 Best Practice

Zusammenfassung: Dieser letzte Abschnitt handelt davon, dass die Kommunikationsprodukte von Produktmarketing nicht in Stein gemeißelt und für alle Zeiten und in allen Weltregionen gleichermaßen wirkkräftig sind, sondern periodisch auf den Prüfstein gelegt werden müssen. Dazu dient *Best Practice* und ein Arbeitskreis, gemischt aus Funktionsträgern des Stammwerks und der Außenorganisation, der regelmäßig zusammentrifft und die im Außenfeld zum Einsatz kommenden Werkzeuge kritisch bewertet – von „sensationell gut" bis „unbrauchbar". Die Bewertungen und eventuellen Alternativvorschläge werden notiert und fließen in die Tagesarbeit von Produktmarketing ein. Es geht um ständige Verbesserung.

9.1 Die zwei Wirkrichtungen von Best Practice

Eine letzte, eine weitere Aufgabe von Produktmarketing ist die Sicherstellung von *Best Practice*. Dem liegen gedanklich zwei Prozesse zugrunde, nämlich *KVP* (kontinuierlicher Verbesserungsprozess) und *Kaizen*, das Streben nach ständiger Verbesserung. Diese Prozesse sind weit verbreitet und weit akzeptiert und hier nicht Gegenstand einer tieferen Betrachtung. Es gilt der Grundsatz, dass es nichts gibt, was nicht noch verbessert werden kann, und dies gilt ganz besonders für ein Metier wie Produktmarketing, das Kommunikationsmethoden einsetzt, die den fortschreitenden gesellschaftlichen Entwicklungen (welche Art von öffentlicher Ansprache wird akzeptiert?) und der Medienentwicklung (welche Medien werden genutzt und geschätzt?) unterworfen sind. Bestimmte Formen sind dann irgendwann oder irgendwo nicht mehr „gut" und müssen ersetzt oder verbessert werden, daher Best Practice.

Ein erster Aspekt von Best Practice ist also die ständige Anpassung an den gesellschaftlichen Wandel, speziell in der Kommunikation. Dazu eine Vorbemerkung. Produktmarketing ist, wie eingangs bemerkt, eine Supportfunktion für alle an der Verkaufslinie beteiligten Abteilungen und Mitarbeiter, insbesondere für den Vertrieb. Hier kommt es tagtäglich zu Begegnungen von Menschen aus dem Stammwerk, der Marktorganisation und den Kunden. Die Gruppen, die sich zusammenfinden, bilden im Kleinen das ab, was die Gesellschaft im Großen auszeichnet, nämlich ein Geflecht aus betrieblichen (funktionalen) Interessen und persönlichen Präferenzen. Während feststellbar ist, dass die Interessen im Geschäftsleben grundsätzlich gleich geblieben sind, seitdem es Handel und Wirtschaft gibt – nämlich das Abschließen von vorteilhaften Geschäften –, ändern sich die persönlichen Präferenzen im gegenseitigen Umgang von Periode zu Periode. Das betrifft Verhaltensformen und -normen, aber auch Seh- und Wahrnehmungsgewohnheiten. Letztere schlagen auf die Kommunikationsprodukte durch. Hier an diesem Punkt unterliegen also die Endprodukte von Marketing im Allgemeinen und von Produktmarketing im Besonderen unmittelbar den gesellschaftlich geprägten Einflüssen. Beispiele dafür sind deutlich gestiegene Anforderungen der Kundschaft an die Knapphaltung von Texten („nicht viel lesen müssen"), an die Stringenz von Vorträgen („besser nachvollziehbar sein"), an die Wahrhaftigkeit und Glaubwürdigkeit der Aussagen, an Kontextinformationen und anderes mehr.

Die Arbeit von Produktmarketing unterliegt also einem ständigen von außen in das Unternehmen hineingetragenen Wandel, und dies bedeutet zunächst, den Wandel zu erkennen und diese Erkenntnis dafür zu nutzen, die eigenen Kommunikationsprodukte anzupassen und sie in ihrer Wirksamkeit zu optimieren.

Ein zweites kommt zum gesellschaftlichen Wandel hinzu, die regional-kontinentale Diversität in der Aufnahme, Akzeptanz und Verarbeitung von Information. Sofern Produktmarketing einzig und allein eine Funktion des Stammwerks ist, fokussiert es sich in der Regel auf den Kulturraum um das Stammwerk herum, konkret gesprochen auf Deutschland, die Nachbarstaaten, die EU und weitgehend auf Europa. Die großen Exportmärkte USA, China und Japan sind explizit nicht eingeschlossen und bilden bereits eine andere Kommunikationswelt. Um die Wirksamkeit der analytisch hochwertigen Medien von Produktmarketing auch in diesen Märkten zu erhalten oder besser noch zu steigern, ist daher eine partielle Adaption an die Landesgewohnheiten notwendig.

Best Practice ist daher *zweifach* zu verstehen. In der Innen-Außen-Beziehung, also Stammwerk zu Marktorganisation, gilt Best Practice für die breitestmögliche und bestmögliche Anwendung der erzeugten Medien von Produktmarketing. Dies umfasst alle Dokumente, angefangen von der Wettbewerbsanalyse, der Marktsegmentanalyse, den Nutzenargumenten, der Verkaufsinformation bis hin zu aufgearbeiteten Medien wie PC-Präsentationen, Sales Tools, Seminarunterlagen und vielen anderen. Und es gilt ganz besonders für den Einsatz von VAP Selling, und hier speziell für den ersten Schritt, die Entwicklung der Differenzierungsstrategie. Die Innen-Außen-Beziehung lebt davon, dass die oben genannten zentral entwickelten und in weiten Kreisen inhaltlich abgestimmten Tools als *grundsätzlich verbindlich* für das gesamte Unternehmen gelten, das heißt insbesondere für die Marktorganisation. „Grundsätzlich verbindlich" bedeutet, dass in begründeten Einzelfällen Raum bleibt und gegeben wird, vom Standardformat abzuweichen und landestypisch bedingt eigene Akzente zu setzen.

Der andere Weg von Best Practice geht anders herum, von außen nach innen, von der Marktorganisation in das Stammwerk hinein. Wenn der Grundsatz der Außenverbindlichkeit der oben genannten Tools gelten soll, sind diese periodisch auf den Prüfstein der Marktorganisation zu legen, auf dem die Sinnhaftigkeit und Wirksamkeit der Tools abgewogen wird und ein Austausch über inhaltliche und formale Verbesserungen und auch Alternativen stattfindet. Hier gilt es für das Stammwerk, sehr achtsam mit konstruktiver Kritik an den Kommunikationsmedien von Produktmarketing umzugehen und herauszuspüren, inwieweit diese Kritik grundsätzlich angebracht ist oder sie nur einen Einzelfall, eine Einzelmeinung darstellt. Es ist wichtig, diese Aussprache zu führen und sie in einem institutionalisierten Rahmen zu führen, also regelmäßig, idealerweise einmal jährlich, mit einer festen Agenda und mit kompetenten Teilnehmern, die substantielle Beiträge liefern, aber auch geeignet sind, das Gesamtecho aus dem Meeting in ihre jeweilige Länderorganisation zurückzutragen. Wichtig für den Erfolg dieses Meetings (Jour fixe) ist die innere Disposition der Teilnehmer, dass es zwei grundsätzlich diverse Ziele gibt: Für das Stammwerk ist das Ziel die gleichartige Anwendung aller Sales Tools in allen Märkten, dagegen ist für die Vertreter der Marktorganisation das Ziel die Adaption bestimmter Tools an gesellschaftstypische Usancen ihres Landes. Darüber muss ein tragfähiger Kompromiss gefunden werden.

9.2 Der praktische Umgang mit Best Practice

Damit der beschriebene Innen-Außen- und Außen-Innen-Prozess in Gang kommt und der Außenorganisation damit bescheinigt wird, dass sie gleichberechtigt am Kommunikationsprozess mitwirkt und ihrem Partizipationsbedürfnis Respekt gezollt wird, empfiehlt es sich, das Ergebnis einer solchen Tagung zu protokollieren und gegebenenfalls mit einem Maßnahmenplan zu unterlegen. Nachfolgend ein Beispiel:

Protokoll einer Best-Practice-Konferenz

Tools	Wn	Ws	Nu	Anmerkungen, Kritik, Maßnahmen
Verkaufsinformation	1	2	2	Gutes Produkt. Kann bleiben, wie es ist. Kritik: Nicht auffindbar im Intranet (➜ Zugang und Pfade prüfen).
Newsletter für die Marktorganisation	2	2	2	Gutes Produkt. Kann bleiben, wie es ist. Mühsames Einholen von Infos aus den Märkten (➜ Appell an MO).
Produktionsmuster	2	1	2-3	Gut und wichtig. Koffer ist klasse! Nicht nur mit High-end-Mustern bestücken, auch Standards thematisieren (➜ Musterkonzept prüfen).
Produktpräsentation	2	3	3	Einige inhaltliche Lücken (➜ nacharbeiten). Zu starke Betonung der Optionen, Vernachlässigung der Standards. Einige thematische Präsentationen zu speziell.
Success stories	-	-	-	(Noch nicht existent). Ja, wäre gut. Ggfs. gar nicht gedruckt, sondern als pdf.
PR-Texte/Fachartikel	2	2	2	Mehr davon. Bestimmte Themen sind pressetechnisch unterbelichtet und brauchen Anschub (➜ prüfen).
Openhouse/Technologieforum	1	1	1	Klasse Performance. Aufbereiten für Export in die Marktorganisation (➜ ToDo).

Protokoll einer Best-Practice-Konferenz

Tools	Wn	Ws	Nu	Anmerkungen, Kritik, Maßnahmen
Produktanzeigen	1	3	1	Zu wenige Schaltungen, wenig Visibility
Bild/Grafik	1	2	1	Bildsprache ändern: Größere Formate und mehr technische Details
Referenzkundenliste	1	2	1	Es fehlen wichtige Kunden in der Liste... (➔ prüfen)
Produktseminare Basic	1	2	1	Unbedingt notwendig
Simulator für Wirtschaftlichkeitsrechnung	-	-	-	ROI-Tool. Gut, wenn es kommt. Wird von MO gefordert. Komplexität ist groß. Erfordert BWL-Kompetenz.
Software-Tool zur Job-Analyse	-	-	-	(noch in Umsetzung). So etwas setzt Wettbewerb immer stärker ein. Wird immer öfter angefordert.
Sales Booklet	1	1	1	Wettbewerbsvergleich. Viele Quellen und zusätzliche Einzelprodukte. Sehr fundiert. Wichtiges Instrument.
Maschinentexte (für Angebot und Auftragsbestätigung)	1	2	1	Überarbeitung stark verbessert. Gelegentlich nicht aktuell, insbesondere bei Serienänderungen (➔ prüfen)
Demo-Exponate Stammwerk	1	1	1	Intensive Nutzung. Gute Performance. Noch mehr auf Sauberkeit achten. Es fehlt Konfiguration xy (➔ Genehmigungsantrag stellen)
Produktbroschüre	1	3	1	Kritik an Druckausführung. Inhalt: Zu wenige und zu kleine Bilder, zu wenige technische Details
VAP Sales Tool	2	2	2	Gutes Produkt, sowohl zum Animieren des Kunden (Live-Aktion), als auch zur Besprechung von Details und Follow-up (programmierte Handhabung)
VAP Seminare	2	2	3	Befindet sich im Reviewprozess und in Lernkurve. Hohe Priorität.
VAP-Tunnel	2	1	2	Gut. Ist je nach Messe/Event anpassbar. Gutes Marketingprodukt. Verkäufer haben etwas zu zeigen und zu erzählen.

Abb. 26: Tabellarische Darstellung eines Protokolls zur Weiterentwicklung von Produktmarketing-Tools im Abgleich der Interessen zwischen Stammhaus und Marktorganisation, beispielhaft. – Wn bedeutet Wahrnehmung eines Tools im Markt. Ziffern 1-3 bedeuten (1) eher stark wahrgenommen, (2) vereinzelt wahrgenommen, (3) eher wenig wahrgenommen. – Ws bedeutet Wertschätzung eines Sales Tools im Markt. Ziffern 1-3 bedeuten (1) hohe Wertschätzung, (2) allgemeine Wertschätzung, (3) kritische Haltung. – Nu bedeutet Nutzung eines Sales Tools im Markt. Ziffern 1-3 bedeuten (1) intensive und breite Nutzung, (2) gelegentliche Nutzung, (3) geringe Nutzung.

Register

www.ingramcontent.com/pod-product-compliance
Lightning Source LLC
Chambersburg PA
CBHW081106220326

41598CB00038B/7243